“十二五”职业教育国家规划教材
经全国职业教育教材审定委员会审定

Flash动画制作

张小敏　曾　强　主　编
陈　蓓　副主编
常淑凤　郝胜利　主　审

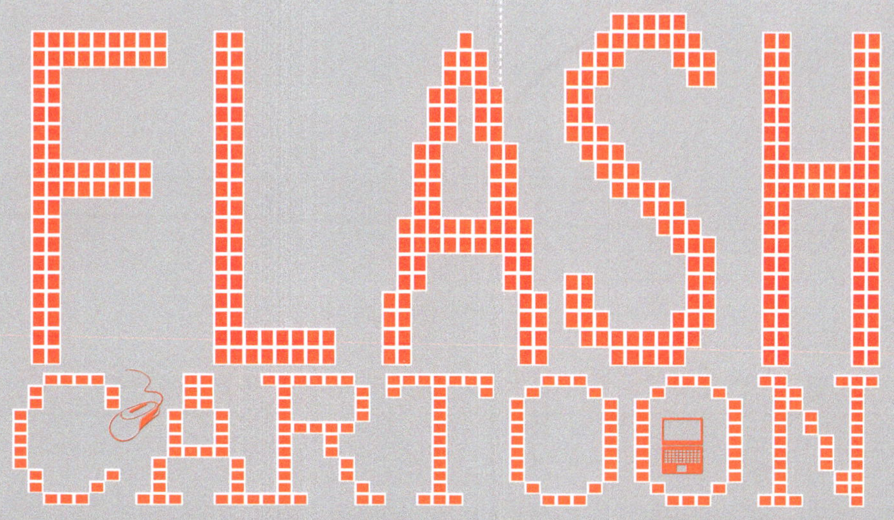

化学工业出版社
·北京·

本书以Flash平面动画设计与制作能力的培养为核心，设计七个学习单元：认识Flash CS6、用FlashCS6绘制基本图形、制作网页动画、制作多媒体教学课件、制作三维动画主站片头动画、制作MV、制作动画短片。学习者在七个学习单元当中，逐步完成由易至难、渐进复杂的典型工作项目。本书结构清晰，实例丰富，讲解深入浅出，具有较强的可操作性和实用性。

本书可作为动漫设计与制作专业及计算机相关专业的师生用书，也可作为平面设计爱好者的自学或参考用书。

图书在版编目（CIP）数据

Flash动画制作 / 张小敏，曾强主编 .--2版．—北京：化学工业出版社，2014.8（2022.8重印）
“十二五”职业教育国家规划教材
ISBN 978-7-122-21207-8

Ⅰ.①F… Ⅱ.①张…②曾… Ⅲ.①动画制作软件－高等职业教育－教材 Ⅳ.①TP391.41

中国版本图书馆CIP数据核字（2014）第146715号

责任编辑：李彦玲　　文字编辑：丁建华
责任校对：蒋　宇　　装帧设计：王晓宇

出版发行：化学工业出版社（北京市东城区青年湖南街13号　邮政编码100011）
印　　装：北京虎彩文化传播有限公司
787mm×1092mm　1/16　印张9　字数226千字　2022年8月北京第2版第4次印刷

购书咨询：010-64518888　　售后服务：010-64518899
网　　址：http://www.cip.com.cn
凡购买本书，如有缺损质量问题，本社销售中心负责调换。

定　　价：58.00元

第2版 前言 FOREWORD

Flash 是目前最流行的网页动画制作软件，具有矢量绘图与动画编辑功能，可以方便地制作连续动画、交互动画。目前最新的版本为 Adobe Flash CS6 中文版。此软件功能完善、性能稳定、使用方便，是多媒体课件制作、在线游戏、网站制作和动漫设计制作等领域不可或缺的工具。

本书第 1 版于 2011 年出版。在再版的过程中不仅对软件进行了更新，采用了 Flash CS6，教学案例也随之更新，更加适合现代教学需求。内容组织上依然采取了原书结构。以 Flash 平面动画设计与制作能力的培养为核心，设计七个学习单元：认识 Flash CS6、用 Flash CS6 绘制基本图形、制作网页动画、制作多媒体教学课件、制作三维动画主站片头动画、制作 MV、制作动画短片。在编写过程中，充分调查了解市场应用情况，与行业企业专家合作共同进行项目设计与开发，形成从简单到复杂的系统化学习单元，每个单元所包括的难度较高的核心技能先用若干个具有实际应用价值的任务进行导入，形成一个个生动、直观的学习子情境，让读者在短期内完成相应的任务、掌握难度较高的核心技能，并获得成就感，从而激发学习兴趣，营造“易学乐学”的学习氛围。

在这七个学习单元当中，逐步完成由易至难、渐进复杂的典型工作项目（企业典型产品项目或自主创新项目），不仅强化了平面动画设计与制作的专业能力，而且培养了团队合作、沟通等社会能力，获取信息、分析问题、解决问题等方法的能力也得以提升。

本书配套有相关电子素材，提供电子教案及课件，已建成课程网站（http://222.222.32.15/web/index.asp）。

本书由张小敏、曾强担任主编，陈蓓担任副主编，樊宇、陈雷、张静然、张乐、张丽娟、高平老师参加了编写，河北化工医药职业技术学院常淑凤教授和河北玛雅影视制作公司郝胜利经理担任主审，另外对于河北玛雅影视制作公司提供的大力支持在此一并表示感谢。

由于水平有限，书中难免有疏漏或不妥之处，敬请广大读者批评指正。

编者

2014 年 2 月

Fl

目录 CONTENTS

目录 CONTENTS

Fl

目录 CONTENTS

Unit 1 单元一

认识 Flash CS6

Flash 动画制作

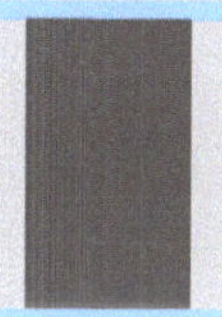

一、Flash CS6 概述

Flash 是美国 Macromedia 公司所设计的一款二维动画软件，现属于 Adobe 公司。Flash 是基于网络开发的专门用于制作交互式矢量动画的应用软件。Flash 以其制作方便、动态效果显著、容量小巧而适合于网络传播，成为网络动画的代表。它与 Macromedia 公司的 DreamWeaver（网页设计）和 Fireworks（图像处理）一起并称“网页三剑客”，而 Flash 则被称为“闪客”。在互联网飞速发展的今天，Flash 正被越来越多地应用在动画短片制作、动感网页、LOGO、广告、音乐视频（MV）、游戏和高质量的课件等方面，成为交互式矢量动画的标准。

二、Flash 的发展

1995 年，互联网逐渐兴起，美国人乔纳森•盖伊将他开发的动画软件命名为 Future Splash Animator。这个只有 6 个人的 FutureWave 公司为迪士尼公司制作了具有很好交互和动画效果的 Disney Online 网站，1996 年 FutureWave 被 Macromedia 公司收购，将其改名为 Macromedia Flash 。1997 年 Macromedia 公司推出了 Macromedia Flash 2.0。其后的几年间，Flash 的版本一直在不断更新。2005 年，Adobe 公司收购 Macromedia 公司后将享誉盛名的 Macromedia Flash 更名为 Adobe Flash。本教材将以时下流行的 Adobe Flash CS6 为大家做介绍。

三、Flash 的应用

随着 Flash 动画软件版本的升级、功能的强大和网络的发展，Flash 动画的应用领域越来越广泛，主要领域如下。

1. 网站动画

在网站中网站动画作为页面的装饰，增强页面的美感与动态效果；或者直接用 Flash 制作网页。如图 1-1 所示。

图 1-1　网站动画

2. Flash 广告

Flash 广告是在网络上使用广泛的广告表现形式，有些可以通过 ActionScript 实现交互的产品介绍。如图 1-2 所示就是常见的 Flash 广告。

3. 在线游戏

Flash 动画有强大的交互功能，利用 Flash 中的 ActionScript 脚本语言可以编写一些简单的游戏，同时这些小的游戏程序可以在网络上作为在

图 1-2　网页广告

线游戏使用。使用 Flash 制作的在线游戏的特点是操作简单，而且趣味性丰富，深受广大网民的喜爱，如图 1-3 所示。

图 1-3　在线小游戏

4. 课件制作

Flash 动画不仅被用在网络中，在教学领域也有重要的应用。制作 Flash 动画时，在文件中可以导入或者添加文字、图像、声音、视频和动画等，同时用 Flash 制作的课件具有很高的互动性，也可以很好地表现教学中的内容，增强学生的学习兴趣，使学习者真正融入到学习中，亲身参与每一个实验，就好像自己真正在动手一样，使原本枯燥的学习变得生动活泼。如图 1-4 所示就是一个模拟“小孔成像”现象的课件，学生可以点击“前进”“后退”按钮观察蜡烛烛光穿过小孔得到的影像。

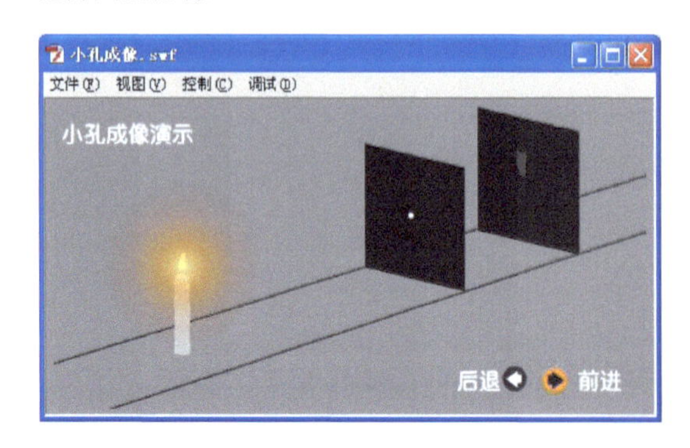

图 1-4　课件制作

5. 动漫设计与 MV

Flash 动画短片以其感人的情节或搞笑的对白吸引着观赏者，适当的音乐配合着画面，使音乐比传统形式更具有感染力，如图 1-5 所示是歌曲《柠檬树》的 MV 截图。

图 1-5　Flash MV

6. 电子贺卡

使用 Flash 制作的贺卡互动性强、表现形式多样、文件体积小，很好地表达了亲人间的亲情和朋友间的友情，如图 1-6 所示为网络上关于母亲节的一张电子贺卡。

图 1-6　电子贺卡

四、Flash CS6 的操作界面

本部分将重点介绍关于 Flash CS6 的工作界面和主要面板。

启动 Flash CS6，进入 Flash 开始界面，如图 1-7 所示。如果需要打开已经创建的文件，可以在“打开最近的项目”选项中选择；如果在该项中没有要打开的文件，则单击“打开…”选项，从弹出的对话框中选择；如果是需要新建一个文件，可以在“新建”项目中选择；还可以通过“从模板创建”创建文档；在“学习”栏中还列出了可供用户学习的栏目，选择其中的某个栏目，即可进入相应内容的学习。

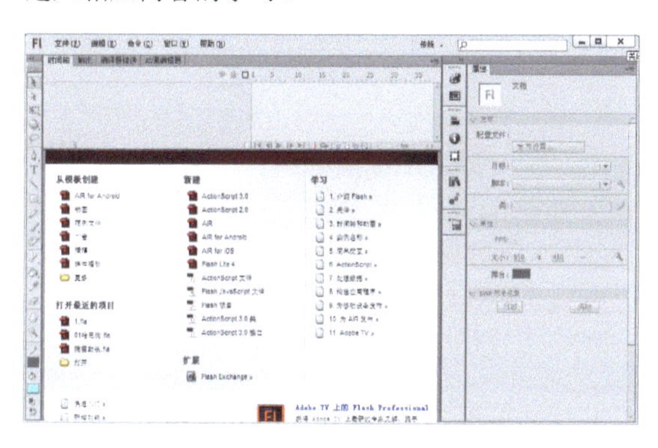

图 1-7　开始界面

选择【新建】|【ActionScript 3.0】，进入 Flash 工作界面，如图 1-8 所示。

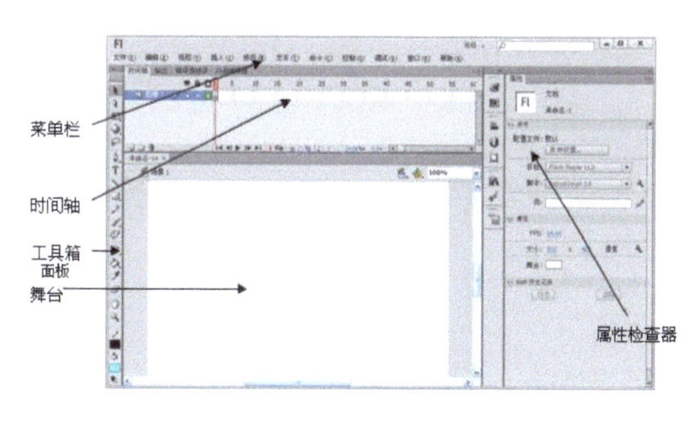

图 1-8　Flash CS6 的“传统”工作界面

Flash 的默认界面包括菜单栏、舞台、时间轴、工具箱面板、属性检查器以及其他一些面板。这些元素的排列方式称为工作区。可以在工作区中创建所有动画元素，也可以直接导入在 Illustrator、Photoshop、After Effects 或其他兼容软件中事先创建好的元素。

可以打开、关闭、锁定、移动面板，也可以随时通过选择【窗口】|【工作区】|【重置】命令恢复默认的工作区。Flash CS6 中包括“动画”“传统”“调试”“设计人员”“开发人员”“基本功能”“小屏幕”七种基本界面。

1. 菜单栏

通过菜单栏中的命令可以实现 Flash 大部分操作命令。菜单栏如图 1-9 所示。

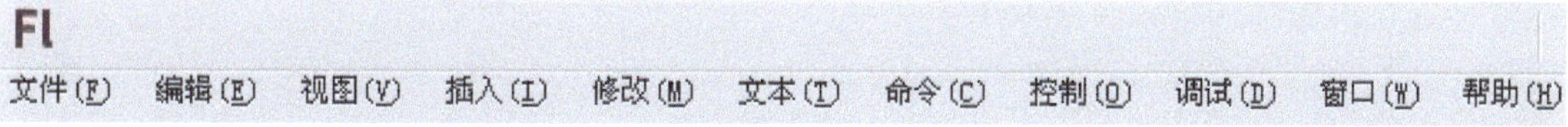

Fl
文件(F)　编辑(E)　视图(V)　插入(I)　修改(M)　文本(T)　命令(C)　控制(O)　调试(D)　窗口(W)　帮助(H)

图 1-9　菜单栏

2. 舞台

舞台是创建 Flash 文档时放置图形内容的矩形区域，这些图形内容包括矢量图形、文本框、按钮、导入的位图图形或视频剪辑。和在表演中类似，Flash 中各种活动都发生在舞台上，在舞台上看到的内容就是在导出的影片中观众所看到的内容。像胶片影片一样，Flash 影片将时间长度分割为帧（也有人称之为“影格”）。舞台就是为影片中各个独立的帧组合内容的地方。用户可以在舞台上直接绘制图形，也可以安排导入的图形。

可以使用工具栏的缩放工具缩小或放大舞台，还可以选择菜单命令【视图】|【缩放比例】改变舞台大小，或直接从舞台上方的下拉菜单中选择【符合窗口大小】选项使舞台符合窗口大小。

3. 时间轴

时间轴用于组织和控制一定时间内的图层和帧中的文档内容。图层就像堆叠在一起的多张幻灯胶片一样，每个图层都包含一个显示在舞台中的不同图像。时间轴的主要组件是图层、帧和播放头，如图 1-10 所示。

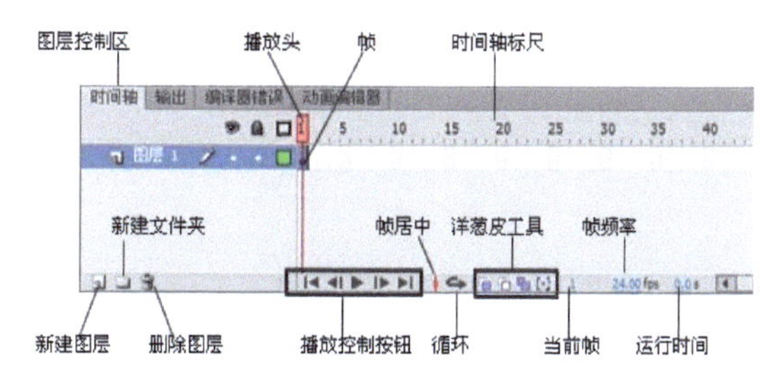

图 1-10　时间轴

影片中的层列表出现在时间轴窗口的左边，每一层中包含的帧出现在层名称的右边。时间轴面板顶部显示帧的数目。播放头可以在时间轴中移动，指示显示在舞台上的当前帧，播放头有红色标记。

在时间轴窗口的底部是状态栏。该栏显示当前的帧数、用户在影片属性中设置的帧频率以及播放到当前帧所需要的时间。

用户可以改变时间轴中帧的显示方式，或在时间轴帧中显示内容的缩略图。在时间轴中还可以直观地观察各种动画的形态，包括逐帧动画、渐变动画以及沿路径运动动画等。

在时间轴中还包括一些控件，允许用户显示或隐藏层、锁定层或取消锁定、按外框轮廓显示层内容等。

用户可以插入、删除、选择、移动时间轴中的帧，也可以将帧拖动到其他层的新位置。

4．面板

（1）属性检查器　在 Flash 动画制作的过程中，为了更加方便地设置舞台和时间轴上的对象的属性，加快 Flash 动画创建的速度，Flash 软件有自带的属性面板，该面板包含了属性、参数和滤镜 3 个选项。当选定时间轴或舞台上某个对象时，属性检查器会自动显示选定对象的属性，如图 1-11 所示。

（2）库面板　库面板是管理元件的所在地。使用 Flash 制作动画影片的一般流程是先制作动画中所需要的各种元件，这些元件就相当于电影中在后台准备的演员一样，然后在场景中引用元件实例，并在时间轴面板上对实例化的元件进行适当的组织和编排，最终完成影片的制作。这就好像一部电影，库面板管理的就是在后台的演员，场景就是演员表演的舞台，时间轴面板则是剧本，它控制什么演员出场、何时出场、剧情怎么组织编排等。库面板中的资源可以重复利用，使得动画的制作更加便捷合理，如图 1-12 所示。

（3）颜色面板　Flash 软件带有颜色设置功能，可以使用默认调色板或自己创建的调色板，可以选择应用于创建对象或舞台中现有对象的笔触颜色或填充色。如图 1-13 所示。

（4）工具箱面板　使用 Flash 工具箱中的工具可以绘图、填色、选择和修改图形以及改变舞台视图。如图 1-14 所示。

工具箱面板分为 4 个部分。

①【工具】：包含绘图、颜色和选择工具。

②【查看】：包含放大 / 缩小和移动舞台视图的工具。

③【颜色】：包含笔触和填充色的设置。

④【选项】：包含当前所选工具的选项。

选择工具不同，会出现不同的选项设置。例如，选择铅笔工具后，在【选项】中会有“对象绘制”“铅笔模式”两个选项。如图 1-15 所示。“对象绘制”方式指的是绘制出来的直接作为一个对象来处理，

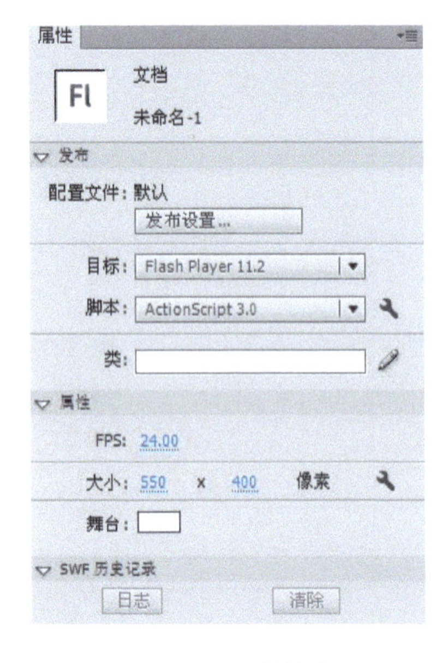

图 1-11　属性检查器

图 1-12　库面板

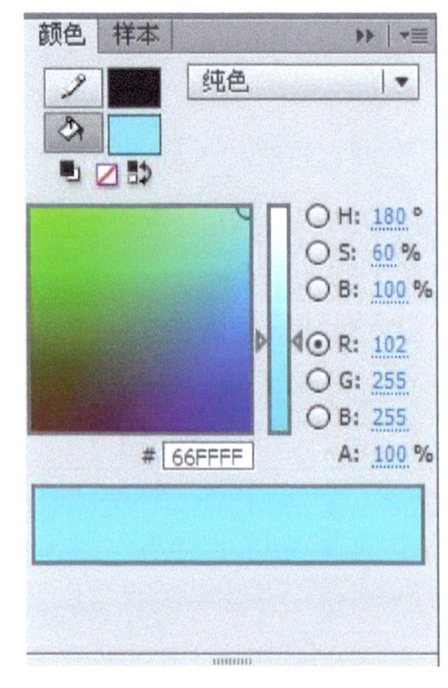

图 1-13　颜色面板

否则的话绘制出来的将是一个形状。

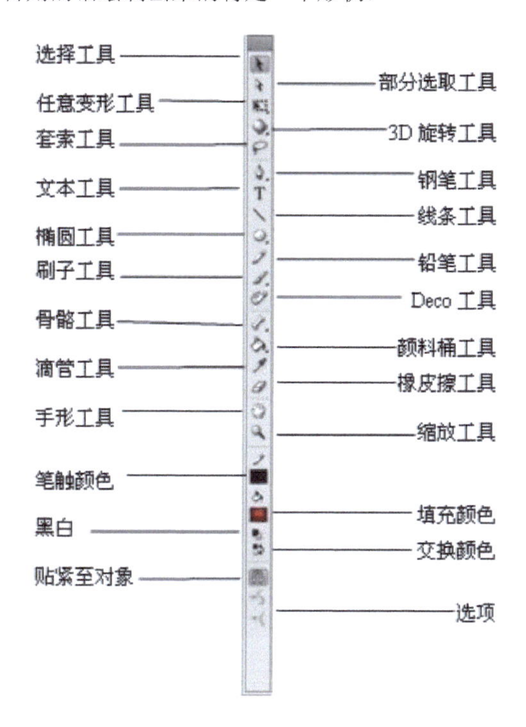

图 1-14　工具箱面板

工具箱面板中一些工具其实包含一组工具，单击右下角带有小三角形的某个工具并停留片刻，会弹出一组相关的工具，如图 1-16 所示。

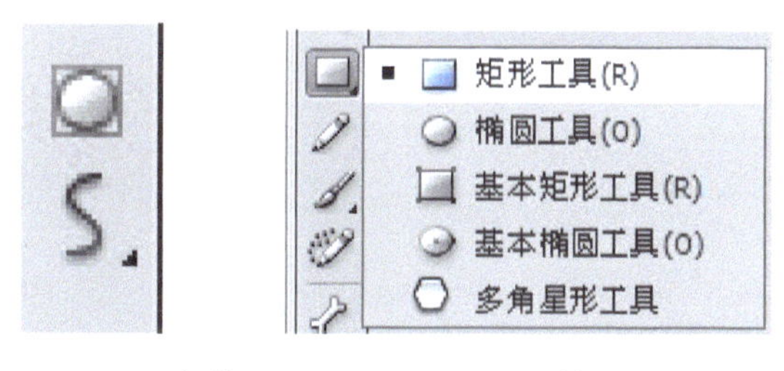

图 1-15　“铅笔工具”选项　　图 1-16　选择绘图工具

其他的功能面板可以在【窗口】菜单下选择，如图 1-17 所示。

五、Flash CS6 工作流程

对于初学者来说，首先需要了解一下动画的工作流程，这有助于帮助初学者提高制作动画的效率。

动画制作的流程是：策划主题、搜集素材和设计角色、创建动画效果、测试、发布。

1. 策划主题、绘制背景

选择【文件】|【新建】命令，在弹出的对话框中选择“常规”选项下的“ActionScript 3.0”选项，单击“确定”按钮，创建一个影片文件，如图 1-18 所示。

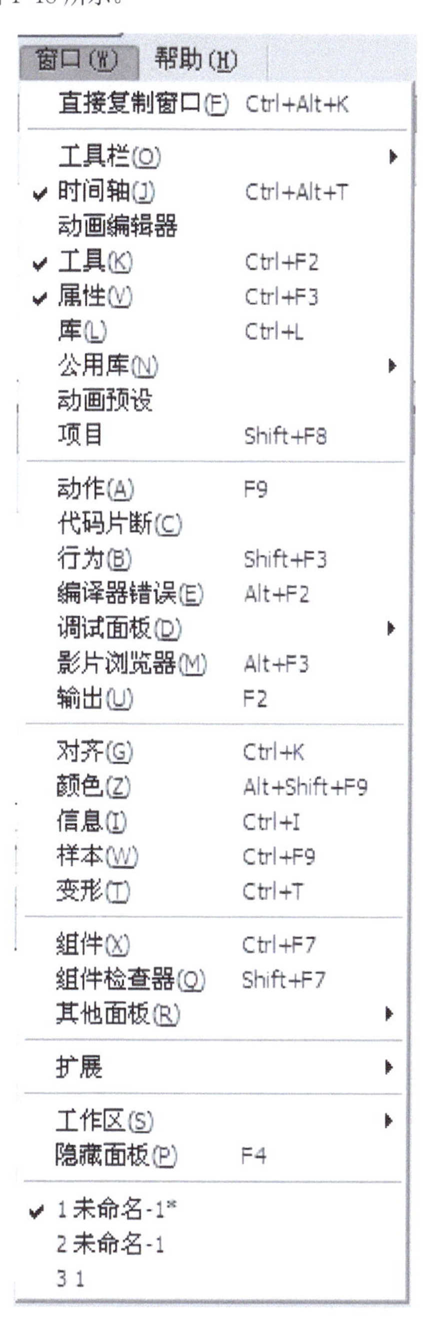

图 1-17 【窗口】菜单

2. 设置文档属性

选择【修改】|【文档】或者在属性检查器中单击“编辑”按钮，打开“文档属性”对话框，如图 1-19 所示，可以设置文档大小、背景色、帧频率、标尺单位等。

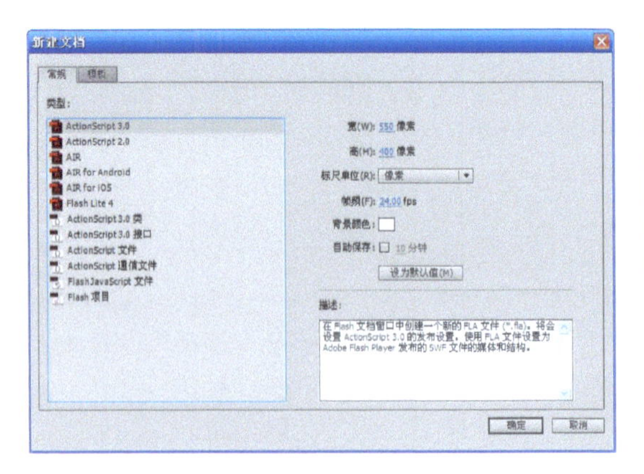

图 1-18　新建文件

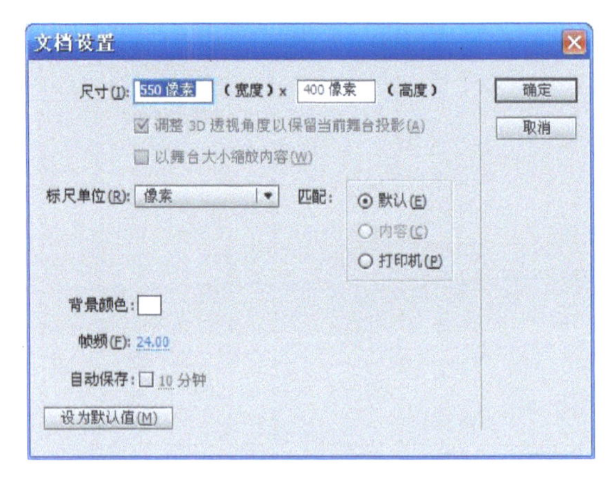

图 1-19　设置文档属性

3. 绘制角色

按 Ctrl+F8，打开“创建新元件”对话框，如图 1-20 所示。在“名称”中输入“小球”，点击“确定”按钮，进入元件编辑窗口。

图 1-20　“创建新元件”对话框

在元件编辑窗口利用椭圆工具绘制红黑径向渐变填充的小球，如图 1-21 所示。

4. 制作动画效果

鼠标移至舞台左上方“场景 1”下单击，返回到场景 1，从库面板中找到刚刚建立的元件“小球”，拖至舞台合适位置。

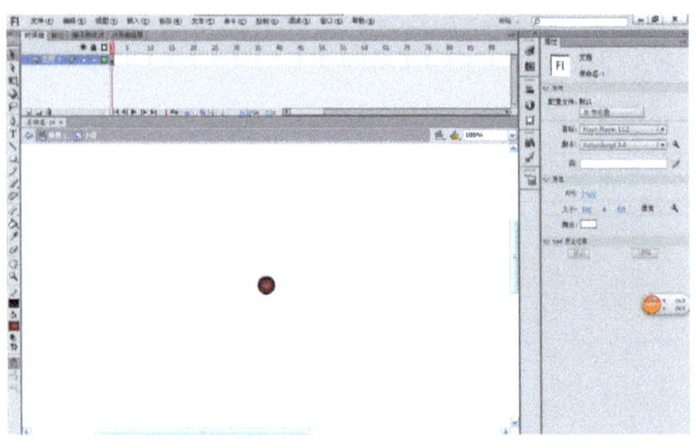

图 1-21　“小球”的编辑窗口

在时间轴面板中单击图层 1 第一帧，点右键，快捷菜单中选择“创建补间动画”，如图 1-22 所示，系统自动创建一个 24 帧（1 秒）的动画。可以根据需要调整动画的持续时间，把鼠标放在图层 1 第 24 帧处拖动，可以延长动画时间，如延长至 48 帧。此时播放头处于第 48 帧处，可以移动小球，这样就形成了一条小球的运动路径。如图 1-23 所示。

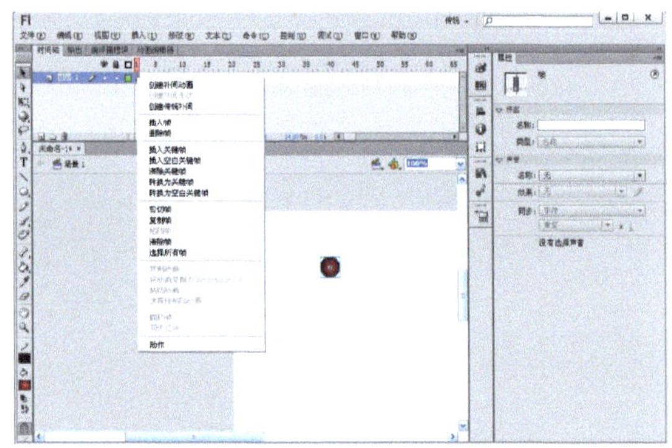

图 1-22　“创建补间动画”快捷菜单

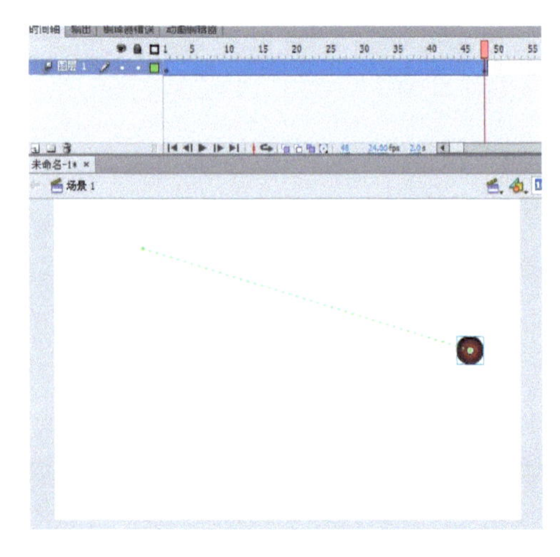

图 1-23　创建补间动画

接下来可以调整运动路径，以获得不同的运动效果，如图 1-24 所示。

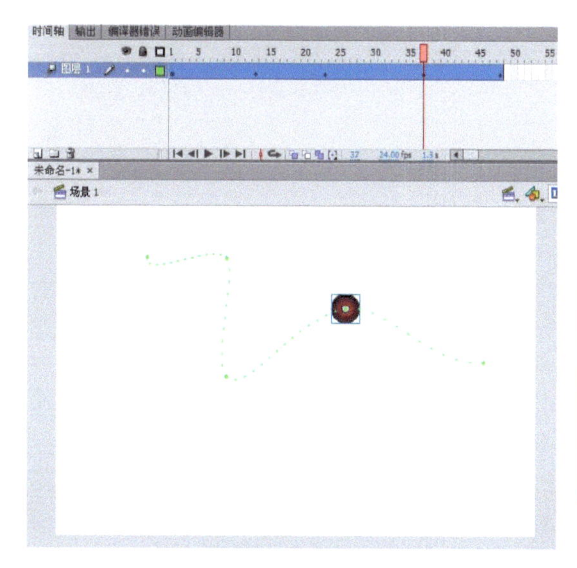

图 1-24 改变运动路径

5. **测试动画**

接下来用 Ctrl+Enter 组合键来测试动画，形成第一个动画影片文件。如图 1-25 所示。

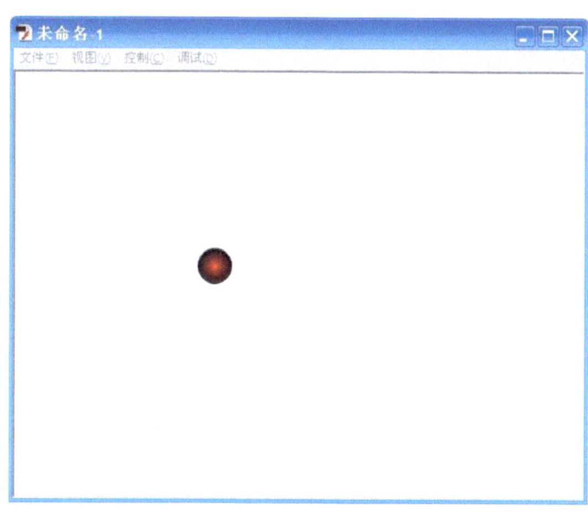

图 1-25 影片文件

拓展练习

1. 浏览各大门户网站，了解 Flash 广告动画的应用。

2. 浏览专业 Flash 动画网站，了解 Flash 的各种应用。

3. 熟悉 Flash CS6 工作界面。

Unit 2

单元二

Flash 动画制作

用 Flash CS6 绘制基本图形

图形绘制是动画制作的基础，只有绘制好了静态矢量图，才可能制作出优秀的动画作品。在Flash中，绘图工具通常包括线条工具、铅笔工具、钢笔工具、笔刷工具、多边形工具等。本单元通过几个具体任务，重点给读者讲解用Flash CS6绘制图形的相关操作与技巧。

 任务一　Flash 绘图基础

 任务要求

1. 能够区分矢量图和位图
2. 掌握路径的基本知识
3. 学会使用方向线和方向点
4. 能熟练掌握 Flash 绘图模式

 知识讲解

一、矢量图和位图

位图和矢量图是计算机图形中的两大概念，这两种图形都被广泛应用到出版、印刷、互联网等各个方面。它们各有优缺点，两者各自的好处几乎是无法相互替代的。长久以来，矢量图和位图在应用中一直是平分秋色。Flash中用户自行绘制的图形是矢量图形，Flash也可以导入和处理在其他应用程序中创建的矢量图形和位图图像。了解这两种图形格式的差别可以更好地了解Flash的工作原理以及它的优越性。

位图（bitmap），也叫作点阵图、删格图像、像素图。简单地说，就是最小单位是由像素构成的图，缩放会失真。位图放大后效果如图2-1所示。构成位图的最小单位是像素（px），位图就是由像素阵列的排列来实现其显示效果的，每个像素有自己的颜色信息，在对位图图像进行编辑操作的时候，可操作的对象是每个像素，可以改变图像的色相、饱和度、明度，从而改变图像的显示效果。举个例子来说，位图图像就好比在巨大的沙盘上画好的画，当从远处看的时候，画面细腻多彩，但是当靠得非常近的时候，就能看到组成画面的每粒沙子以及每个沙粒单纯的不可变化颜色。

图 2-1　位图放大后出现马赛克

矢量图（vector），也叫作向量图，简单地说，就是缩放不失真的图像格式。矢量图是通过多个

对象的组合生成的，对其中的每一个对象的记录方式，都是以数学函数来实现的。也就是说，矢量图实际上并不是像位图那样记录画面上每一点的信息，而是记录了元素形状及颜色的算法。当打开一幅矢量图的时候，软件对图形对应的函数进行运算，将运算结果（图形的形状和颜色）显示出来。无论显示画面是大还是小，画面上的对象对应的算法是不变的，所以，即使对画面进行倍数相当大的缩放，其显示效果仍然相同（不失真）。举例来说，矢量图就好比画在质量非常好的橡胶膜上的图，不管对橡胶膜怎样的长宽等比成倍拉伸，画面依然清晰，不管你离得多么近去看，也不会看到图形的最小单位。矢量图在放大后的效果如图 2-2 所示。

图 2-2　矢量图放大后品质不受影响

位图的好处是，色彩变化丰富，编辑上，可以改变任何形状的区域的色彩显示效果。相应的，要实现的效果越复杂，需要的像素数越多，图像文件的大小（长宽）和体积（存储空间）越大。

矢量图的好处是，轮廓的形状更容易修改和控制，但是对于单独的对象，色彩上变化的实现不如位图来得方便直接。另外，支持矢量图格式的应用程序也远远没有支持位图的多，很多矢量图形都需要专门设计的程序才能打开浏览和编辑。

常用的位图绘制软件有 Adobe PhotoShop、Corel Painter 等，对应的文件格式为 .psd、.tif、.rif 等，另外还有 .jpg、.gif、.png、.bmp 等。

常用的矢量图绘制软件有 Adobe Illustrator、CorelDraw、Freehand、Flash 等，对应的文件格式为 .ai、.eps、.cdr、.fh、.fla 等，另外还有 .dwg、.wmf、.emf 等。

矢量图可以很容易地转化成位图，但是位图转化为矢量图却并不简单，往往需要比较复杂的运算和手工调节。

矢量图和位图在应用上也是可以相互结合的，比如在矢量图文件中嵌入位图实现特别的效果，再比如在三维影像中用矢量图建模和位图贴图实现逼真的视觉效果等。

二、路径

在 Flash 中绘制线条或形状时，将创建一个名为路径的线条。路径由一个或多个直线段或曲线段组成。每个线段的起点和终点由锚点表示。路径可以是闭合的，如圆；也可以是开放的，有明显的端点，例如波浪线。可以通过拖动路径的锚点、显示在锚点方向线末端的方向点或路径本身，改变路径的形状，如图 2-3 所示。

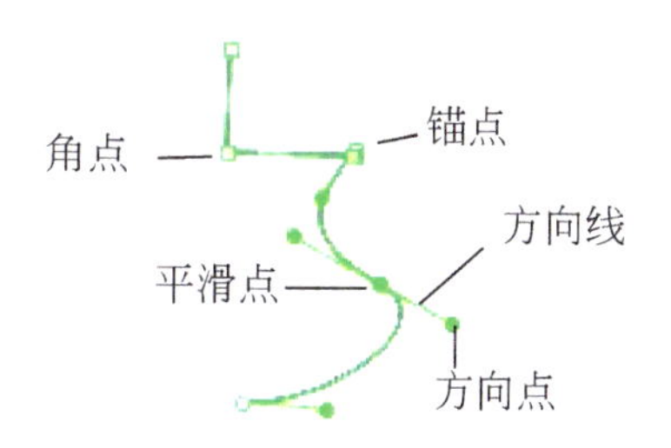

图 2-3　路径及组件

路径上有两种锚点：角点和平滑点。在角点，路径突然改变方向；在平滑点，路径段连接为连续曲线。可以使用角点和平滑点的任意组合绘制路径。如果绘制的点类型有误，可随时更改。

角点可以连接任何两条直线段或曲线段，而平滑点始终连接两条曲线。

路径轮廓称为笔触。应用到开放或闭合路径内部区域的颜色或渐变称为填充。笔触具有粗细、颜色和虚线图案。创建路径或形状后，可以更改其笔触和填充的属性。

三、方向线和方向点

选择连接曲线段的锚点或选择线段本身时，连接线段的锚点会显示方向手柄，方向手柄由方向线和方向点组成，方向线在方向点处结束。方向线的角度和长度决定曲线段的形状和大小。移动方向点将改编曲线形状。方向线不显示在最终输出上。

平滑点始终具有两条方向线，它们一起作为单个直线单元移动。在平滑点上移动方向线时，点两侧的曲线段同步调整，保持该锚点处的连续曲线，如图 2-4 所示。

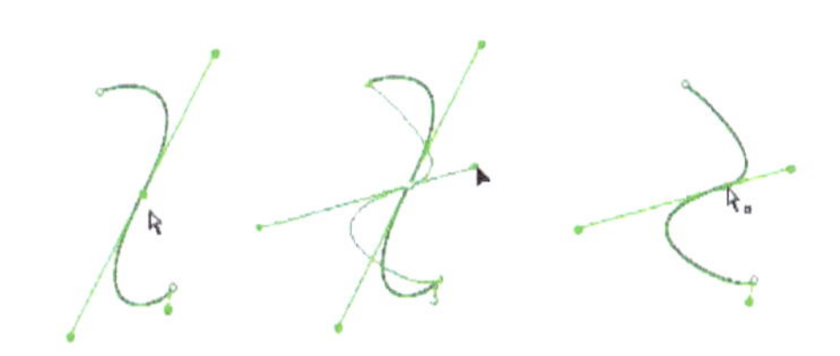

图 2-4　平滑点的方向线

角点可以有两条、一条或者没有方向线，具体取决于它分别连接两条、一条还是没有连接曲线段。角点方向线通过使用不同角度来保持拐角。在角点上移动方向线时，只调整与方向线同侧的曲线段，如图 2-5 所示。

图 2-5　角点的方向线

方向线始终与锚点处的曲线相切。每条方向线的角度决定曲线的斜率，而每条方向线的长度决定曲线的高度或深度。

四、绘图模式

Flash 有两种绘图模式：合并绘制和对象绘制，为绘制图形提供了极大的灵活性。

1. “合并绘制”模式

默认情况下，Flash 采用“合并绘制”模式。使用该模式绘制时，重叠绘制的图形会自动进行合并。如果选择的图形已与其他图形合并，移动它则会永久改变其下方的图形，如图 2-6 所示。图 2-6 中（a）是绘制了两个圆，（b）是把右侧的圆选中移动到左侧的圆上，然后在其他位置上单击一下鼠标；（c）是用鼠标双击一下右侧的圆选中，然后移走它，结果发现左侧的圆被删掉和右侧圆重叠的部分了。

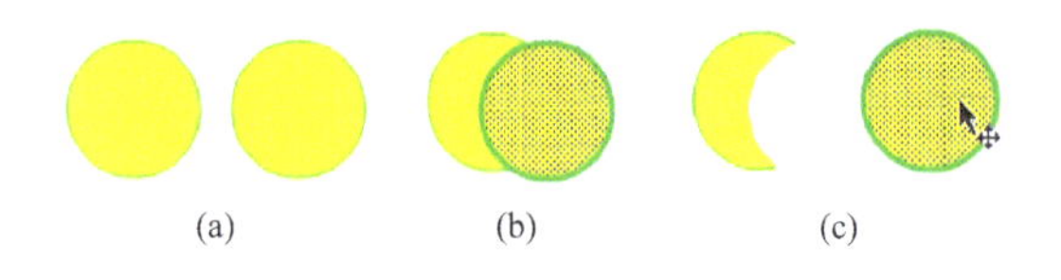

图 2-6　合并绘制模式

当使用铅笔、钢笔、线条、椭圆、矩形或刷子工具来绘制一条与另一条直线或已涂色形状交叉的直线时，重叠直线会在交叉处分成线段，可以使用选择工具来分别选择、移动线段并改变其形状，如图 2-7 所示。

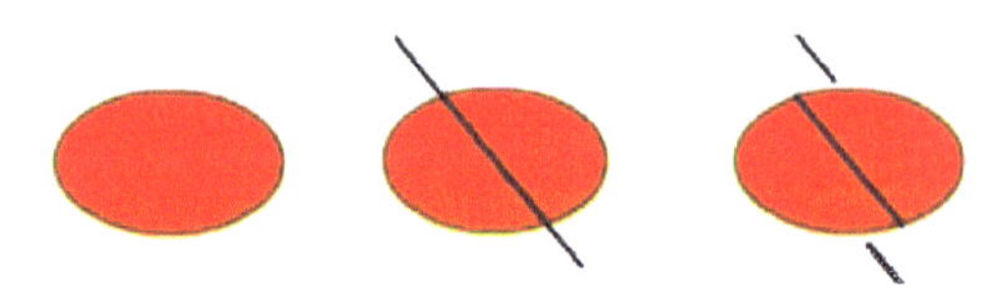

图 2-7　直线被填充部分分割为 3 条线段

2. “对象绘制”模式

使用“对象绘制”模式绘制形状时，首先需要在选择的绘画工具的选项中按下“对象绘制”按钮。

该模式允许将图形绘制成独立的对象，且在叠加时不会自动合并。分离或重排重叠图形时，也不会改变它们的形状。Flash 将每个图形创建为一个独立的对象，可以分别进行处理。

选择“对象绘制”模式创建图形时，Flash 会在图形上添加矩形边框，可以使用选择工具移动该对象，单击该对象后拖拽到舞台任意位置即可。如图 2-8 所示。也可以在重叠的图形中选定其中一个按下 Ctrl 键和↑、↓方向键改变其叠放次序。

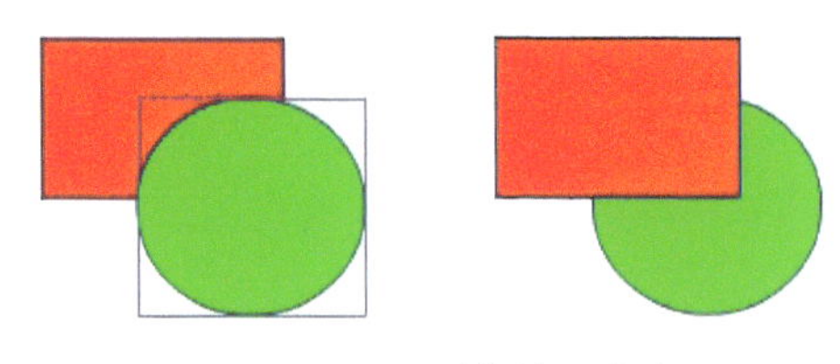

图 2-8　采用对象绘制模式

单击“对象绘制”按钮可以在两种绘图模式之间来回切换。对于已经按照“合并绘制”方式绘制的形状可以选择【修改】|【合并对象】|【联合】命令转换为“对象绘制”模式的对象；按照“对象模式”绘制的对象可以通过选择【修改】|【分离】，转换为“合并模式”绘制的形状。

任务二　绘制象棋棋盘

任务完成效果

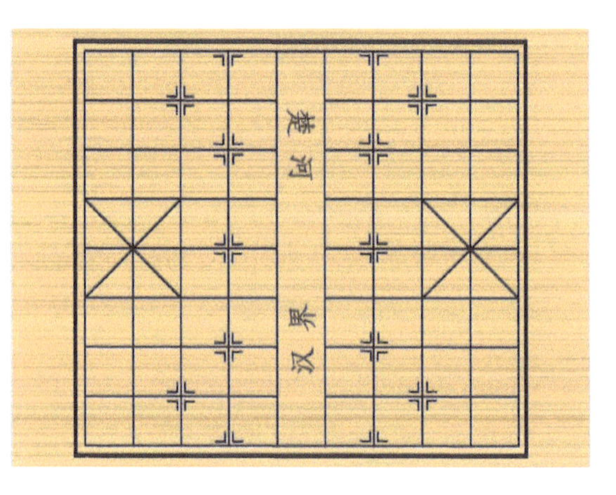

图 2-9　绘制象棋棋盘

任务描述

使用 Flash 绘图工具绘制完成图 2-9 所示的象棋棋盘。

工具用法

一、线条工具

操作方法：单击工具箱中的线条工具 ╲，或者按下快捷键“N”，使它处于按下状态。

状态：鼠标呈十字形式。

应用方法：在工作区按住鼠标左键向需要的方向拖动出现线条。需要画出沿 45° 角倍数的直线可在画线的同时按住 Shift 键。线条的颜色、粗细、形状等可以在属性检查器中直接调整，如图 2-10 所示。

图 2-10　线条工具属性

在线条属性面板中还可以设置线条的端点样式，端点类型包括“无”“圆角”“方形”3 种。“接合”选项指的是在线段的转折处也就是拐角处，线段以何种方式呈现拐角形状，有“尖角”“圆角”和“斜角” 3 种方式供选择，如图 2-11 所示。

当选择接合为“尖角”时，右侧的尖角数值变为可用状态，可以直接设置，也可以利用鼠标左右滑动调整数值，数值越大，尖角就越尖锐；数值越小，尖角会被逐渐削平。

用户可以在绘制线条以前设置好线条属性，也可以在绘制完成以后重新修改线条的这些属性。

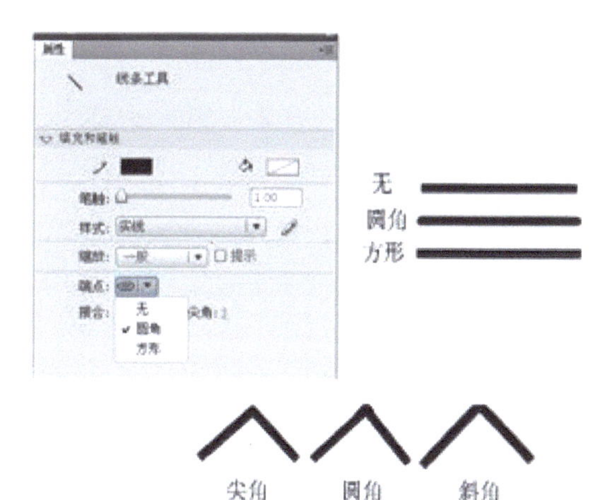

图 2-11　线条的不同端点及拐角形式

二、文本工具

操作方法：单击工具箱中的文本工具 T，或者按下快捷键“T”，使它处于按下状态。

应用方法：文本输入框有两种状态，一种为无宽度限制的文本框，另一种为有宽度限制的文本框，下面分别介绍这两种状态。

1. 无宽度限制文本框

无宽度限制是指在输入文字的过程中，所输入的文字可以持续地向右延伸，按 Enter 键结束当前行的输入，进入下一行文字的输入。其创建方法如下。

①单击工具箱中的文本工具 T 或按键盘上的 T 键，选中文本工具，然后鼠标移至舞台上，此时鼠标指针变为十T。

②用鼠标在舞台上需要输入文字处单击，舞台上出现一个文本框，文本框中有闪烁的光标，此时即可在文本框中输入文字，当前的这个文本框就是一个无宽度限制的文本框，该文本框的右上角有一个圆形图形，如图 2-12 所示。

图 2-12　无宽度限制文本框

2. 有宽度限制的文本框

有宽度限制的文本框是指在输入文字的过程中，文字到了文本框的右边界会自动换行，此时文本框的宽度是固定的（文本框的左右宽度是用户自己确定的），并不会因为文字数量的改变而改变。其创建方法如下。

① 单击工具箱中的文本工具 T 或按键盘上的 T 键，选中文本工具，然后鼠标移至舞台上，此时鼠标指针变为十T。

② 在舞台上按住鼠标左键拖拽，拖拽至自己满意的文本框宽度时释放鼠标左键，绘制出一个文本框，此时即可在文本框中输入文字，当前这个文本框就是一个有宽度限制的文本框，该文本框的右上角有一个方形图形，如图 2-13 所示。

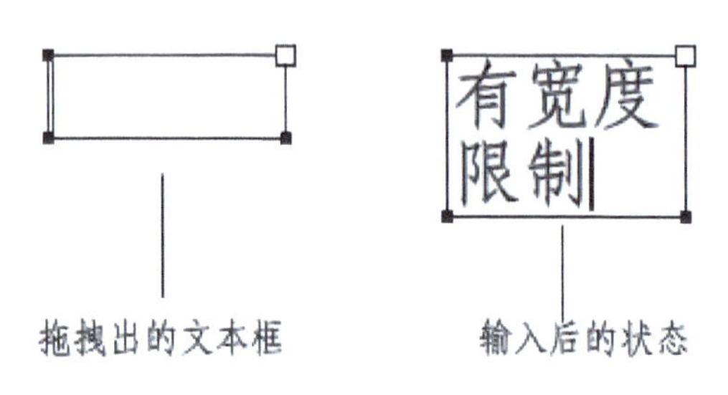

图 2-13 有宽度限制的文本框

注意：无宽度限制的文本框和有宽度限制的文本框是可以互相转换的，转换的方法是，用鼠标拖拽文本框右上角的圆形图形，可以将无宽度限制文本框转换为有宽度限制的文本框；用鼠标双击文本框右上角的方形图形，可以将有宽度限制的文本框转换为无宽度限制的文本框。

属性设置：可以在输入文字之前或输入文字完成之后选定文本，设置文本属性。

知识讲解

1. 文本类型

Flash 文本分为静态文本、动态文本和输入文本 3 大类。

静态文本：最基本的文本，在动画播放时只能显示文字内容，没有其他功能。输入什么，播放中显示的就是什么。图 2-14 所示为静态文本属性设置面板。

动态文本：动态文本并非指文字本身可以具有动画效果，而是指可以显示动态的文本内容，例如时间、下载进度等，这些功能都是需要配合脚本代码或者动作指令才能实现的。图 2-15 所示为动态文本属性设置面板。

输入文本：主要是交互时才使用的文本种类。输入文本并不是让制作动画的人来输入，而是让观看动画的人来输入。例如，若需要观看动画的人可以输入文字，那么必须建立一个输入文本框，还可以用文字来提示读者，告诉读者可以在此输入文字，图 2-16 所示为输入文本属性设置面板。

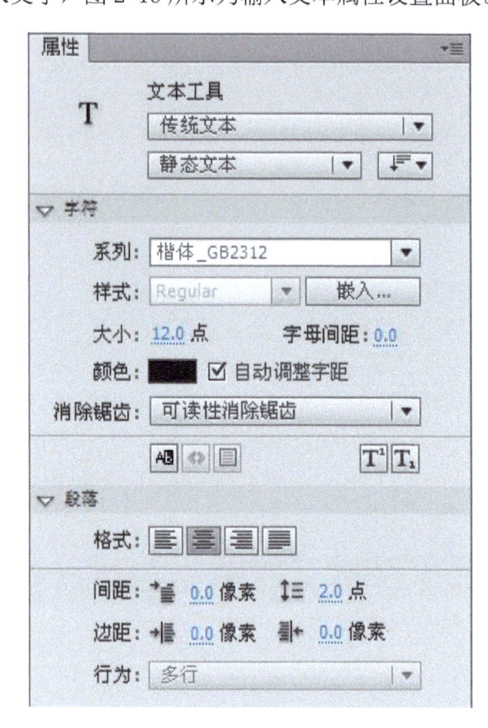

图 2-14 静态文本属性设置面板

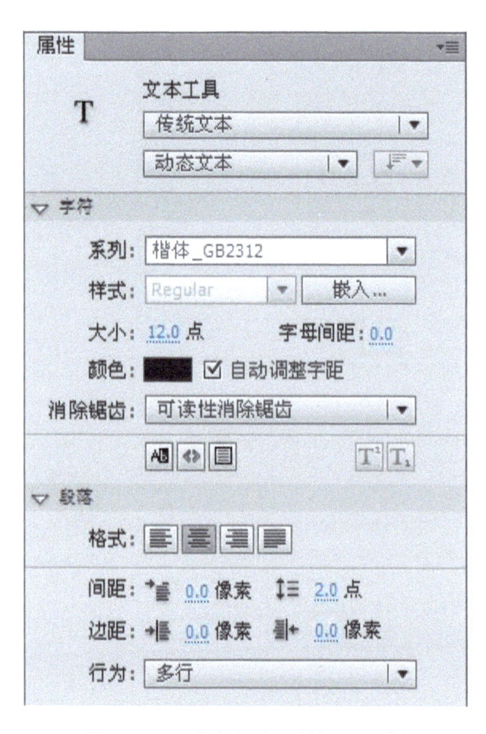

图 2-15 动态文本属性设置面板

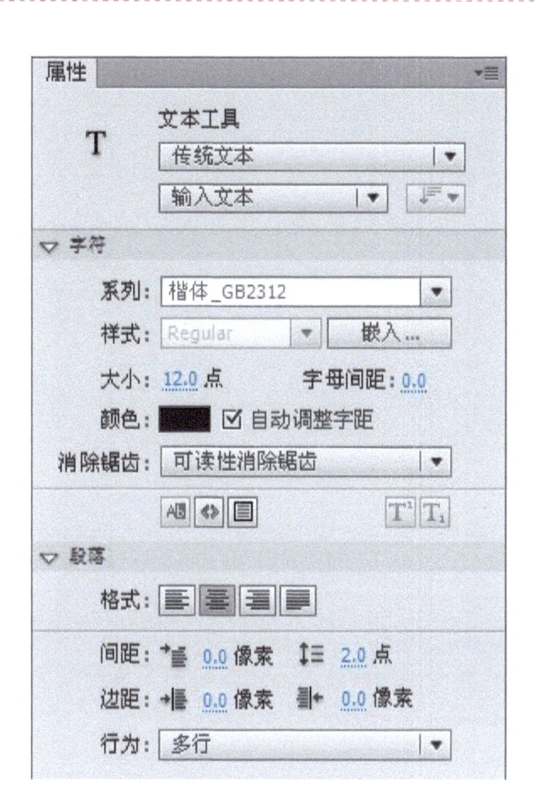

图 2-16　输入文本属性设置面板

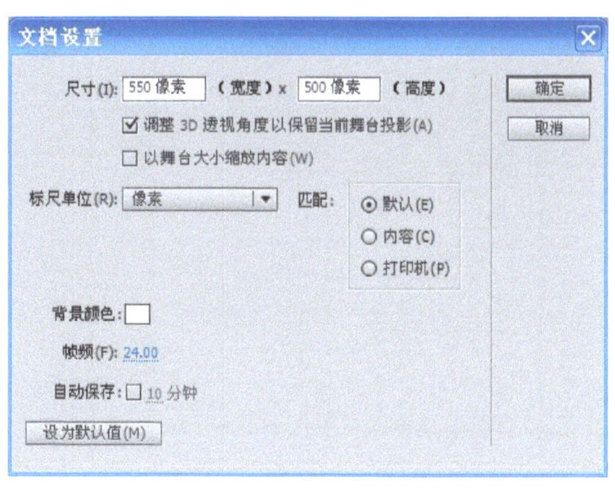

图 2-17　设置文档属性

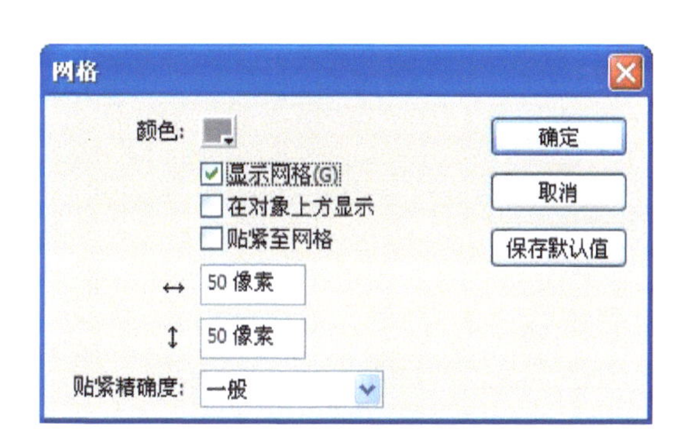

图 2-18　网格编辑对话框

图 2-19　舞台上的网格

2. 字符格式

可以设置字符的字体、样式、大小、字母间距、颜色、消除锯齿等属性。

3. 段落格式

可以设置段落对齐方式，如左对齐、居中对齐、右对齐、两端对齐。还可以设置段落的间距、缩进、边距、方向等属性。

动画制作

① 运行 Flash CS6，在开始界面选择“新建 Action Script3.0”，单击确定，创建一个新的影片文件。

② 设置文档属性。选择【修改】|【文档】，或者单击文档属性面板中的“编辑”按钮，打开“文档属性”对话框，设置文档大小为 550px×500px，背景色为白色。单击“确定”按钮完成设置，如图 2-17 所示。

③ 选择【视图】|【网格】|【编辑网格】，打开网格编辑对话框，如图 2-18 所示，设置横向和纵向网格均为 50px，单击“确定”完成设置。选择【视图】|【网格】|【显示网格】命令，则舞台如图 2-19 所示。

④ 选择直线工具，在属性面板中设置线条的笔触颜色为黑色，笔触高度为 4，笔触样式为实线。把鼠标移至舞台中，拖拽鼠标，绘制棋盘的外边框，如图 2-20 所示。

然后选择【视图】|【贴紧】|【贴紧至网格】命令，接着选择直线工具，设置笔触高度为 2。继

续绘制棋盘的其他线条，如图 2-21 所示。

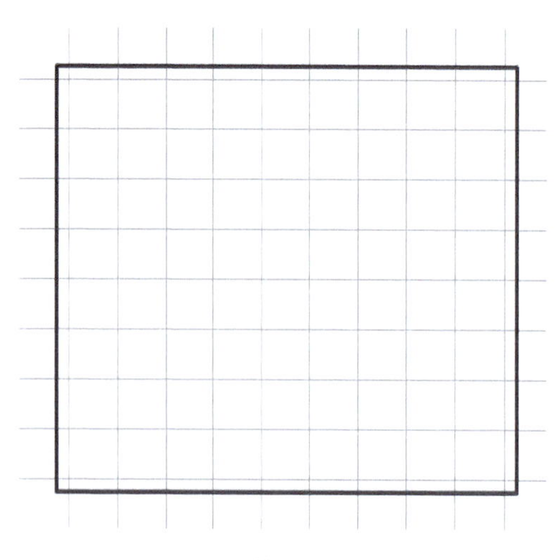

图 2-20　绘制棋盘外边框

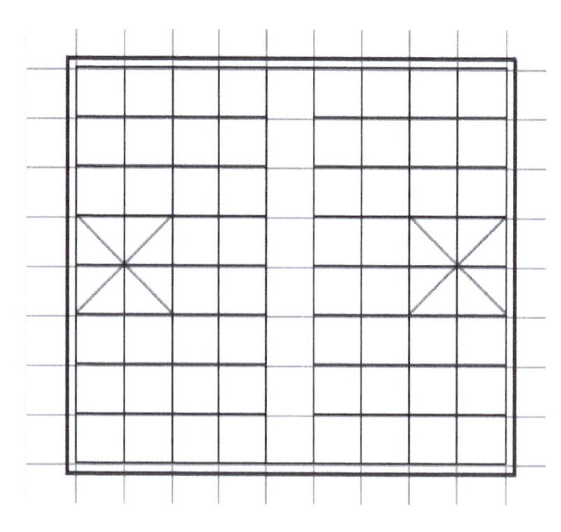

图 2-21　棋盘的网格

⑤ 绘制棋盘中的定位点，如图 2-22 所示。

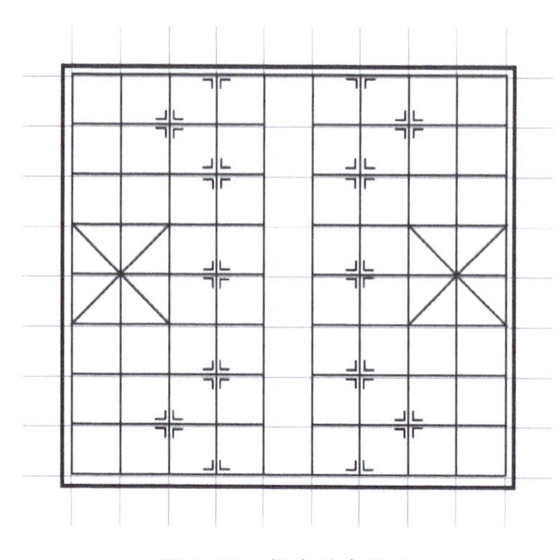

图 2-22　棋盘的定位点

⑥ 选择文本工具，设置文本属性后在舞台中输入汉字“楚河”“汉界”。输入完成的汉字是横排的，利用选择工具选取文本后按下工具箱中“任意变形工具”按钮，旋转文字到合适的角度，移动文字至棋盘适当位置，如图 2-23 所示。

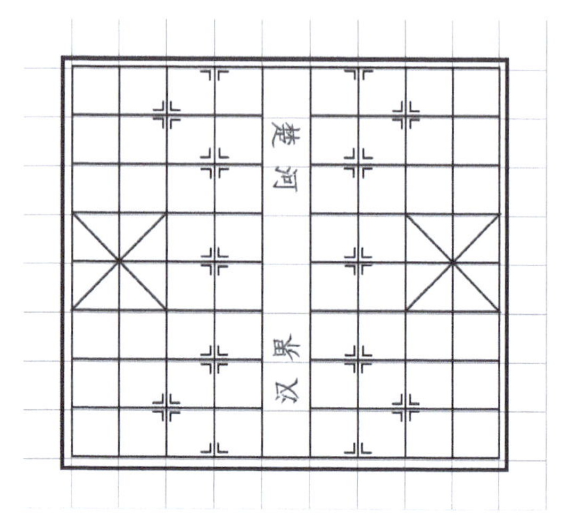

图 2-23　输入文字

⑦ 单击时间轴面板中左下角的“新建图层”按钮新建图层 2，选择【文件】|【导入】|【导入到库】命令，在弹出的对话框中选择素材文件夹，选择要导入的图形文件“木纹 . jpg”作为棋盘的背景。打开库面板，把导入的“木纹 . jpg”文件拖拽至舞台合适位置。鼠标单击时间轴面板图层 2，拖动至图层 1 下方，即完成整个棋盘绘制任务。

任务三　绘制花朵

任务完成效果

图 2-24　花朵效果图

任务描述

利用 Flash 绘图工具及编辑工具绘制如图

2-24 所示的花朵，利用色彩工具上色。

工具用法

一、几何图形绘制工具

在 Flash 绘画中，很多图形都可以由几何图形组合而成。几何图形工具包括矩形工具、椭圆工具、基本矩形工具、基本椭圆工具、多角星形工具。需要注意的是由几何图形工具绘制出来的图形包括矢量边框和矢量色块两个部分。图 2-25 给出了图形的不同状态。

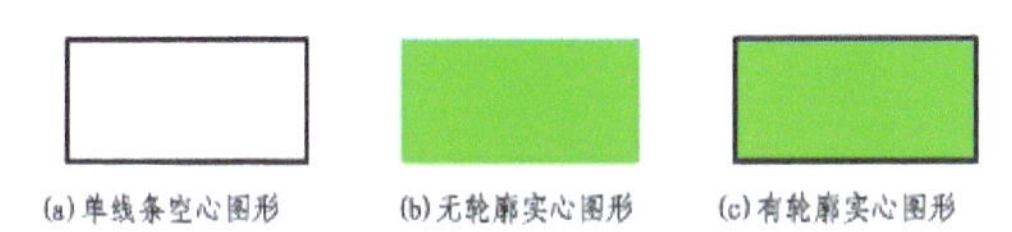

图 2-25 绘图类型

（一）椭圆工具

操作方法：单击椭圆工具，使它处于按下状态。

状态：鼠标呈十字形式。

应用方式：按下鼠标左键向任意方向拖动即可绘制一个椭圆，按住 Shift 键的同时拖动鼠标可绘制一个圆。

属性设置：可以在绘制椭圆之前先设置椭圆属性，如图 2-26 所示。可以设置的属性有笔触颜色、填充颜色、笔触高度、线条样式等属性。在属性面板中还有一个“椭圆选项”，一般不用做设置，如果设置，得到的图形就是和基本椭圆工具得到的一致了，将在本书后面介绍。

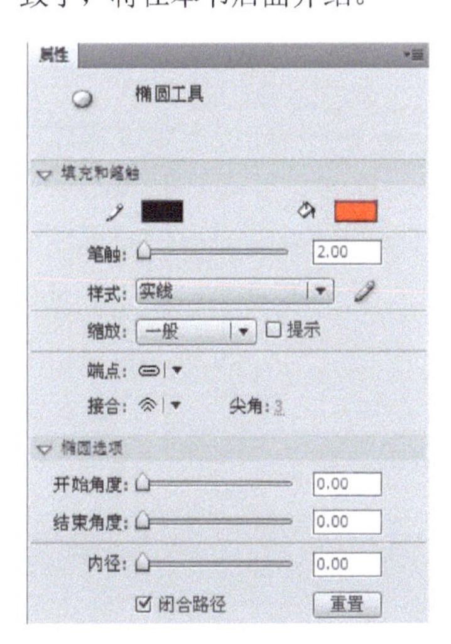

图 2-26 绘制图形之前的椭圆工具属性面板

也可以在绘制完成后利用选择工具选中所绘制图形，然后在属性面板中设置属性。此时可以设置的属性如图 2-27 所示，有图形的位置、大小、笔触颜色、填充颜色、笔触高度、线条样式等。

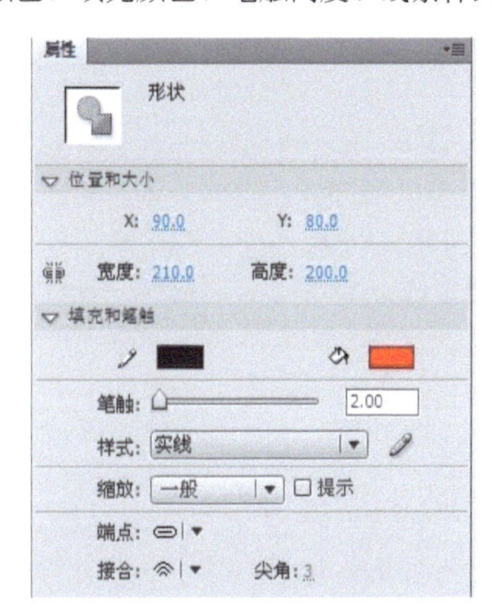

图 2-27 绘制完成椭圆后选定图形属性面板

（二）基本椭圆工具

利用基本椭圆工具可以绘制更加变化的椭圆，其使用方法和椭圆工具一样，可在绘制之前设置属性，其属性面板与图 2-26 一样，可以在“椭圆选项”中进行开始角度、结束角度及内径等的设置。读者可以自行尝试设置不同的数值，得到如图 2-28 所示的图形效果。

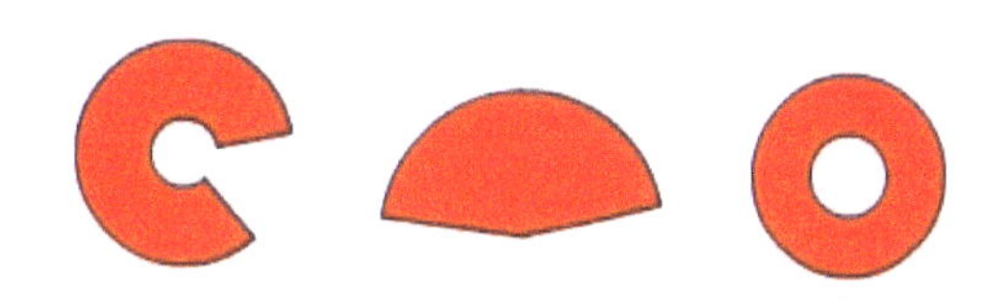

图 2-28 利用基本椭圆工具绘制图形

除了在绘制之前设置外，还可以在绘制完成后选中图形进行设置，或直接利用鼠标拖动在绘制图形上的控制点来得到所需要的形状。如图 2-29 所示。

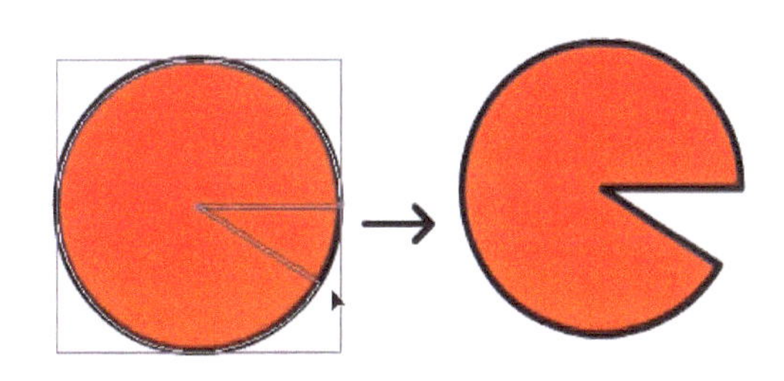

图 2-29 利用鼠标调整形状

（三）矩形工具

操作方法：单击矩形工具，使它处于按下状态。

状态：鼠标呈十字形式。

应用方式：按下鼠标左键向任意方向拖动即可绘制一个矩形，按住 Shift 键的同时拖动鼠标可绘制一个正方形。

属性设置：可以在绘制矩形之前先设置矩形属性，如图 2-30 所示。可以设置的属性有笔触颜色、填充颜色、笔触高度、线条样式等属性。在属性面板中还有一个“矩形选项”，一般不用做设置，如若设置得到的图形就是和基本矩形工具得到的一致了，在后面介绍。

也可以在绘制完成后利用选择工具选中所绘制图形，然后在属性面板中设置属性。此时可以设置的属性如图 2-31 所示，有图形的位置、大小、笔触颜色、填充颜色、笔触高度、线条样式等。

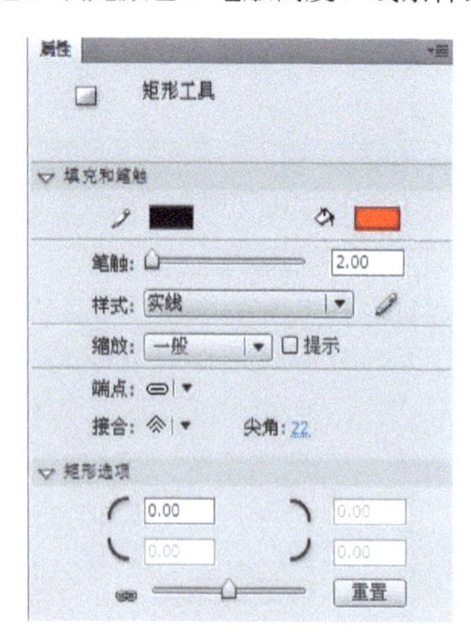

图 2-30 绘制图形之前的矩形工具属性面板

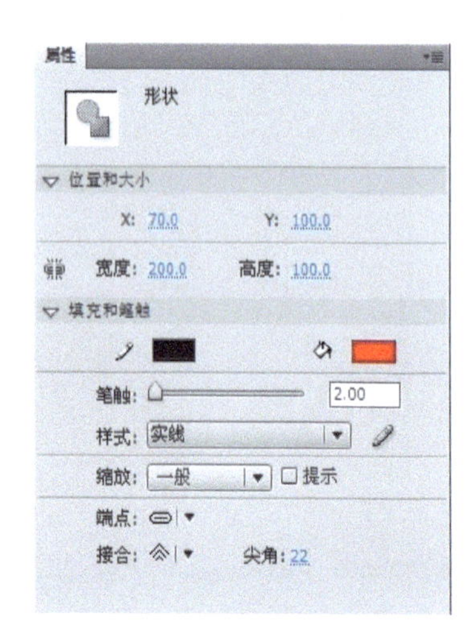

图 2-31 绘制完成矩形后选定图形属性面板

（四）基本矩形工具

利用基本矩形工具可以绘制圆角矩形，其使用方法和矩形工具一样，可在绘制之前设置属性，其属性面板与图 2-30 一样，可以在“矩形选项”中进行设置，可以设置边角弧度。读者可以自行尝试设置不同的数值，得到如图 2-32 所示的图形效果。

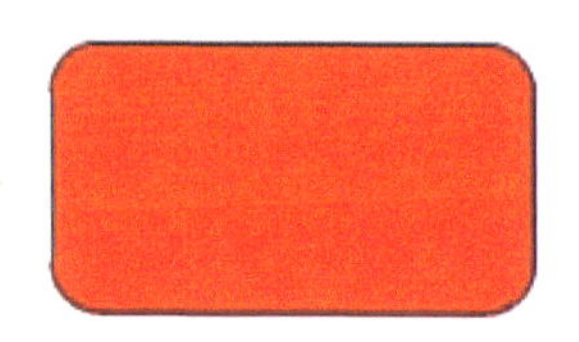
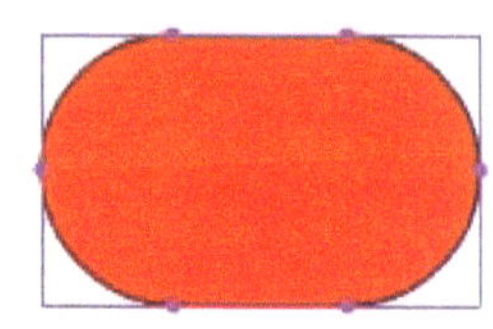

图 2-32 利用基本矩形工具绘制圆角矩形

除了在绘制之前设置外，还可以在绘制完成后选中图形进行设置，或直接利用鼠标拖动在绘制图形上的控制点来得到所需要的形状。

（五）多角星形工具

使用多角星形工具可以绘制多边形和星形。绘图时可以选择多边形的边数或星形的顶点数，还可以选择星形顶点的深度。

若要绘制多边形或星形，可执行以下操作。

①选择多角星形工具，在属性面板中可以设置笔触颜色、填充色、笔触高度、样式等，单击“工具设置”中的“选项”，打开“工具设置”对话框，如图 2-33 所示。

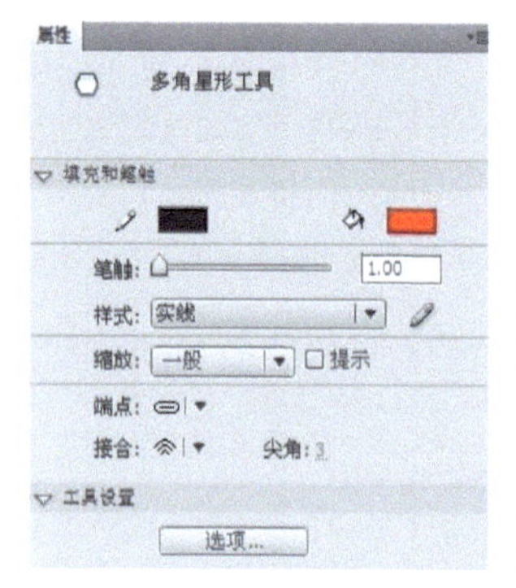

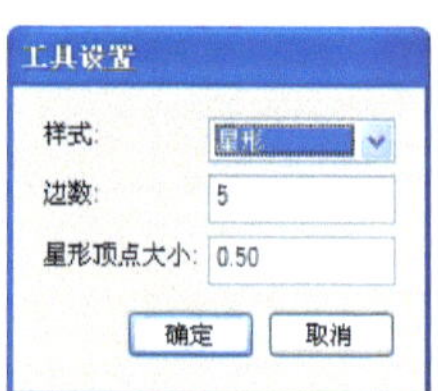

图 2-33 多角星形工具属性设置

②设置完成后单击“确定”以关闭“工具设置”对话框。

③在舞台上拖动鼠标，绘制多边形或星形。图 2-34 为所绘制的星形和多边形效果图。

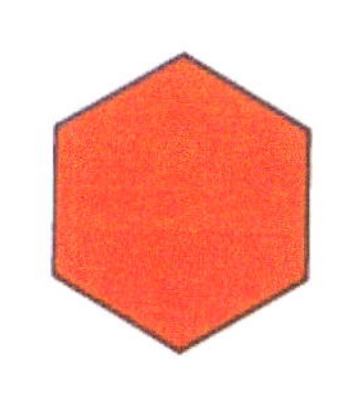

图 2-34　星形和多边形效果图

二、编辑工具

（一）选择工具

当某一图形对象被选中后，图像将由实变虚，表示已选中。在绘图操作过程中，用户常常需要选择先要处理的对象，然后对这些处理对象进行进一步操作，而选择对象的过程通常就是使用选择工具的过程。

1．选择对象

在工作区中使用选择工具选择对象，有以下几种方法。

①在工具箱中选择，或者单击快捷键 V，单击图形边缘，即可选中该对象的一条边，如图 2-35 所示；双击图像对象的边缘，即可选中该对象的所有边，如图 2-36 所示。

图 2-35　单击边缘选择

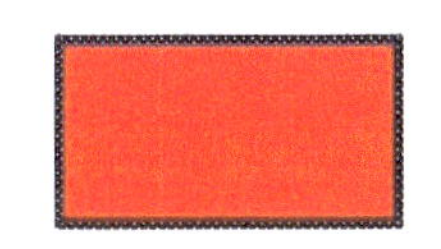

图 2-36　双击边缘选择

②单击图形对象的填充部分，可选中对象的填充区域，如图 2-37 所示；双击图形对象的填充部分，可选中对象的线条和填充，如图 2-38 所示。

图 2-37　单击填充区域

图 2-38　双击填充区域

③在舞台中通过框选的方式可以选取整个对象或部分图像，如图 2-39 所示。

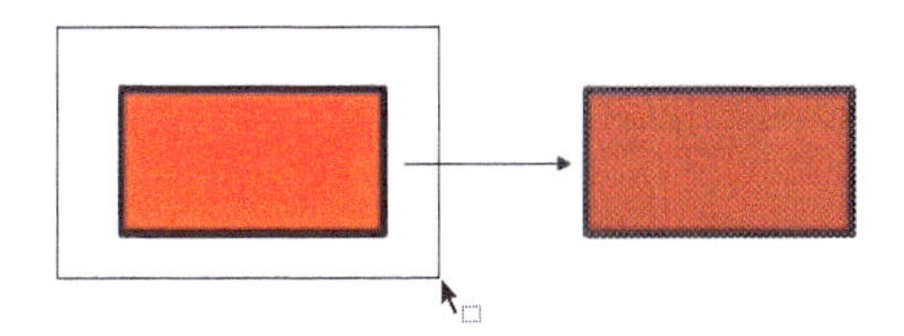

图 2-39　使用框选的方法进行选择

④按住 Shift 键依次单击要选取的对象，可以同时选取多个对象；如果再次单击已被选中的对象，则可以取消对该对象的选取。

2．移动对象

使用选择工具还可以对图形对象进行移动操作，分以下几种情况。

① 如果对选中对象的位置要求不是很精确，一般可以采用选择工具拖动的方法移动对象。使用选择工具选中一个或多个对象，然后将所选对象拖动到合适的位置，松开鼠标即可。

② 如果对位置的要求比较精确，可以采用键盘方向键来移动对象。如果按住 Shift 键的同时单击方向键，则每次移动 8px。

③ 如果要将一个对象如图 2-40 所示移动至坐标为（200，200）的位置上，则需要在“信息面板”中进行设置，如图 2-41 所示。

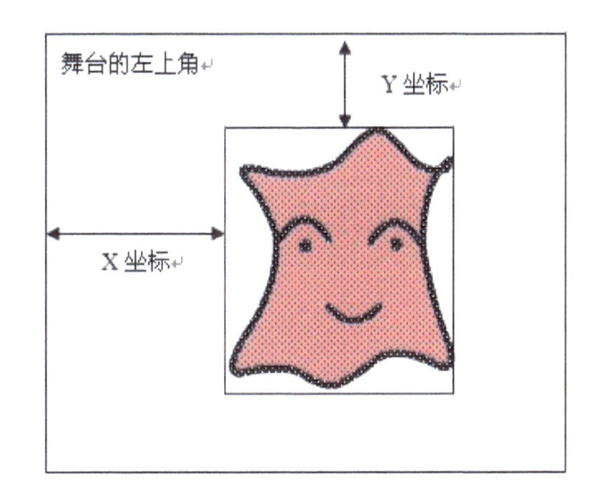

图 2-40　待移动的对象

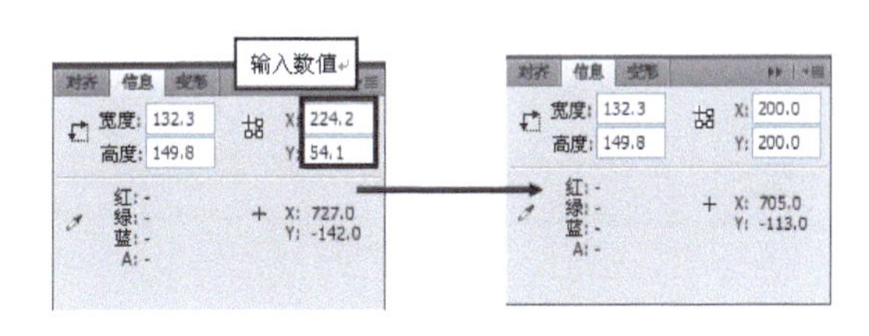

图 2-41　使用信息面板移动对象

④ 除了通过信息面板移动对象外，还可以通过选定对象后，在其属性面板设置 X、Y 坐标值的方式移动对象。

3．更改对象的形状

可以利用选择工具使边线弯曲。将鼠标放到边线的下面，可以看到在箭头旁边多出了一个小弧形的标记，表示可以改变这条边线，如图 2-42 所示。拖动鼠标，改变它的形状。还可以把鼠标放置到边线的端点处，此时鼠标箭头旁边多出一个方块，表示可以改变端点的位置，拖动鼠标，改变它的形状，如图 2-43 所示。

图 2-42　改变线的形状

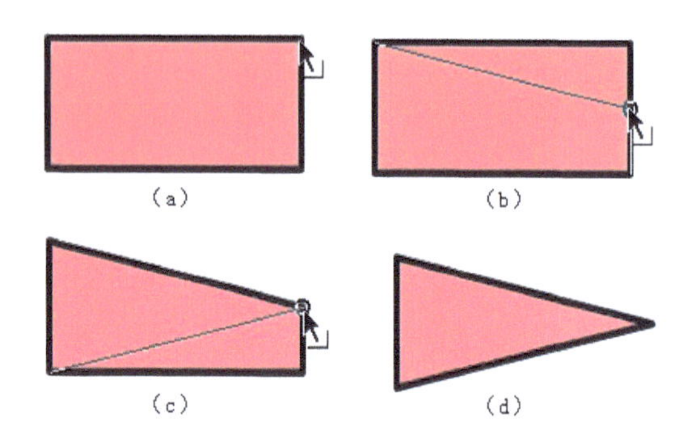

图 2-43　改变端点获得的形状变化

（二）部分选取工具

操作方式：单击部分选取工具，或者按下快捷键 A，使它处于按下状态。

状态：鼠标呈箭头形式。

应用方式：

① 单击对象的边界，可以看到对象的边界的节点，如图 2-44 所示。

② 拖动鼠标呈矩形方框以选中目标，可以看到所有选中对象节点，如图 2-45 所示。

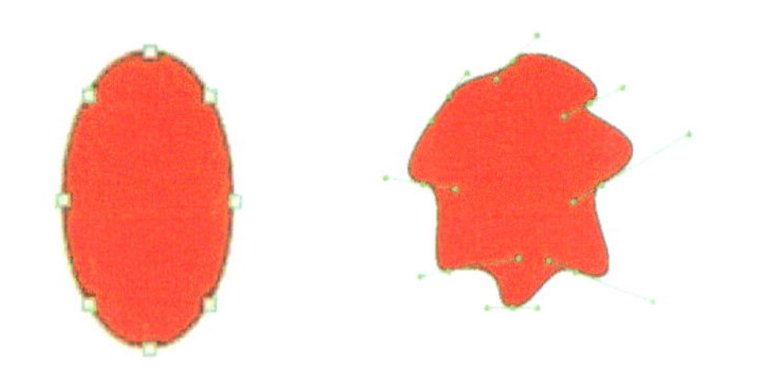

图 2-44　部分选取工具单击图形边界　图 2-45　部分选取工具框选对象

③ 单击节点，可以通过改变节点的切线来改变对象的形状。

④ 在其他位置上再单击一下鼠标，节点消失。

（三）任意变形工具

使用任意变形工具可以对图形对象进行旋转与倾斜、封套变形、扭曲、缩放等操作，通过选择选项区中的选项，可以对图形进行不同的变形操作。如图 2-46 所示。

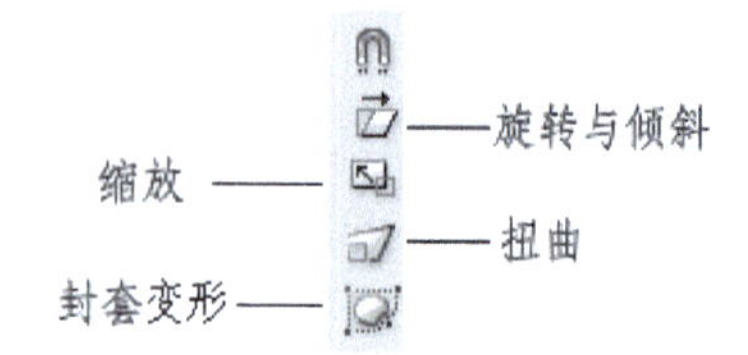

图 2-46　任意变形工具选项

1. 旋转与倾斜对象

选择旋转与倾斜功能后，将鼠标指向对象的边角部位，会发现鼠标指针的形态变成了↺，拖动鼠标向任意方向，可实现对象的旋转变形的操作，如图 2-47 所示。

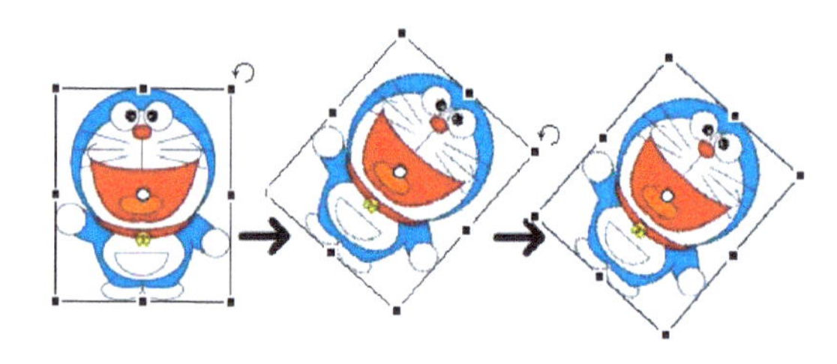

图 2-47　旋转对象

把鼠标指向对象的四边时，鼠标变成双向箭头，拖动鼠标，可实现对象的倾斜操作，如图 2-48 所示。

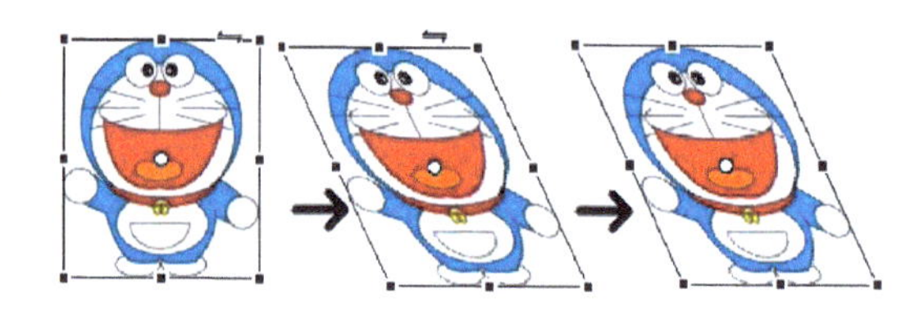

图 2-48　倾斜对象

2. 缩放对象

选择缩放选项后，将鼠标指针指向对象的锚点时，拖动鼠标可以调整对象的大小。按住 Shift 键可以等比例缩放对象，如图 2-49 所示。

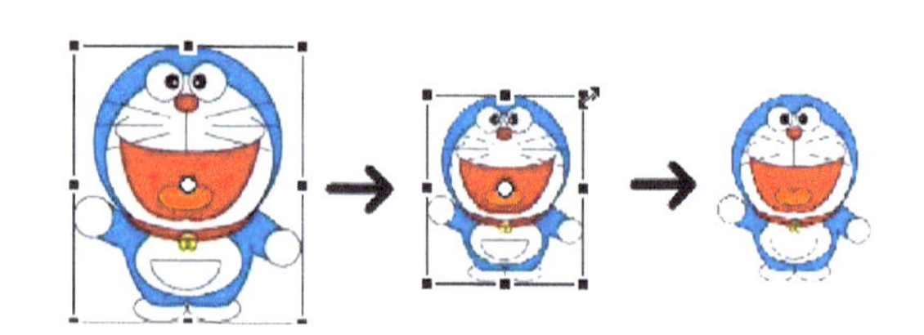

图 2-49　缩放对象

3. 扭曲对象

使用扭曲变形功能可以通过鼠标直接编辑对象的锚点，从而实现变形效果，如图 2-50 所示。

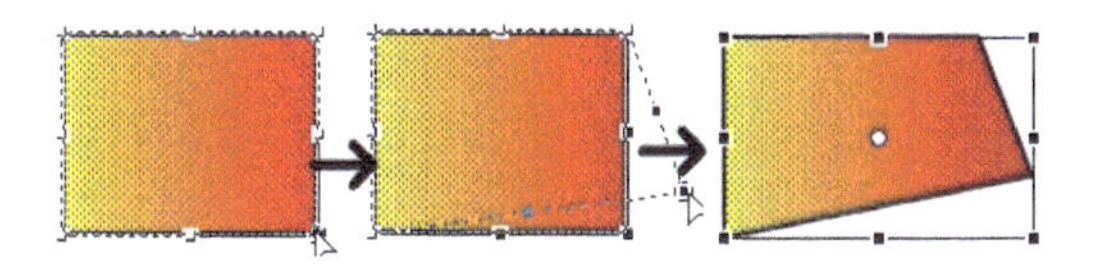

图 2-50 扭曲对象

4. 封套变形对象

使用封套变形选项可以编辑对象边框周围的切线手柄，通过对切线手柄的调整可以得到更复杂的对象变形效果，如图 2-51 所示。

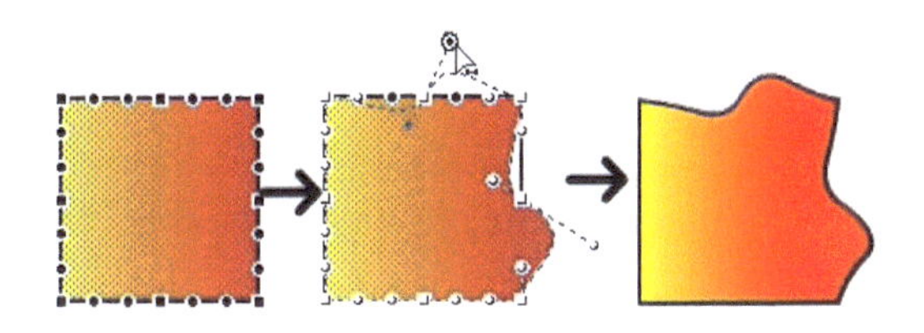

图 2-51 封套变形对象

（四）套索工具

套索工具的主要作用是选取对象，但和选择工具不一样。选择工具框选的是矩形区域，而套索工具选取的是任意形状。当套索工具被选中时，下面的选项有三个，如图 2-52 所示。

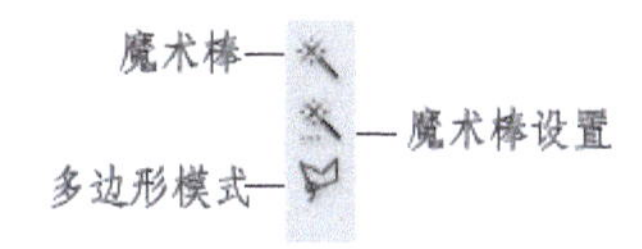

图 2-52 套索工具选项

1. 选取任意形状

选择套索工具，鼠标变成，按住鼠标左键拖动鼠标，可以选取图形上的任意部分。

2. 选取任意多边形形状

选择套索工具，在选项中选择多边形模式，鼠标变成，按住鼠标左键单击设定起始点，将鼠标指针移动到第一条线要结束的地方，然后单击。继续设定其他线段的结束点。双击闭合选择区域。

3. 魔术棒选项

当选取了魔术棒选项后，可以单击选项区的魔术棒设置选项，打开如图 2-53 所示的魔术棒设置对话框。在"阈值"中输入的数值越大，选中区域越大。如图 2-54 所示，可以利用魔术棒工具删除图片的背景。操作步骤如下：

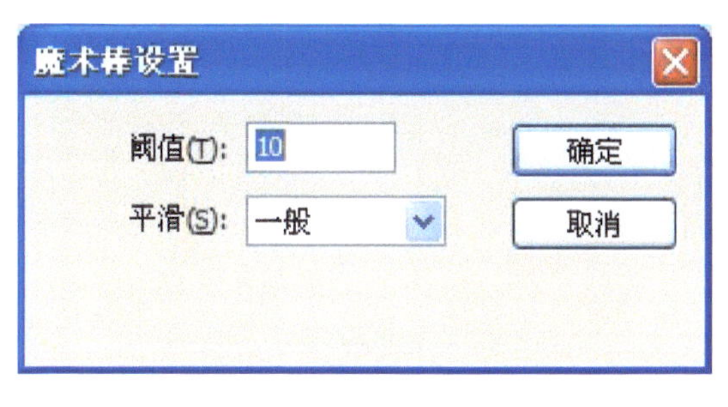

图 2-53 魔术棒设置对话框

①选定要删除的图片，如图 2-54（a）所示。

②按 Ctrl+B 打散位图，如图 2-54（b）所示。

③选择套索工具的魔术棒选项，鼠标在打散的位图上变为魔术棒形状，单击要删除的颜色区域，选中相近颜色，按 Delete 键删除所选区域，如图 2-54（c）、（d）所示。

图 2-54 利用魔术棒删除背景

三、色彩工具的使用

（一）滴管工具

可以利用滴管工具复制一个对象的笔触和填充属性，然后将它们应用到其他对象。滴管工具还允许从位图图像取样用作填充。

① 选择滴管工具，把鼠标移至图形轮廓上，鼠标变为形状，单击鼠标，该工具自动变为墨水瓶工具，此时可以单击其他对象轮廓，实现复制笔触。

② 选择滴管工具，把鼠标移至图形填充区域，鼠标变为形状，单击鼠标，该工具自动变为颜料桶工具，且自动打开"锁定填充"选项，此时若单击其他对象填充区域，可实现填充复制。

（二）墨水瓶工具

可以使用墨水瓶工具更改线条或轮廓的笔触颜色、宽度和样式。对直线或形状轮廓可以应用纯色、渐变或位图。使用它可以更容易地一次更改多个对象的笔触属性。

如图 2-55 所示，可以利用墨水瓶工具给图形添加笔触。

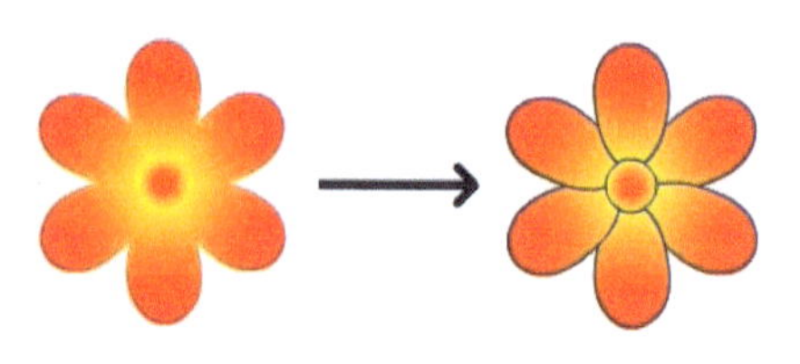

图 2-55　利用墨水瓶工具给图形添加笔触

（三）颜料桶工具

颜料桶工具可以用于给工作区内有封闭区域的图形填充颜色。

使用颜料桶工具的操作步骤如下。

① 单击工具箱中的，或者按快捷键 K，光标在工作区中变为一个小颜料桶形状。

② 单击工具箱中填充颜色按钮，或者在属性面板填充颜色按钮上单击，在弹出的调色板中单击选取适当的颜色。

③ 在工作区中，用户可以在需要填充颜色的封闭区域内单击，即可在指定区域内填充颜色。

④ 在工具箱的选项区域，还有一些该功能的附加选项，如图 2-56 所示。

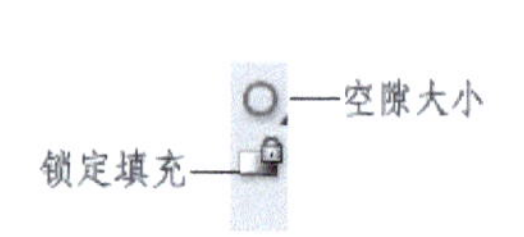

图 2-56　颜料桶工具的选项

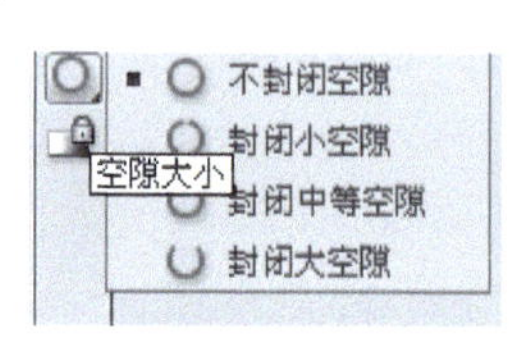

图 2-57　空隙大小下拉菜单

a. 空隙大小：单击该按钮打开一个如图 2-57 所示的下拉菜单，用户可以选择颜料桶工具判断近似封闭的空隙宽度。

不封闭空隙：在用颜料桶工具填充颜色之前，Flash 将不会自行封闭所选区域的任何空隙。即所选区域的所有未封闭的曲线内将不会被填色。

封闭小空隙：在用颜料桶工具填充颜色之前，会自行封闭所选区域的小空隙。即如果所填充区域不是完全封闭的，但是空隙较小，则 Flash 会近似地将其判断为完全封闭而进行填充。

封闭中等空隙：在用颜料桶工具填充颜色之前，会自行封闭所选区域的中等空隙。即如果所填充区域不是完全封闭的，但是空隙中等，则 Flash 会近似地将其判断为完全封闭而进行填充。

封闭大空隙：在用颜料桶工具填充颜色之前，会自行封闭所选区域的大空隙。即如果所填充区域不是完全封闭的，空隙尺寸比较大，则 Flash 会近似地将其判断为完全封闭而进行填充。

b. 锁定填充：单击开关按钮，可锁定填充区域。其作用和刷子工具的选项中的锁定填充功能一样。

（四）渐变变形工具

在 Flash 中可以利用颜料桶工具给对象填充纯色、渐变色、位图。渐变变形工具就是用来调整渐变效果以及位图填充效果的工具。它主要用于对对象进行各种方式的渐变颜色的变形处理，例如选择过渡色、旋转颜色和拉伸颜色等处理。通过使用渐变变形工具，用户可以将选择对象的填充颜色处理为需要的各种色彩。

1. 线性渐变

线性渐变的操作如图 2-58 所示。

图 2-58　线性渐变

① 旋转：单击并移动图中 1 处的手柄可以调整渐变的旋转。

② 大小：单击并移动图中 2 处的手柄可以调整渐变的大小。

③ 中心点：单击并移动图中 3 处中心点手柄可以调整渐变的中心点。

2. 径向渐变

径向渐变的操作如图 2-59 所示。

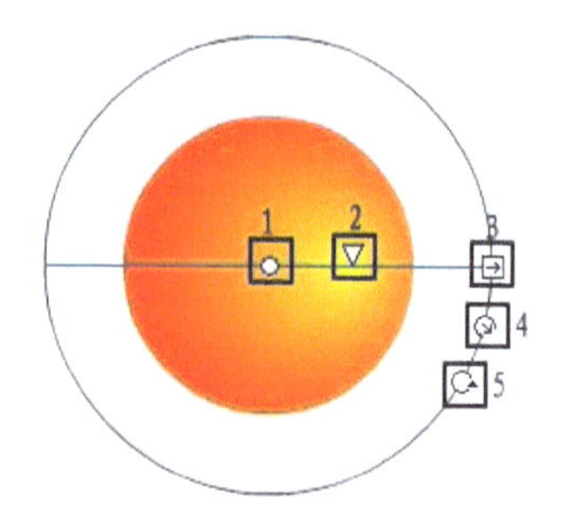

图 2-59　径向渐变

① 中心点：同线性渐变的作用。

② 焦点:选择焦点手柄可以改变径向渐变的焦点。

③ 宽度：单击并移动方形手柄可以调整渐变的宽度。

④ 大小：同线性渐变的作用。

⑤ 旋转：同线性渐变的作用。

3. 位图填充

位图填充的调整操作如图 2-60 所示。

① 中心点：同线性渐变的作用。

② 横向拉伸倾斜。

③ 纵向拉伸倾斜。

④ 横向缩放渐变。

⑤ 纵向缩放渐变。

⑥ 大小：同线性渐变。

⑦ 旋转：同线性渐变。

图 2-60 位图填充的调整

（五）橡皮擦工具

可以使用橡皮擦工具擦除图形的外轮廓和内部填色。橡皮擦工具有多种擦除模式，如可以设定只擦除图形的外轮廓和内部颜色，也可以定义只擦除图形对象的某一部分的内容，用户可以在实际操作中根据具体情况设置不同的橡皮擦除模式，还可以定义橡皮擦的大小及形状，如图 2-61 所示。

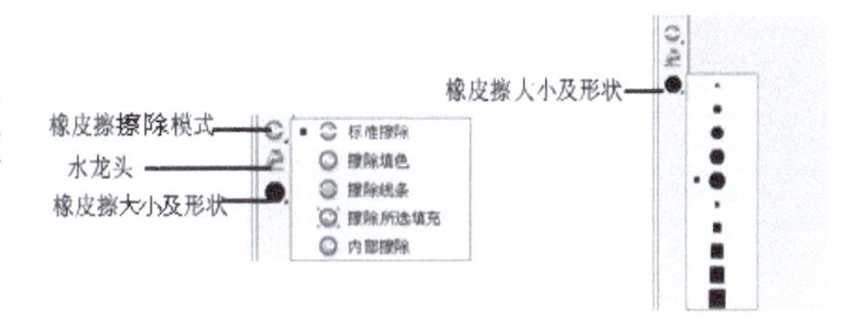

图 2-61 橡皮擦选项

1. 橡皮擦擦除模式

① 标准擦除：将擦除掉橡皮擦经过的所有区域，可以擦除同一层上的笔触和填充，为 Flash 默认的擦除模式。

② 擦除填色：只擦除图形的内部填色，而对图形的外轮廓不起作用。

③ 擦除线条：只擦除图形的外轮廓线，而对图形的内部填色不起作用。

④ 擦除所选填充：只擦除图形中被选中的内部区域，其他未被选中区域及笔触不起作用。

⑤ 内部擦除：只有从填充色内部作为擦除的起点才有效。

各种擦除模式的擦除效果如图 2-62 所示。

2. 水龙头功能

水龙头的功能可以看成是颜料桶和墨水瓶功能的反作用，可以将图形的轮廓线或者填充色整体去掉，其操作就是选定该选项后鼠标指针变为，在要擦除的填充色或轮廓线上单击即可。

3. 橡皮擦大小及形状选项

如图 2-61 所示用户可以根据具体操作选择橡皮擦的大小及形状。

四、颜色面板和样本面板

在 Flash 中通过颜色面板和样本面板专门负责颜色管理，通过它们可以方便地设置颜色。

1. 颜色面板

选择【窗口】|【颜色】或者单击颜色面板按钮，也可以按快捷键 Alt+Shift+F9，打开如图 2-63 所示的颜色面板。

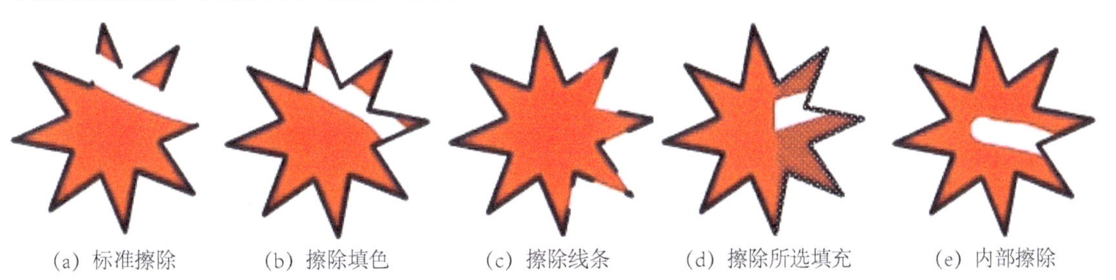

图 2-62 橡皮擦各种擦除模式的擦除效果

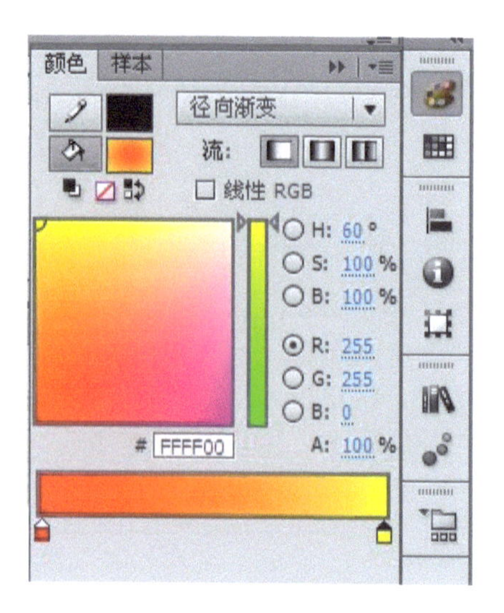

图 2-63　颜色面板

用户可以在 RGB、HSB 模式下选择颜色，或者使用十六进制模式直接输入颜色代码，还可以指定 Alpha 值定义颜色的透明度。另外，用户还可以从现有调色板中选择颜色。

对于笔触和填充，用户可以选择无填充、纯色填充、线性填充、径向填充、位图填充等填充方式。

当选择填充类型为线性或径向填充时，颜色面板会变为渐变色设置模式，如图 2-63 所示，可以通过调整渐变设置栏下面的指针来设置渐变色。如果要添加指针，只要把鼠标放在需要添加指针的位置单击即可，然后可以继续调整设置渐变色，如果要删除指针，可以在按住 Ctrl 键的同时单击该指针，也可以直接用鼠标把该指针拖离渐变设置栏。

2. 样本面板

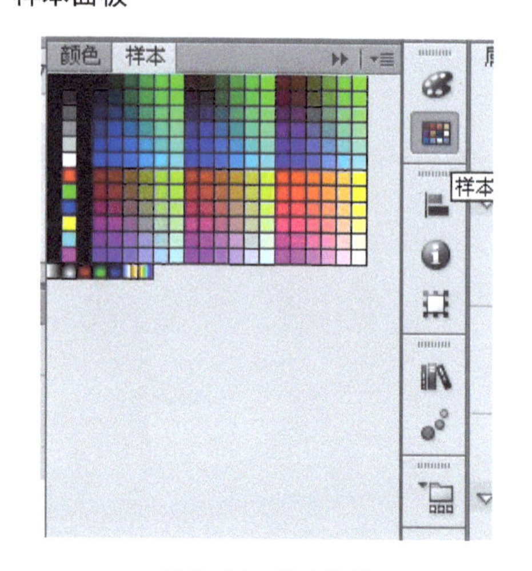

图 2-64　样本面板

样本面板如图 2-64 所示，分为上下两个部分，上部分是纯色样表，下部分是渐变色样表。用户可以在颜色样本中选取颜色，也可以定义自己的颜色样本文件。

动画制作

① 运行 Flash，建立一个新的 Flash 影片文件。

② 选择椭圆工具，笔触颜色设置为无，填充色设置为线性渐变。在颜色面板中渐变色设置栏中设置从左到右为红色（#FF0000）、黄色（#FFFF00）。在舞台上绘制椭圆，如图 2-65 所示。

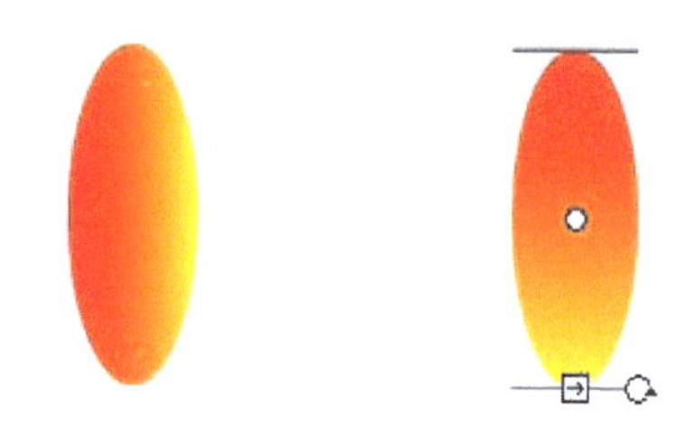

图 2-65　绘制椭圆　　图 2-66　调整渐变方向

③ 利用渐变变形工具调整椭圆的渐变方向为上下渐变，大小为椭圆的高度，如图 2-66 所示。

④ 利用选择工具修改椭圆形状，如图 2-67 所示。

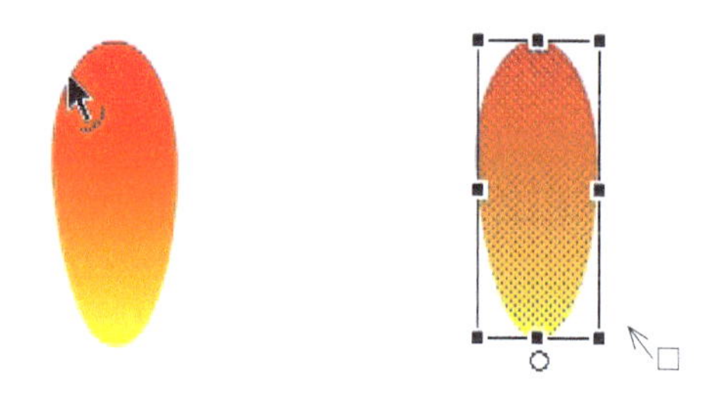

图 2-67　修改椭圆形状　　图 2-68　调整图形中心点

⑤ 选择任意变形工具，单击椭圆，将鼠标指针指向椭圆的中心点，拖动鼠标，把中心点移至椭圆下方，如图 2-68 所示。

⑥ 选择【窗口】|【变形】，或者 CTRL+T，打开图 2-69 所示的变形面板。在“旋转”框中输入 45，单击面板下面的“重制选区和变形”按钮，旋转并复制椭圆，连续单击该按钮，可获得图 2-70、图 2-71 所示效果。

⑦ 再次选择椭圆工具，无笔触颜色，径向填充，绘制一个小的圆形，如图 2-72 所示。

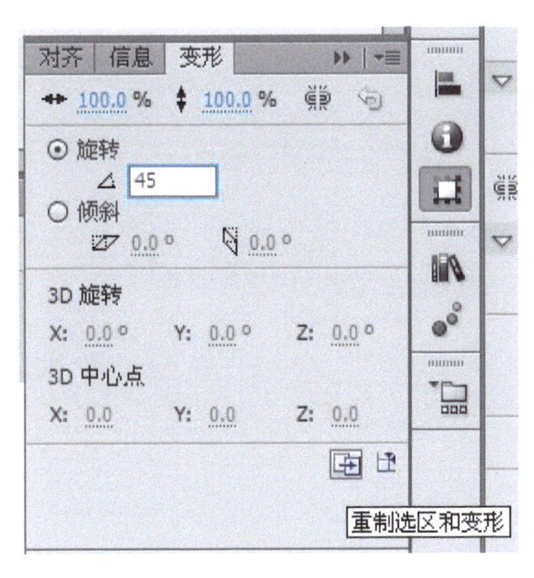

图 2-69　变形面板

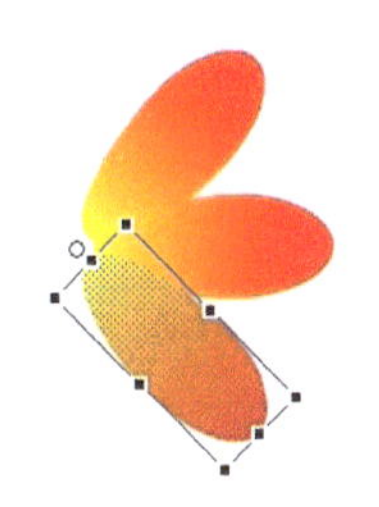

图 2-70　制作中的花朵

图 2-71　制作花瓣效果

图 2-72　绘制放射状渐变圆形

⑧ 把刚刚绘制的圆形移动至花瓣的中心，作为花蕊，如图 2-73 所示。

⑨ 选择任意变形工具，框选整个图形，如图 2-74 所示，对所选图形进行变形操作，最终效果如图 2-75 所示。

图 2-73　添加花蕊

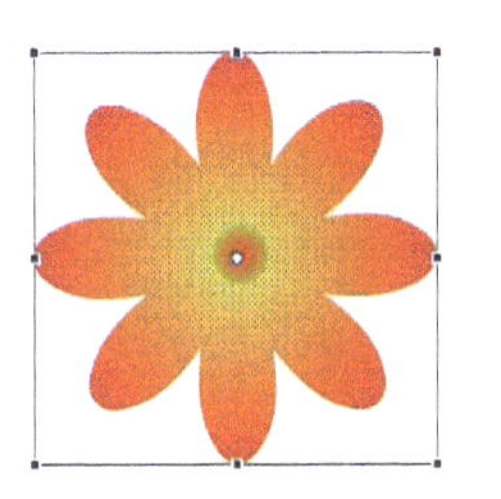

图 2-74　调整形状

图 2-75　完成效果

 任务四　绘制机器猫

 任务完成效果

图 2-76　机器猫

任务描述

使用 Flash 绘图工具绘制如图 2-76 所示的机器猫。

工具用法

一、铅笔工具

用户可以使用铅笔工具绘制线条和形状，其使用方法和真实铅笔的使用类似。在绘画时若要平滑或伸直线条，可以选择铅笔工具的相应绘画模式。选中铅笔工具后，铅笔工具的属性面板如图 2-77 所示，可以分别设置笔触颜色、笔触的粗细、样式、端点、接合等。选项设置区的铅笔模式有三个选项，如图 2-78 所示。

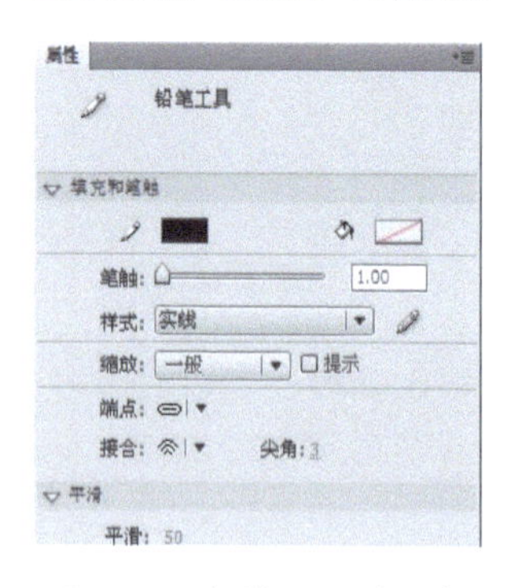

图 2-77　铅笔工具属性面板

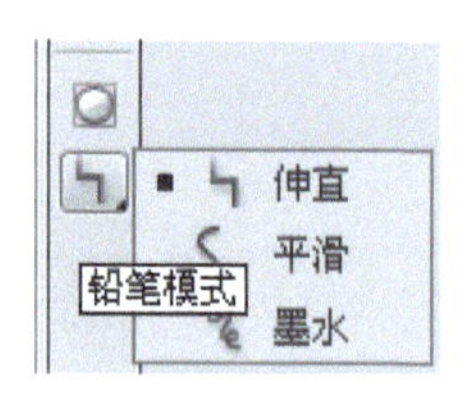

图 2-78　铅笔模式设置选项

1. 伸直

是铅笔工具中功能最强的一种模式，它具有很强的线条识别能力，可以对所绘制的线条进行自动校正，将画好的近似直线取直，平滑曲线，简化波浪线，自动识别椭圆形、矩形和半圆形等，它还可以绘制直线并将接近三角形、椭圆形、矩形和正方形的图形转换为这些常见的几何形状。

2. 平滑

使用此模式绘制线条可以自动平滑曲线，减少抖动造成的误差，从而使绘制的线条更流畅自然。

3. 墨水

使用此模式绘制的线条就是实际绘制过程中鼠标的轨迹，此模式可以在最大程度上保持实际绘出的线条形状，而只做轻微的平滑处理。

三种模式绘制的线条如图 2-79 所示。

（a）伸直模式

（b）平滑模式

（c）墨水模式

图 2-79　三种模式绘制的线条

二、钢笔工具

钢笔工具又叫贝赛尔曲线工具，是许多绘图软件广泛使用的一种重要工具。要绘制精确的路径，如直线或者平滑、流动的曲线，可以使用钢笔工具。用户可以创建直线或曲线段，然后调整直线段的角度和长度及曲线段的斜率。

选择钢笔工具后，鼠标变为钢笔的形状，此时就可以在工作区绘制曲线了。钢笔工具的属性面板和铅笔工具一样，也可以分别设置笔触的颜色、粗细、样式、端点、接合等。

设置好钢笔的参数后，就可以开始绘制线条了。

1. 绘制直线

将鼠标移动至工作区，在要绘制直线的起点处单击鼠标，在直线的终点处再次单击鼠标，然后单击选择工具结束绘制。在工作区中就会自动绘制一条直线。

2. 绘制折线

选择钢笔工具后，在工作区单击一下产生一个控制点，再次单击就产生一条直线，依次单击，就可以产生一条折线，然后单击选择工具结束绘制。

3. 绘制曲线

选择钢笔工具后，在工作区单击一下产生一个控制点，移动鼠标至第 2 个控制点，单击鼠标并拖动，控制好曲线弧度和方向，松开鼠标后就绘制出了一段曲线；再次单击鼠标并拖动鼠标，继续绘制曲线段；单击选择工具后结束绘制。如图 2-80 所示。

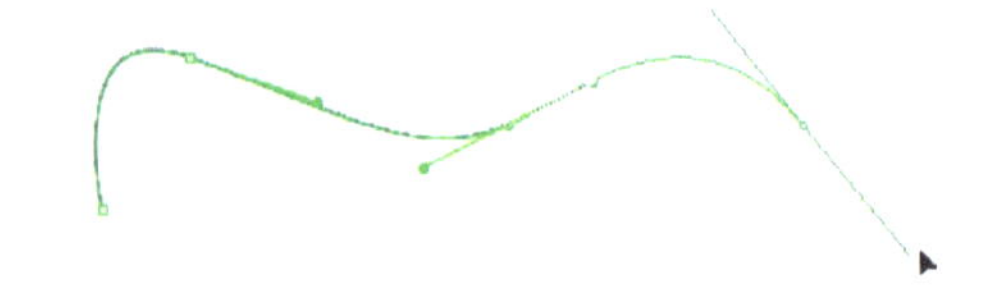

图 2-80　利用钢笔工具绘制曲线

4. 钢笔锚点工具

在用钢笔工具绘制曲线时，可以看到许多控制点和曲率调节杆，通过它们可以方便地进行曲率调整，画出各种形状的曲线。绘制好曲线后用户可以通过软件提供的钢笔锚点工具（图 2-81）

进行添加锚点、删除锚点和转换锚点的工作。

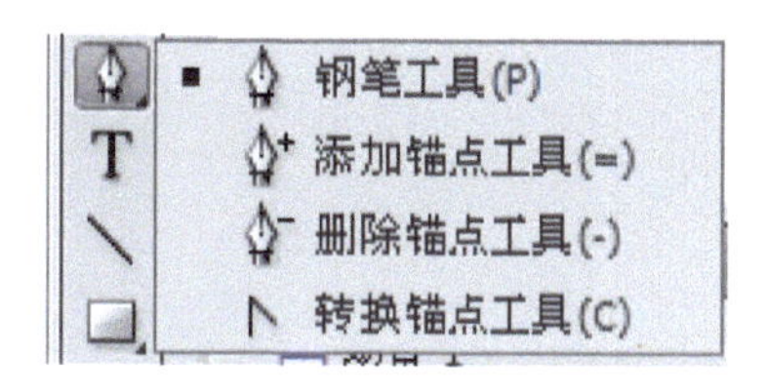

图 2-81 钢笔锚点工具

三、刷子工具

使用刷子工具能绘制出刷子般的笔触，就好像在涂色一样。刷子工具可以创建特殊效果，如书法效果。使用刷子工具可以选择刷子的形状和大小。

刷子工具是在影片中进行大面积涂色时经常使用的工具，虽然利用颜料桶也可以给图形上色，但是颜料桶工具只能给封闭的图形上色，而利用刷子工具可以给任意区域和图形进行颜色的填充，刷子工具多用于对填充目标的填充精确度要求不高的场合，使用起来非常灵活方便。其属性面板及刷子绘画模式、样式、大小选项如图 2-82 所示。

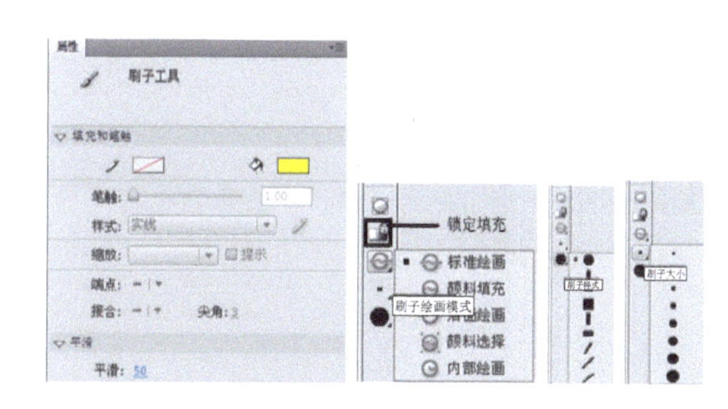

图 2-82 刷子工具属性及刷子绘画模式、样式、大小

1. 刷子的绘画模式

标准绘画：为笔刷的默认设置，使用刷子工具进行标准绘画，可以涂改工作区的任意区域，可在同一图层的线条和填充上涂色。

颜料填充：对填充区域和空白区域填色，不影响线条。

后面绘画：在舞台同一层的空白区域涂色，不影响线条和填充。

颜料选择：刷子只能在被预先选定的区域内涂色。

内部绘画：对刷子笔触所在的区域进行涂色，但不对线条涂色，如果在空白区域中开始涂色，则填充不会影响到任何现有填充区域。

2. 刷子样式

可以选择选项中提供的样式来绘制不同的图形效果。

3. 刷子大小

可以根据需要选择不同的大小来绘制图形。

4. 刷子颜色的设置

如图 2-82 所示，刷子的颜色是由填充色来设置的，可以选择单色填充，也可以选择线性渐变色、径向渐变色、位图填充。当选择渐变填充时，可以设置“锁定填充”选项，得到图 2-83 所示的效果。当选择锁定填充时，可将上一笔触的颜色变化规律锁定，作为这一笔触对该区域的色彩变化规范。

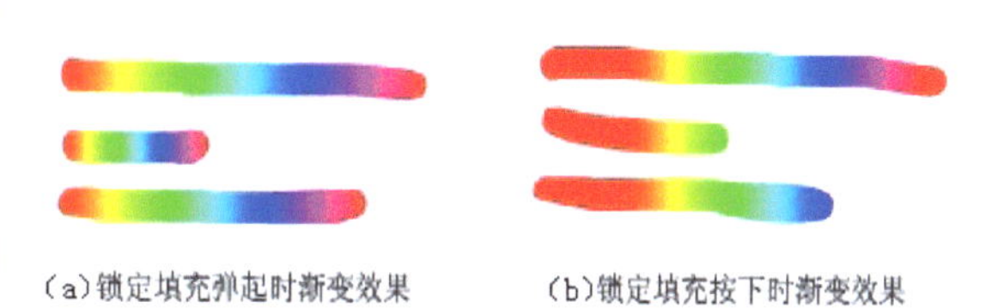

（a）锁定填充弹起时渐变效果　（b）锁定填充按下时渐变效果

图 2-83 刷子的锁定填充选项

四、组合图形与分离图形

可以把多个图形组合后作为一个对象来处理，从而带来很多方便。

1. 组合图形

① 按住 Shift 键，逐个选取要组合的图形或对象。

② 选择【修改】|【组合】命令，或者 Ctrl+G，可以把多个对象组合在一起。组合图形效果如图 2-84 所示。

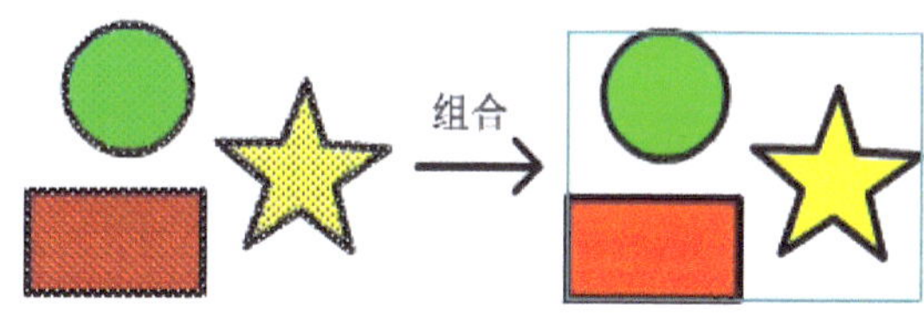

图 2-84 组合图形

2. 分离图形

① 在舞台上选中要分离的图形。

② 选择【修改】|【分离】或者在选定对象上右击，在快捷菜单中选择“分离”，或者 Ctrl+B，可以实现对象的分离操作。

如对导入的一幅位图图片可以进行分离操作，然后再利用套索工具的魔术棒选取其中的一部分，效果如图 2-85 所示。

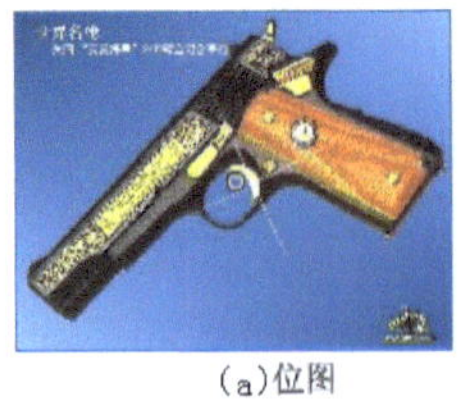

(a)位图

(b)分离后的图形

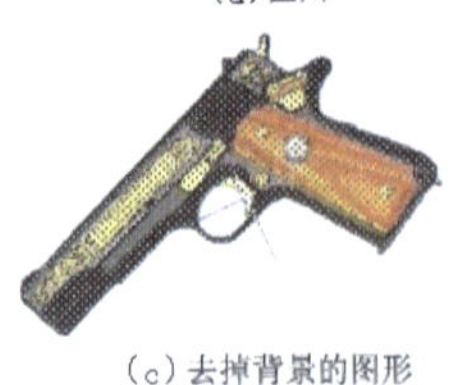

(c)去掉背景的图形

(d)组合后的图形

图 2-85　对象的组合与分离

五、改变图形叠放次序

在图层内，Flash 会根据对象的创建顺序层叠对象，将最新创建的对象放在最上面。对象的层叠顺序决定了它们在层叠时出现的顺序。可以在任何时候更改对象的层叠顺序。

若要更改对象的层叠顺序，可以执行以下操作。

① 选定对象，该对象必须是绘制对象、文字、按钮、组合、元件实例，不能是形状。

② 选择【修改】|【排列】|【移至顶层】或【移至底层】命令可以将对象或组移动到层叠顺序的最前或最后。

选择【修改】|【排列】|【上移一层】或【下移一层】命令可以将对象或组在层叠顺序中向上或向下移动一个位置。如图 2-86 所示。

文档(D)...　Ctrl+J
转换为元件(C)...　F8
分离(K)　Ctrl+B
位图(B)
元件(S)
形状(P)
合并对象(O)
时间轴(M)
变形(T)
排列(A)
对齐(N)
组合(G)　Ctrl+G
取消组合(U)　Ctrl+Shift+G
移至顶层(F)　Ctrl+Shift+上箭头
上移一层(R)　Ctrl+上箭头
下移一层(E)　Ctrl+下箭头
移至底层(B)　Ctrl+Shift+下箭头
锁定(L)　Ctrl+Alt+L
解除全部锁定(U)　Ctrl+Alt+Shift+L

图 2-86　修改排列顺序

动画制作

① 运行 Flash，建立一个新的 Flash 影片。

② 选择椭圆工具，笔触黑色，填充色为 #0092D6，绘制一个大圆。笔触黑色，填充白色绘制一个小的椭圆。移动，放置在一起，形成如图 2-87 所示效果，作为机器猫的脸部。

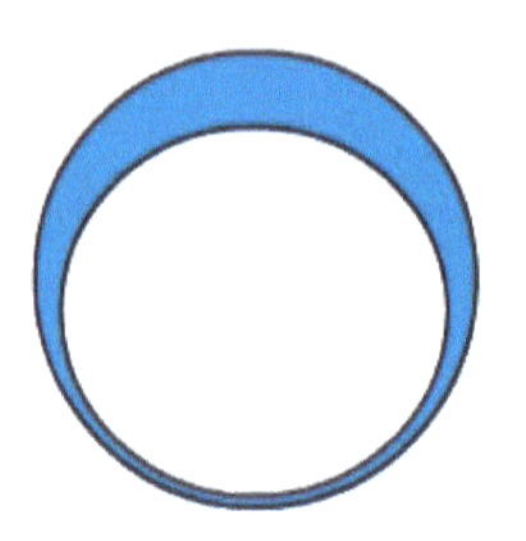

图 2-87　绘制脸部

③ 绘制眼睛。利用椭圆工具绘制一个笔触为黑色，填充为白色的小圆。黑眼球可以利用刷子工具，填充色设为黑色，大小合适即可，形状为圆形，在眼睛的位置上单击，同样眼珠上的亮点也可以用刷子工具选择白色填充，选择合适的大小单击即可。

④ 框选眼睛，Ctrl+C 复制、Ctrl+V 粘贴，然后把复制出来的眼睛图形选择【修改】|【变形】|【水平翻转】，将绘制出来的眼睛如图 2-88 所示移至合适位置。

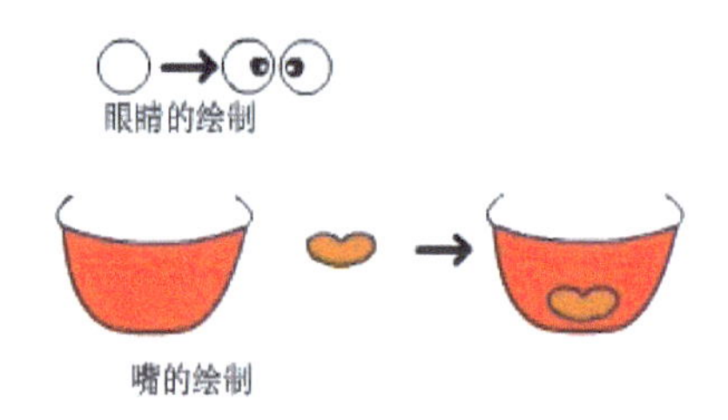

图 2-88　绘制眼睛、嘴

⑤ 把绘制出来的眼睛移动至机器猫脸部合适位置。

⑥ 利用钢笔工具绘制嘴部，如图 2-88 所示。移至机器猫脸部合适位置。

⑦ 利用椭圆及直线工具绘制鼻子并填充，再利用线条工具绘制胡须。

至此，机器猫的面部绘制完成，用 Ctrl+G 组合起来，如图 2-89 所示。

⑧ 接下来绘制机器猫的身体部分。利用钢笔工具绘制身体轮廓，然后填充颜色 #0092D6。组合图形，如图 2-90 所示。

⑨ 把刚刚绘制完成的身体部分移动至面部下方合适位置，用 Ctrl+↓调整层叠对象的顺序，如图 2-91 所示。

⑩ 接下来完成手、脚的绘制，分别以对象绘

制方式绘制笔触黑色、填充色为白色的椭圆，如图 2-92 所示。

图 2-89　绘制完成的面部

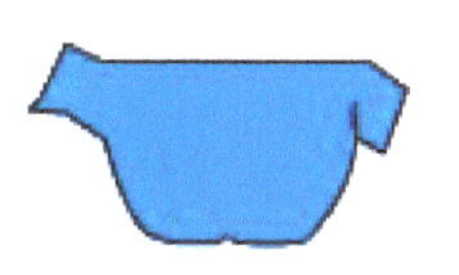

图 2-90　绘制身体

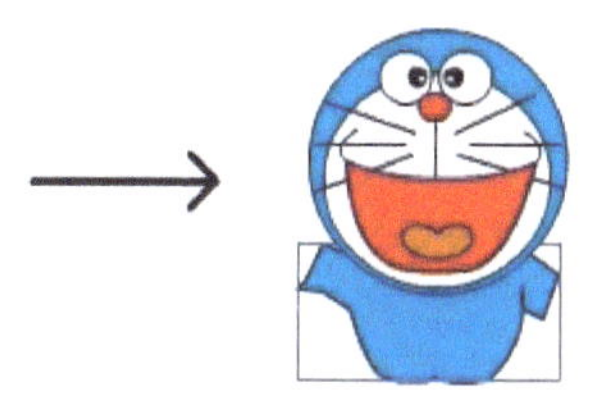

图 2-91　调整对象的层叠顺序

图 2-92　绘制手、脚

⑪ 绘制身体上的口袋，如图 2-93 所示。

⑫ 绘制颈部装饰，如图 2-94 所示。

图 2-93　绘制口袋

图 2-94　绘制颈部装饰

至此，机器猫绘制完成。

任务五　制作各种文字效果

任务描述

在 Flash 中可以制作文字的各种效果。用户可以在文本属性中对文字设置滤镜，还可以通过分离文字得到一些特殊效果。

制作文本滤镜

图 2-95　“滤镜”设置

使用图 2-95 所示的“滤镜”设置可以对选定对象应用一个或多个滤镜。对象每添加一个新的滤镜，就会出现在该对象所应用的滤镜列表里。可以对一个对象应用多个滤镜，也可以删除以前应用的滤镜。

在“滤镜”选项卡中可以启用、禁用或者删除滤镜。删除滤镜时，对象恢复原来的外观。通过选择对象，可以查看应用于该对象的滤镜。该操作会自动更新“滤镜”选项卡中所选对象的滤镜列表。

一、投影滤镜

使用投影滤镜可以模拟对象向一个表面投影

的效果；或者在背景中剪出一个形似对象的洞，来模拟对象的外观。在属性面板左下角单击按钮，在打开的列表中选择“投影”选项，滤镜的参数如图 2-96 所示。

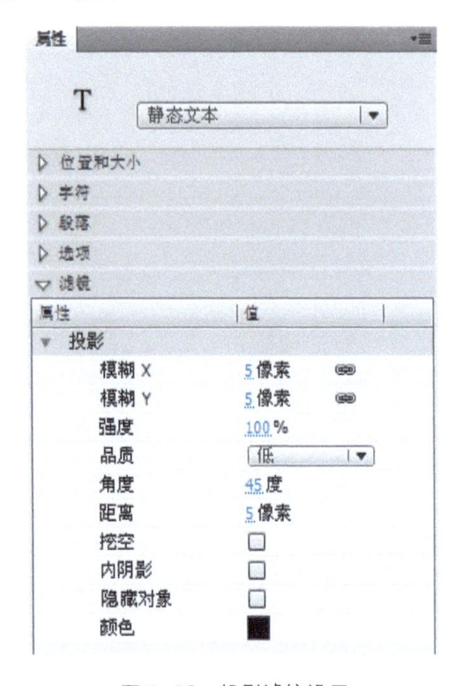

图 2-96　投影滤镜设置

模糊 X、模糊 Y：设置投影的宽度和高度。

强度：设置阴影的暗度。数值越大，阴影越暗。

品质：选择投影的质量级别。设置为“高”的话结果近似于高斯模糊。一般选择“低”即可。

角度：用来设置阴影的角度。

距离：设置阴影与对象之间的距离。

挖空：挖空原对象，并在挖空图像上只显示投影。

内阴影：在对象边界内应用阴影。

隐藏对象：只显示其阴影。

颜色：设置阴影颜色。

投影滤镜效果如图 2-97 所示。

图 2-97　投影滤镜效果

二、模糊滤镜

使用模糊滤镜可以柔化对象的边缘和细节。将模糊应用于对象，可以让它看起来好像位于其他对象的后面，或者使对象看起来好像是运动的。模糊滤镜的参数设置及效果如图 2-98 所示。

模糊 X、模糊 Y：设置模糊的宽度和高度。

品质：选择模糊的质量级别。设置为“高”的话结果近似于高斯模糊。一般选择“低”即可。

图 2-98　模糊滤镜的参数设置及效果

三、发光滤镜

使用发光滤镜，可以为对象的整个边缘应用颜色。发光滤镜的参数设置及效果如图 2-99 所示。

模糊 X、模糊 Y：设置发光的宽度和高度。

强度：设置发光的清晰度。

品质：选择发光的质量级别。设置为高的话结果近似于高斯模糊。一般选择“低”。

颜色：可以设置发光颜色。

挖空：挖空原对象，并在挖空图像上只显示发光。

内发光：在对象边界内应用发光。

图 2-99　发光滤镜的参数设置及效果

四、斜角滤镜

应用斜角滤镜就是向对象应用加亮效果，使其看起来凸出于背景表面。可以创建内斜角、外斜角或者完全斜角。滤镜参数及应用斜角滤镜的效果如图 2-100 所示。

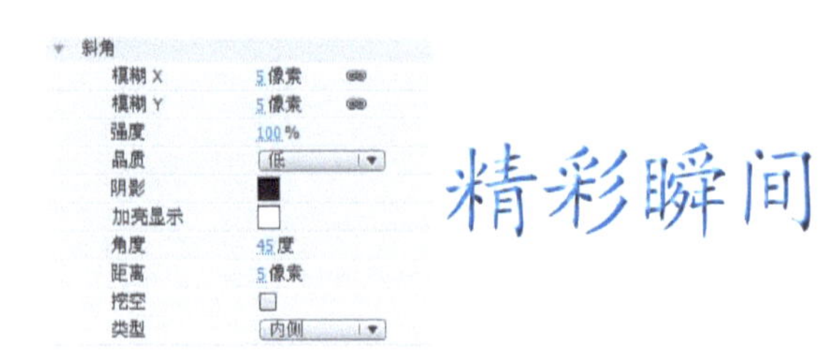

图 2-100　斜角滤镜的参数设置及效果

模糊 X、模糊 Y：设置斜角的宽度和高度。

强度：设置斜角的不透明度，而不影响其宽度。

品质：选择斜角的质量级别。设置为高的话结果近似于高斯模糊。一般选择“低”。

阴影、加亮显示：选择斜角的阴影和加亮的颜色。

角度：拖动角度值或输入数值，更改斜边投下的阴影角度。

距离：输入数值来定义斜角的宽度。

挖空：挖空原对象，并在挖空图像上只显示斜角。

类型：选择要应用到对象的斜角类型。可以选择“内侧”斜角、“外侧”斜角或者“整个”斜角。

五、渐变发光滤镜

应用渐变发光滤镜，可以在发光表面产生带渐变颜色的发光效果。滤镜参数及效果如图 2-101 所示。

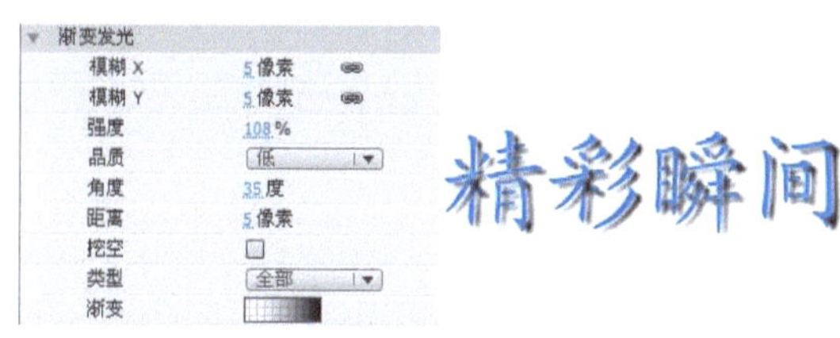

图 2-101　渐变发光滤镜参数设置及效果

模糊 X、模糊 Y：设置发光的宽度和高度。

强度：设置发光的不透明度，而不影响其宽度。

品质：选择渐变发光的质量级别。设置为高的话结果近似于高斯模糊。一般选择“低”。

角度：拖动角度值或输入数值，更改发光投下的阴影角度。

距离：设置阴影与对象之间的距离。

挖空：挖空原对象，并在挖空图像上只显示渐变发光。

类型：选择要应用到对象的发光类型。可以选择“内侧”“外侧”或者“整个”。

渐变：用户可以设置两种或多种颜色渐变效果，但选择的第一种颜色作为渐变色的开始颜色只能是 Alpha 值为 0。

六、渐变斜角滤镜

应用渐变斜角滤镜，可以产生一种凸起效果，使得对象看起来好像从背景上凸起，且斜角表面有渐变颜色。滤镜参数设置及效果如图 2-102 所示。

模糊 X、模糊 Y：设置斜角的宽度和高度。

强度：设置一个值以影响其平滑度，而不影响斜角宽度。

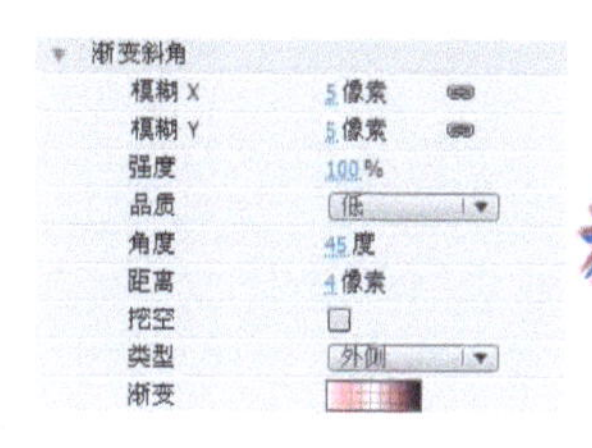

图 2-102　渐变斜角滤镜参数设置及效果

品质：选择渐变斜角的质量级别。设置为高的话结果近似于高斯模糊。一般选择“低”。

角度：拖动角度值或输入数值，更改光源的角度。

距离：设置斜角与对象之间的距离。

挖空：挖空原对象，并在挖空图像上只显示渐变斜角。

类型：选择要应用到对象的斜角类型。可以选择“内侧”“外侧”或者“整个”。

渐变：可以设置包含两种或多种可互相淡入或混合的颜色。

七、调整颜色滤镜

使用调整颜色滤镜可以调整对象的亮度、对比度、色相和饱和度。滤镜参数设置及效果如图 2-103 所示。

图 2-103　调整颜色滤镜参数设置及效果

亮度：调整对象的亮度。

对比度：调整对象的对比度。

饱和度：调整对象的饱和度。

色相：调整对象的色相。

文本字体

一、字体类型

1．已安装字体

当用户在 Flash 影片中使用系统中已安装字体时，Flash 会将该字体信息嵌入 Flash 影片播放文件中，从而确保该字体能够在 Flash Player 中正常显示。但是并非所有显示在 Flash 中的字体都可以随影片导出，选择【视图】|【预览模式】|【消除文字锯齿】命令预览该文本，如果出现锯齿则表明 Flash 不识别该字体轮廓，

也就无法将该字体导出到播放文件中。

2. 设备字体

用户可以在Flash中使用一种叫作"设备字体"的特殊字体作为嵌入字体信息的一种替代方式（仅适用于横向文本）。设备字体并不嵌入播放文件中，而是使用本地计算机上的与设备字体相近的字体来替换设备字体。因为没有嵌入信息，所以使用设备字体的Flash影片文件会更小些。

Flash中包含3种设备字体：_sans（类似于Helvetica或Arial字体）、_serif（类似于Time New Roman字体）、_typewriter（类似于Courier字体），这三种字体位于文本的属性面板中"系列"下拉列表框的最前面。

二、替换缺失字体

如果处理的Flash文件中包含的字体，在用户的系统中没有安装，Flash会使用用户系统中可用的字体来替代缺失的字体。用户可以在系统中选择要替换的字体，或者让Flash用默认字体（常规首选参数中指定的字体）替换缺失的字体。

在打开Flash源文件时如果存在缺失字体的情况会自动打开"字体映射"对话框，打开后也可以通过选择【编辑】|【字体映射】命令打开该对话框，如图2-104所示。

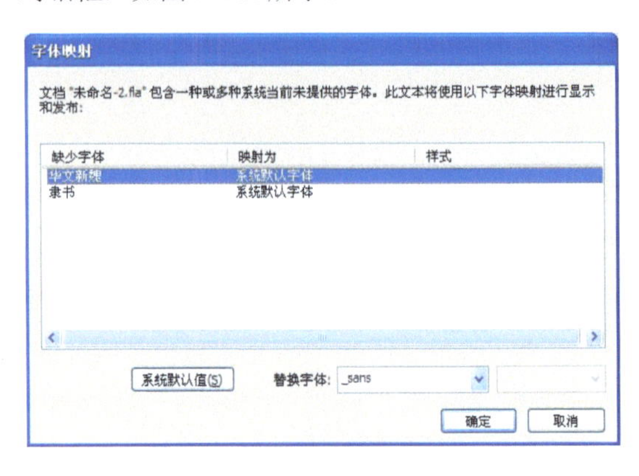

图2-104 "字体映射"对话框

在对话框中用户可以选择某种缺失的字体，在"替换字体"栏中选择要替换为的字体。或者单击"系统默认值"，这样就把缺失的字体替换了。

制作渐变文字

文本框或文本区域的内容在Flash中被视为一个对象，并保留文字的属性。虽然可以修改文字的颜色，但是要使文字产生更特殊的效果，如使用渐变色彩或任意变形，则需要将文字打散，即将原来呈整体的文字转换为矢量图。将文本框或文本区域的内容转换为矢量图的过程是不可逆的，即用户无法将矢量图转换为文本框或文本区域。

一、制作效果

渐变文字制作效果如图2-105所示。

图2-105 填充了渐变色的文字

二、制作步骤

① 新建一个Flash影片文件。

② 选择文本工具，在舞台上单击，确定文本框的位置。

③ 在文本框内输入"渐变文字"。

④ 选定文本，设置文本的字体、字号。

⑤ 选定文本，按Ctrl+B组合键两次或者选择菜单【修改】|【分离】命令两次，第一次将文本分离为单独的文字，第二次将单独的文字转换为矢量图，如图2-106所示。

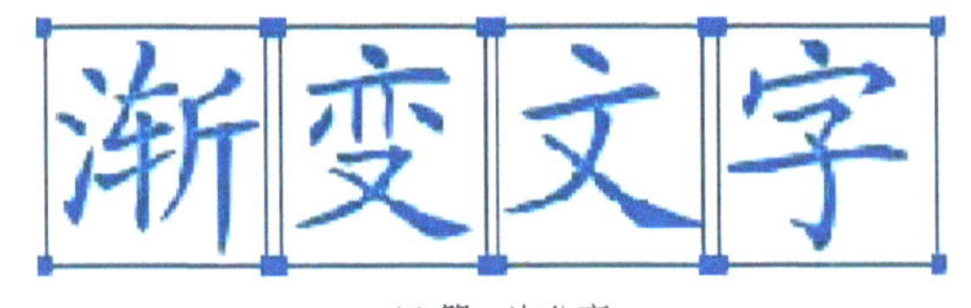

(a) 第一次分离

(b) 第二次分离

图2-106 将文字转换为矢量图

⑥ 在打散的文字处于选定状态下，在颜色面板选择一种渐变色填充，即可完成渐变文字的制作。

制作线框文字

一、制作效果

线框文字制作效果如图2-107所示。

图 2-107　线框文字制作效果

二、制作步骤

① 新建一 Flash 影片文件。

② 选择文本工具，在舞台上单击，确定文本框的位置。

③ 在文本框内输入“线框文字”。

④ 选定文本，设置文本的字体、字号。

⑤ 选定文本，按 Ctrl+B 组合键两次或者选择菜单【修改】|【分离】命令两次，将文字打散，如图 2-108 所示。

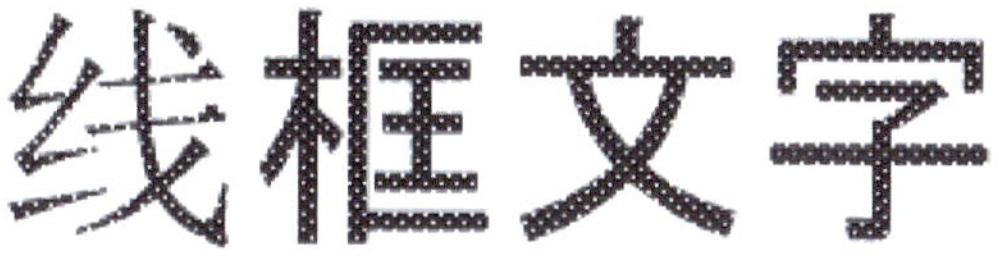

图 2-108　转换为矢量图的文字

⑥ 选择墨水瓶工具，在墨水瓶工具属性面板中将线条颜色设为蓝色，线条宽度设为 3，笔触样式设为第四种（点状线），然后单击笔触样式后的“编辑笔触样式”按钮，弹出“笔触样式”对话框，在对话框中把“点距”设置为 1，如图 2-109 所示。

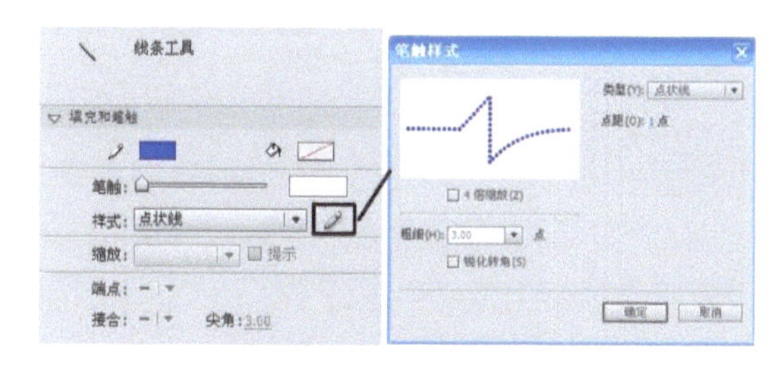

图 2-109　墨水瓶属性及笔触样式对话框

⑦ 将鼠标移动至舞台工作区中，鼠标变成墨水瓶形状，用鼠标依次单击文字边框，文字周围出现蓝色边框，如图 2-110 所示。

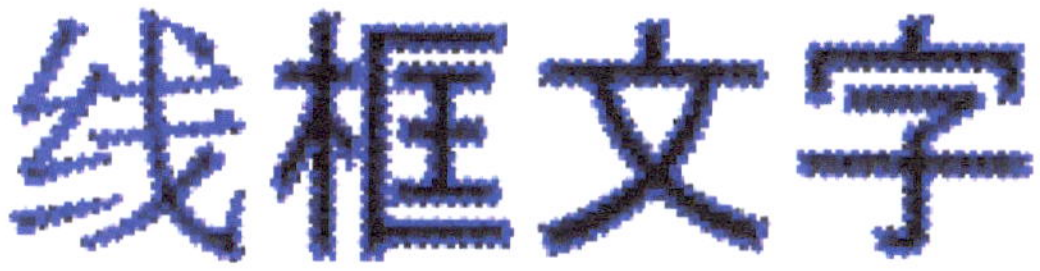

图 2-110　对文字添加边框

⑧ 用选择工具将文字选中并删除，只保留文字边框，就完成了要制作的线框文字效果。

提示：如果文字太小不容易选择，可以将舞台放大至 200% 或 400% 后再进行选择。

制作荧光文字

一、制作效果

荧光文字制作效果如图 2-111 所示。

图 2-111　荧光文字制作效果

二、制作步骤

① 新建一 Flash 影片文件，设置舞台背景为黑色。

② 选择文本工具，在舞台上单击，确定文本框的位置。

③ 在文本框内输入“荧光文字”。

④ 选定文本，设置文本的字体、字号。

⑤ 选定文本，按 Ctrl+B 组合键两次或者选择菜单【修改】|【分离】命令两次，将文字打散，如图 2-112 所示。

图 2-112　转换为矢量图的文字

⑥ 选择墨水瓶工具，在属性面板中设置线条颜色为黄色、笔触为 1、笔触样式为实线。

⑦ 将墨水瓶工具移动到舞台工作区，鼠标变为墨水瓶形状，用鼠标依次单击文字边框，文字周围出现黄色边框，如图 2-113 所示。

图 2-113　为文字添加边框

⑧ 利用选择工具把文字选中删除，只保留边框，如图 2-114 所示。

图 2-114 保留文字边框

⑨ 将舞台上的文字边框全部选中，选择【修改】|【形状】|【将线条转换为填充】命令，然后再选择【修改】|【形状】|【柔化填充边缘】命令，打开“柔化填充边缘”对话框，进行如图 2-115 所示的设置，确定后在舞台空白处单击，这时可以看到，黄色边框线两边出现了模糊渐变，形成了荧光文字效果。

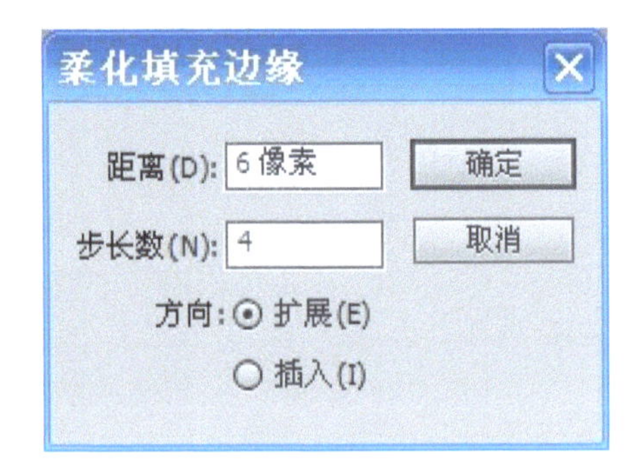

图 2-115 柔化填充边缘对话框

制作彩色文字

一、制作效果

彩色文字制作效果如图 2-116 所示。

图 2-116 彩色文字制作效果

二、制作步骤

① 新建一 Flash 影片文件。

② 选择文字工具，在舞台上输入“快乐时光”，并将文字大小设为 70，字体为黑体，颜色为黑色，字母间距为 10，如图 2-117 所示。

③ 用选择工具将文字选定，按 Ctrl+B 两次，打散文字成位图。

④ 选择墨水瓶工具，在墨水瓶属性面板中设置线条颜色为橙色，线条宽度为 2，笔触样式为默认的实线。

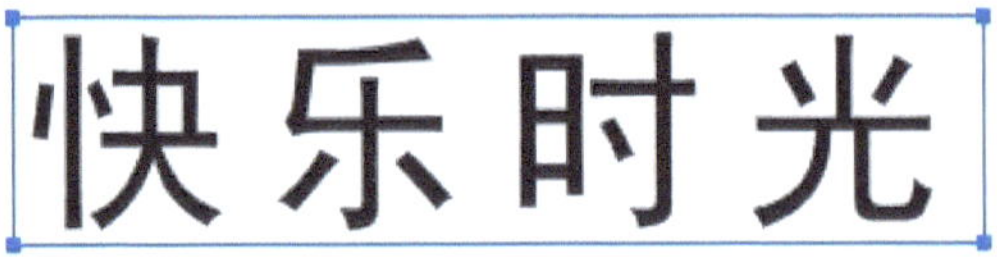

图 2-117 输入文字

⑤ 将鼠标移动至舞台工作区中，鼠标变为墨水瓶形状，用鼠标单击文字边框，为文字添加橙色的边框。

⑥ 用选择工具依次将文字选中并删除，只保留文字边框。

⑦ 选中所有文字边框，选择【编辑】|【剪切】，将文字放到剪贴板上备用。

⑧ 选择【文件】|【导入】|【导入到舞台】，将导入的图片放置在舞台中央。

⑨ 选中图片，按组合键 Ctrl+B 打散，如图 2-118 所示。

图 2-118 打散的图片

⑩ 按组合键 Ctrl+V 将粘贴板上文字边框粘贴到舞台上，粘贴后保持文字的选定状态，调整到合适位置后，在舞台其他位置单击，如图 2-119 所示。

图 2-119 将文字粘贴到舞台上

⑪ 利用选择工具，鼠标单击图片在文字边框以外的部分，将它们选中，按 Delete 键删除，将

得到图 2-116 所示的彩色文字效果。

制作立体文字

一、制作效果

立体文字制作效果如图 2-120 所示。

图 2-120　立体文字制作效果

二、制作步骤

① 新建一个 Flash 影片。

② 选择文本工具，输入文字“立体”，设为黑体，大小为 100，红色。

③ 利用选择工具选中文本，按组合键 Ctrl+B 两次，把文字分离为矢量图，如图 2-121 所示。

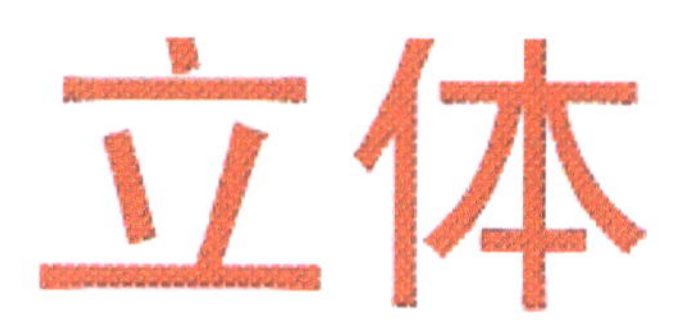

图 2-121　分离文本

④ 选中文字形状，复制，粘贴。把原来的形状颜色改为暗红色，调整文字形状位置，如图 2-122 所示。

图 2-122　复制文本形状

⑤ 利用选择工具，在场景中将鼠标放置到背景文本形状上，拖拽线段至前面的文本形状，最终形成图 2-120 所示的立体文字制作效果。

制作文字变形效果

一、制作效果

利用文字分离为矢量图还可以制作很多效果，如图 2-123 所示。

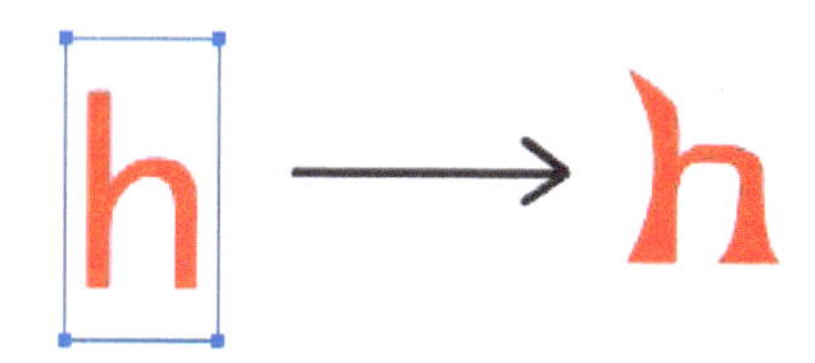

图 2-123　文字的变形效果

二、制作步骤

① 新建一个 Flash 影片文件。

② 利用文字工具输入字母“h”，按组合键 Ctrl+B 分离文字为矢量图。

③ 利用选择工具可以变形矢量图，如图 2-123 所示。

任务六　绘制夏天的夜晚动画场景

任务完成效果

图 2-124　“夏天的夜晚”场景绘制

任务描述

使用 Flash 绘图工具绘制如图 2-124 所示的动画场景。

任务分析

本任务要求绘制二维动画中的一个场景，这就要求根据所要表现的动画内容事先设计好场景的内容，可以先画一张草图，然后根据草图在软件中进行绘制。

绘制动画场景时尽量采用分层绘制的方式，这样有利于以后在动画制作中的动画效果实现。

绘制步骤

① 新建一个 Flash 影片文件，在这里采用默认大小 550px×400px。

② 设置舞台背景色为 #003366。

③ 首先绘制月亮。利用“合并绘制”模式绘制两个黄色的圆，然后选中其中一个移动到另一个圆的右下方，在其他地方单击一下鼠标取消选择。然后再用鼠标双击右侧的圆，使它处于选定状态，按删除键，删掉它，得到一个月牙形状，如图 2-125 所示。

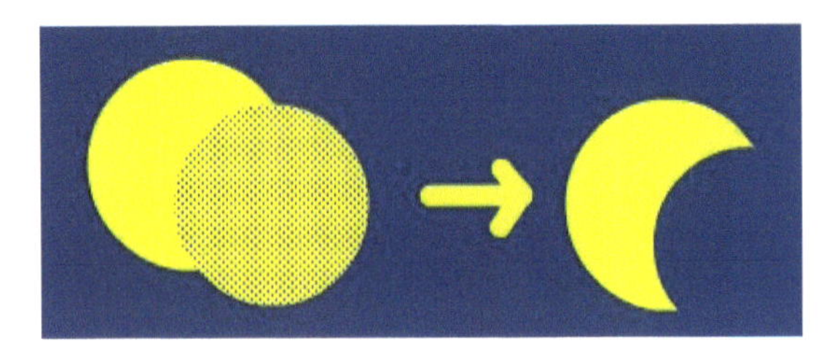

图 2-125　绘制月牙儿

利用选择工具选取绘制的月牙儿，选择菜单【修改】|【形状】|【柔化填充边缘】命令，打开“柔化填充边缘”对话框，在“距离”中输入 10，“步长数”中输入 6，“方向”选择“扩展”，单击“确定”按钮，此时月牙的轮廓变得比较柔和，如图 2-126 所示。

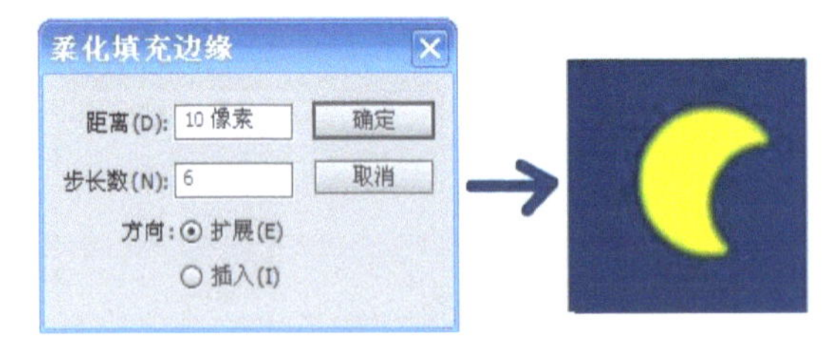

图 2-126　柔化填充边缘

接着可以在选定月牙的情况下，按下 F8 键，把它转换为影片剪辑元件，在属性面板中可以添加“发光”滤镜，在“颜色”中设置发光的颜色为黄色，模糊 X、模糊 Y 均设置为 15px，可得到月牙发光的效果，如图 2-127 所示。

④ 在天空中绘制大大小小的星星，得到图 2-128 所示效果。

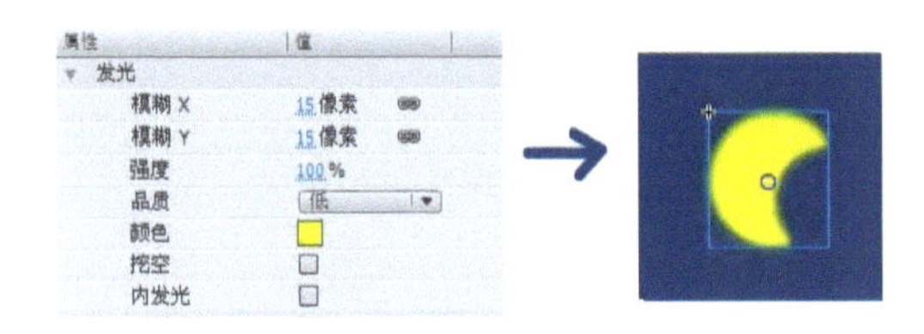

图 2-127　给月牙儿设置滤镜

图 2-128　绘制完成的星空

⑤ 新建一图层，绘制墙和地面，如图 2-129 所示。

图 2-129　绘制墙和地面

⑥ 新建一图层，利用铅笔工具绘制草丛，然后填充颜色，得到图 2-130 所示效果。

图 2-130　绘制草丛

⑦ 新建一图层，绘制房子、房前的小路，如图 2-131 所示。

图 2-131 绘制房子及小路

⑧ 新建一图层，绘制前景的小草及小草上面的小昆虫，如图 2-132 所示。

图 2-132 绘制前景小草及小昆虫

⑨ 测试，最终完成图 2-124 所示的效果图。

任务七 绘制风中的女孩

任务完成效果

图 2-133 绘制风中的女孩

任务描述

使用 Flash 绘图工具绘制如图 2-133 所示的动画角色。

任务分析

本任务要求绘制二维动画中的一个角色，这就要求根据所要表现的动画内容事先设计好动画角色，可以先画一张草图，然后根据草图在软件中绘制。

绘制动画角色时可以采用分层绘制的方式，这样有利于以后在动画制作中的动画效果实现。

绘制步骤

① 新建一个 Flash 影片文件。

② 根据事先进行的角色设计，选择铅笔工具进行绘制。首先绘制出大体轮廓，如图 2-134 所示。

图 2-134 绘制轮廓

绘制时注意线条一定要封口，因为是风中的女孩，因此头发部分会随风飘动，因此头发需要单独在另一个图层上进行绘制。

③ 新建一图层，绘制头发，如图 2-135 所示。

④ 对身体部分再进行细致描绘，同时加上线条分隔开颜色的深浅部分，为后面的上色做准备。同样把头发也根据颜色的明亮区域利用线条分隔开，得到图 2-136 所示效果。

⑤ 下面就要开始上色了。利用颜料桶工具给绘制的角色上色。在不同区域上好色之后，把不需要的辅助线删掉，得到图 2-137 所示效果。

图 2-135　绘制头发

图 2-136　绘制好的线条稿

图 2-137 上好色的角色

⑥ 接下来就是给眼睛部分填色了。

新建一图层，在眼睛的部位绘制详细的线条稿，如图 2-138 所示。然后填色，把多余线条删掉。填好色的眼睛如图 2-139 所示。

⑦ 至此，“风中的女孩”动画角色绘制完毕。

图 2-138　绘制眼睛线条

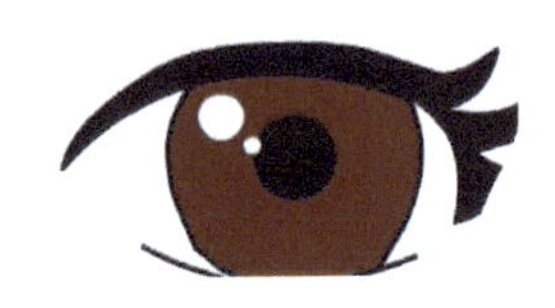

图 2-139　填好色的眼睛

拓展练习

1. 利用所学绘图工具绘制一把折扇。
2. 绘制图 2-140 所示卡通男孩形象。

图 2-140　卡通男孩

3. 自己设计绘制一个动画场景。

Unit 3

单元三 制作网页动画

Flash 动画制作

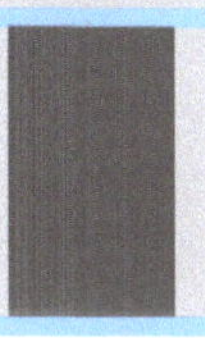

Flash一开始主要是应用于网络中，制作网页动画也就成了它的最广泛的应用了。本单元学习最基本的网页动画。

任务一 掌握 Flash 动画的基本知识

知识讲解

任何动画都包含帧，每个帧都包含一个静态的图像，当这个图像与其他帧的图像按顺序进行播放时，就产生了动画效果。在Flash中，帧在时间轴上以小方框的形式显示。帧是动画的基本要素，图层则用来组织动画的各个元素。

一、帧

1. 帧的类型

Flash中的帧包括普通帧、关键帧和空白关键帧三种。如图3-1所示。

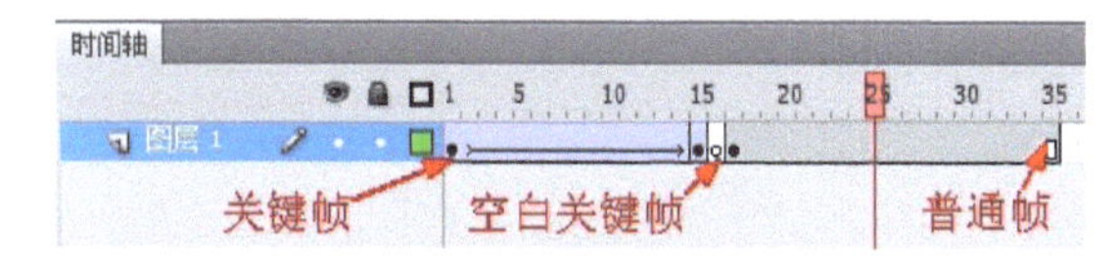

图3-1 帧的类型

2. 插入关键帧

关键帧是特殊的帧，用来定义动画中的变化，它包括对象的运动和属性（如大小和颜色）、在场景中添加或删除对象以及帧动作的添加。任何时候，当用户希望动画发生改变，或者发生某种动作，必须使用关键帧。

插入关键帧的方法有以下三种。

① 在时间轴上选取一帧，按F6键。

② 用鼠标右键单击时间轴上的某帧，在弹出的快捷菜单中选择“插入关键帧”命令。

③ 在时间轴上选取一帧，然后在菜单中选择【插入】|【时间轴】|【关键帧】命令。

3. 插入空白关键帧

添加新的关键帧之后，前面关键帧中的对象就会自动出现在工作区中。如果不想在新的关键帧中出现前面关键帧中的内容，就可以采用插入空白关键帧的方法。

插入空白关键帧的方法有以下三种。

① 在时间轴上选取一帧，按F7键。

② 用鼠标右键单击时间轴上的某帧，在弹出的快捷菜单中选择“插入空白关键帧”命令。

③ 在时间轴上选取一帧，然后在菜单中选择【插入】|【时间轴】|【空白关键帧】命令。

4. 插入普通帧

在为动画制作背景时，通常会有一幅跨越许多帧的静态图像，这就要在这个层中插入更多的帧使其在所有时间都能显示，同时也可以把前面的帧延续到想要的长度。将背景放在时间轴开始处的关键帧上，在其后放上所需数量的普通帧以延长电影的时间。操作步骤如下。

（1）在第1关键帧中制作一幅图像。

（2）然后插入帧，插入普通帧的方法有以下四种。

① 选中该图像存在时间段尾部的帧，选择【插入】|【时间轴】|【帧】命令。

② 选中该图像存在时间段尾部的帧，单击鼠标右键，从弹出菜单中选择“插入帧”命令。

③ 按住Alt键，同时用鼠标将第1帧拖拽至时间段尾部的帧上。

④ 选中要结束的帧，按F5键。

5. 帧的复制、移动与删除

Flash提供了快速方便的编辑方法，用户可以任意地在时间轴面板中移动、复制、粘贴、插入或删除关键帧，改变动画的序列，编辑帧中的内容等。

① 移动帧：选中需要移动的一个或多个帧，然后将其拖到新的位置即可。

② 复制帧：选中要复制的帧，然后选择【编辑】|【时间轴】|【复制帧】命令。

③ 粘贴帧：选中要复制到的位置，然后选择【编辑】|【时间轴】|【粘贴帧】命令。

④ 删除帧：选中要删除的帧，然后选择【编辑】|【时间轴】|【删除帧】命令。

⑤ 清除帧：选中要清除的帧，然后选择【编辑】|【时间轴】|【清除帧】命令。

⑥ 翻转帧：选中要翻转的帧后，选择【修改】|【时间轴】|【翻转帧】命令。

6. 创建帧标签、帧注释和命名锚记

使用帧标签有助于在时间轴上确认关键帧。当在动作脚本中指定目标帧时，帧标签可以用来取代帧号码。当添加或移动帧时，帧标签也随着移动，而不管帧号码是否改变，这样即使修改了帧，也不用再修改动作脚本了。帧标签同电影数据同时输出，所以要避免长名称，以获得较小的文件体积。

帧注释有助于用户对影片的后期操作，还有助于在同一个电影中的团队合作。同帧标签不同，帧注释不随电影一起输出，所以可以详细地写入注释，以方便制作者以后阅读或其他合作伙伴的阅读。

命名锚记可以使影片观看者使用浏览器中的“前进”和“后退”按钮从一个帧跳到另一个帧，或者从一个场景跳到另一个场景，从而使Flash的影片导航变得简单。命名锚记关键帧在时间轴中用锚记图标表示，可以通过对首选参数的设置来实现自动将每个场景的第1个关键帧作为命名锚记。

要创建帧标签、帧注释或命名锚记，可以通过如下步骤实现。

① 选择要添加标签、帧注释或锚记的关键帧。

② 在如图3-2所示的属性面板中帧的“标签”类别中“名称”文本框中输入文本，在“类型”下拉列表中选择“名称”“注释”或“锚记”选项。

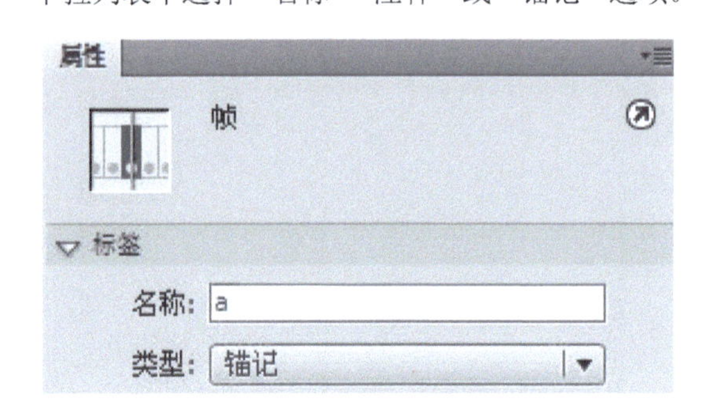

图3-2 属性面板

7. 使用绘图纸

在制作连续性的动画时，如果前后两帧的画面内容没有完全对齐，就会出现抖动的现象。Flash中提供的绘图纸工具类似于手绘动画中使用的拷贝箱的功能，该工具不但可以用半透明方式显示指定序列画面的内容，还可以提供同时编辑多个画面的功能。如图3-3所示为绘图纸工具。

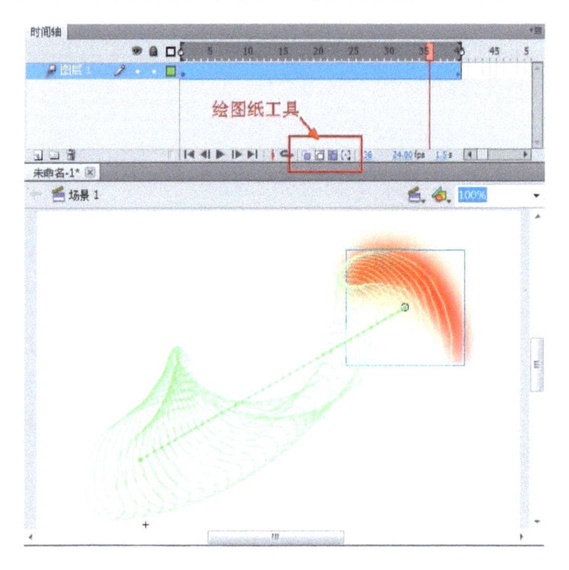

图3-3 绘图纸工具

① 帧居中：单击该工具能使播放头所在的

帧在时间轴中间显示。

② 绘图纸外观 ：单击该按钮将显示播放头所在帧内容的同时显示其前后数帧的内容。播放头周围会出现方括号形状的标记，其中所包含的帧都会显示出来，这有助于观察不同帧之间的图形变化过程。

③ 绘图纸外观轮廓 ：单击该按钮，则只显示各帧内容的轮廓线。

④ 编辑多个帧 ：编辑多个帧只对逐帧动画有效，单击该按钮可以使绘图纸标识之间的所有帧都可以编辑。

⑤ 修改绘图纸标记 ：用于修改绘图纸的状态和设置，单击该按钮可以弹出图 3-4 所示的下拉菜单。

图 3-4　绘图纸设置下拉菜单

●始终显示标记：不论绘图纸是否开启，都显示其标记。当绘图纸未开启时，虽然显示范围，但是在画面上不会显示绘图纸效果。

●锚定标记：将绘图纸标记标定在当前的位置，其位置和范围都将不再改变。

●标记范围 2：显示当前帧两边各 2 帧的内容。

●标记范围 5：显示当前帧两边各 5 帧的内容。

●标记整个范围：显示当前帧两边所有的内容。

二、图层

在 Flash 中，图层类似于堆叠在一起的透明的赛璐珞片。在不包含内容的图层区域中，可以看到下面图层中的内容。每个图层上都可以绘制图像，所有图层重叠在一起就组成了完整的图像。如果要修改图像的某一部分，只需要修改某个图层就行了，层可以帮助用户组织文档中的图像。

另外，由于 Flash 中所需要的层非常多，因此 Flash 还提供了图层文件夹，用来管理数量众多的层，图 3-5 是一个使用到层文件夹的实例，其中“第一镜”就是一个层文件夹。

1．新建图层

为了内容组织的方便，同时也为了方便制作动画，往往需要添加新的图层。新建图层时，首先选中一个图层，然后单击时间轴面板底部的 新建图层按钮，此时将在当前选中图层上创建出一个新的图层。

创建新图层还可以通过以下方式。

① 选中一个图层，然后选择菜单命令【插入】|【时间轴】|【图层】。

② 选中一个图层，然后单击右键，在弹出的快捷菜单中选择【插入图层】命令。

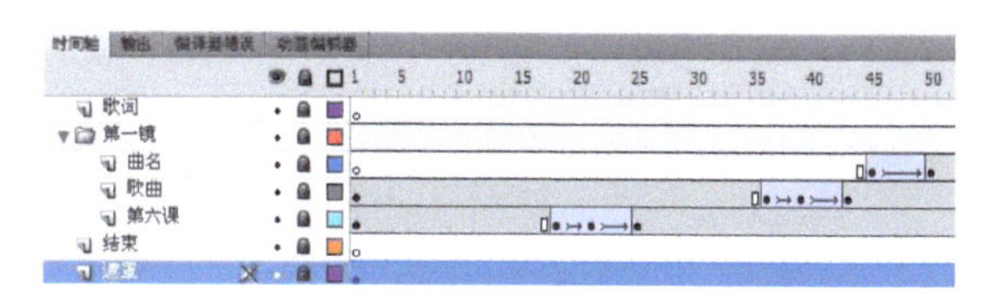

图 3-5　层文件夹

2．重命名图层

默认情况下，新图层是按照创建它们的顺序命名的，分别为图层 1、图层 2、图层 3 等，以此类推。给图层重命名可以更好地反映图层的内容。可以采用如下方法给图层重命名。

① 在层名称上双击鼠标，将出现一个文本框，输入新的名称，按回车键确认，如图 3-6（a）所示。

② 用鼠标单击图层名称，然后从右键快捷菜单中选择“属性”，打开属性对话框，在“名称”栏中输入新名称，单击“确定”按钮关闭对话框，如图 3-6（b）所示。

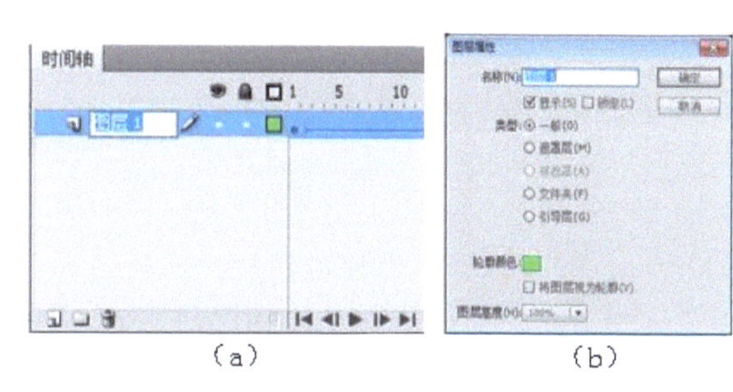

图 3-6　图层重命名

3．改变图层顺序

在编辑时往往要改变图层的上下顺序。方法是：在时间轴中选择要移动的图层，然后将图层向上或向下拖动，当高亮线在想要的位置出现时，释放鼠标，该图层即被移动到新的位置。

4．当前图层

当一个 Flash 影片具有多个图层时，只有层成为当前图层才能进行编辑。当前图层的名称前有一个铅笔的图标，每次只能编辑一个图层。

选择当前图层的方法有如下几种。

① 单击时间轴上该图层的任意一帧。

② 单击时间轴上层的名字。

③ 选取工作区中的对象，则该对象所在层被选中。

5. 复制图层

复制图层的方法有以下几种。

① 选定要复制的图层后，直接选择【编辑】|【时间轴】|【复制图层】。

② 选定要复制的图层后，选择【编辑】|【时间轴】|【拷贝图层】，然后选择【编辑】|【时间轴】|【粘贴图层】。

③ 在时间轴面板上右击要复制的图层，从快捷菜单中进行操作。

6. 删除图层

删除图层的方法有以下几种。

① 选择该图层，单击时间轴面板右下角的“删除”按钮。

② 在时间轴面板上单击要删除的图层，并将其拖到“删除”按钮中。

③ 在时间轴面板上右击要删除的图层，从弹出的快捷菜单中选择“删除图层”命令。

7. 设置图层的状态

在时间轴的图层编辑区中有代表图层状态的三个图标，分别是隐藏图层、锁定图层、线框模式。

（1）隐藏图层　隐藏图层可以使一些图层隐藏起来，从而减少不同图层之间图像的干扰，用户不能对被隐藏的图层进行编辑。

隐藏图层的方法有如下几种。

① 单击时间轴面板上面（显示或隐藏所有图层）图标，可以将所有图层隐藏，再次单击隐藏图标则会取消隐藏图层。

②单击图层名称右侧的隐藏栏即可隐藏图层，再次单击隐藏栏可取消隐藏该层。

③用鼠标在图层的隐藏栏中上下拖动，即可隐藏多个图层或者取消隐藏多个图层。

（2）锁定图层　可以通过锁定图层功能将某些图层锁定，可以防止一些编辑好的图层被意外修改。图层被锁定后就不能对该层进行编辑了，锁定层上的图像仍可以正常显示。其操作方法类似于隐藏图层，锁定图层图标为。

（3）线框模式　在编辑中，可能需要查看对象的轮廓线，可以通过线框模式隐藏显示填充区域。在线框模式下，该层所有对象都以一种颜色显示。

其操作方法与隐藏图层类似，线框模式图标为□。

若要改变线框显示的颜色，可以通过右键选择该图层，选择“属性”命令，在打开的“图层属性”对话框中设置轮廓线的颜色即可。

8. 图层属性

Flash 中的图层具有不同的属性，用户可以通过“图层属性”对话框对图层的属性进行设置。如图 3-7 所示。

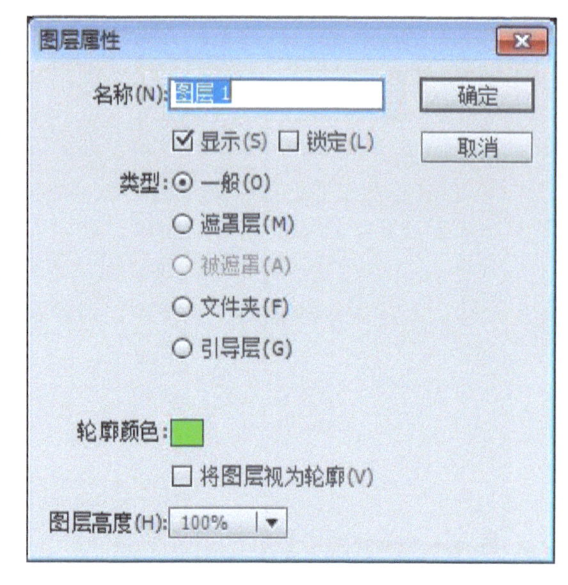

图 3-7　图层属性对话框

① 名称：在名称文本框中可以设置图层的名称。

② 显示：设置图层的内容是否显示。

③ 锁定：设置图层的内容是否锁定。

④ 类型：设置图层的类型。

●一般：设置该图层为标准图层，这是 Flash 的默认图层类型。

●遮罩层：允许用户把当前层设置为遮罩层，这种类型的层将遮掩与其相连的任何层上的对象。

●被遮罩：设置当前层为被遮罩层，它必须连接到一个遮罩层上。

●文件夹：设置当前层为文件夹形式，将消除该层包含的全部内容。

●引导层：设置该层为引导层，这种类型的层可以引导与其相连的被引导层中的传统补间动画。

⑤轮廓颜色：用于设置该图层上对象的轮廓颜色。

⑥ 图层高度：可以设置图层的高度，有 100%、200% 和 300% 三种，默认为 100%。

三、时间轴

在 Flash 中，时间轴是进行 Flash 作品创作的核心部分。时间轴由图层、帧和播放头组成，影片的进度通过帧来控制。时间轴从形式上可以分为两部分，左侧的图层操作区和右侧的帧操作区。在时间轴的上端标有帧号，播放头表示当前帧的位置。在时间轴上，帧是用小格符号来表示的，关键帧带有一个黑色的圆点，在帧与帧之间可以产生逐帧动画、运动补间动画、形变动画等。

可以更改帧在时间轴的显示方式，也可以在时间轴中显示帧内容的缩略图。时间轴显示文档中哪些地方有动画、有什么类型的动画。

1. 时间轴表示动画

时间轴通过不同的方式表示不同类型的动画，如图 3-8 所示。

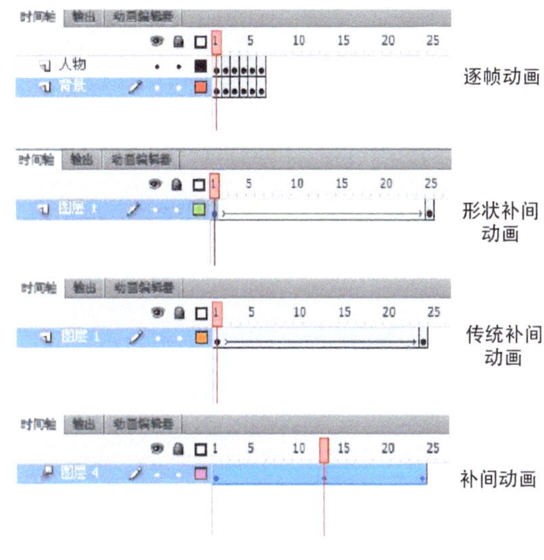

图 3-8　各种动画

① 逐帧动画通过一个具有一系列关键帧的图层来表示。

② 形状补间动画在开始和结束时是关键帧，中间是黑色的箭头（表示补间）和绿色的背景。

③ 补间动画分为传统补间动画和补间动画。传统补间动画在开始和结束时是关键帧，在关键帧之间是黑色的箭头和紫色的背景。补间动画关键帧之间是蓝色的背景。

时间轴上的帧显示时还可能是图 3-9 所示的各种形式。

① 当关键帧后面跟随的是虚线时，表明补间是不正确的。

② 如果一系列灰色的帧是以一个关键帧开头，并以一个空的矩形结尾，那么在关键帧后面的所有帧都具有相同的内容。

③ 如果关键帧上带有小写的 a，则表示这一帧上添加有动作脚本。

④ 带有红色旗帜的关键帧表示给关键帧加了帧标签。

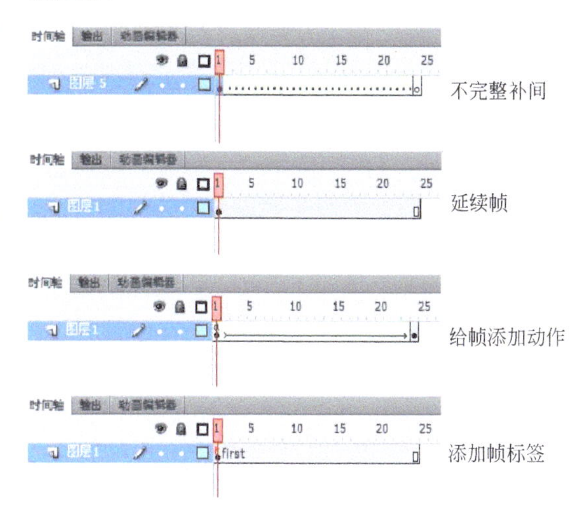

图 3-9　时间轴上的帧的各种形式

2. 更改时间轴上的帧显示

可以更改时间轴中帧的大小，以及向帧序列添加颜色以加亮显示，还可以在时间轴中设置包含帧内容的缩略图预览。更改帧显示方式是通过单击时间轴右上角的“帧视图”按钮来实现的。

四、场景

不管是创建独立的动画、基于网络的动画短片还是完整的 Flash 站点，都有必要对 Flash 作品进行有效的组织。就像戏剧由一场场戏组成一样，利用场景可以将整个 Flash 影片分成一段段独立的、易于管理的部分。每个场景就是一段短影片，按照场景面板中的顺序一个接一个地播放，场景与场景之间没有任何停顿和闪烁。

场景的使用可以是无限的，仅受限于计算机内存的大小。可以将动画短片划分成多个场景来实现。

用户可以通过【窗口】|【其他面板】|【场景】打开场景面板，利用场景面板可以添加、删除、复制、重命名和重新排列场景，如图 3-10 所示。

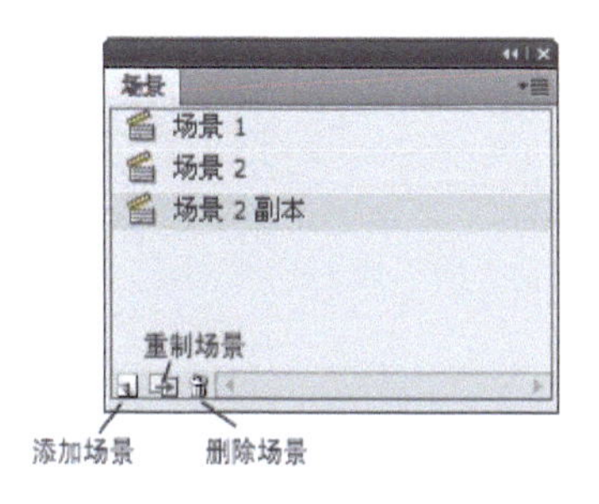

图 3-10　场景面板

1．添加场景

①选择【窗口】|【其他面板】|【场景】命令，打开场景面板。

②单击位于场景面板左下角的“添加场景”按钮，也可以使用【插入】|【场景】命令添加场景。

③新场景会在当前场景的下面，采用默认的场景名字。

2．删除场景

①选择【窗口】|【其他面板】|【场景】命令，打开场景面板。

②选择要删除的场景。

③单击场景面板下面的“删除场景”按钮。

④弹出“确认场景删除的对话框”，确认后则删除该场景。

3．复制场景

①选择【窗口】|【其他面板】|【场景】命令，打开场景面板。

②单击场景面板下面的“重制场景”按钮。

③在场景面板中将会出现选定场景的副本，并在原来场景名称后添加了“副本”字样。

4．重命名场景

①打开场景面板，双击要更改名称的场景名称区域，场景名称变成可编辑状态。

②输入新的名称，单击回车键。

5．重新排列场景

①选择【窗口】|【其他面板】|【场景】命令，打开场景面板。

②单击场景并将它上下拖动至想要放置的地方，松开鼠标即可。

五、Flash 支持的动画类型

Flash 支持以下类型的动画。

①逐帧动画：逐帧动画是通过修改时间轴上的每一帧而形成的动画效果。主要适用于每个帧的图形元素必须是不同的复杂动画制作。

②补间动画：可以设置关键帧处对象的位置和 Alpha 透明度等属性，然后由软件生成中间插帧的属性值。这种技术适合制作对象连续运动或变形构成的动画。补间动画在时间轴中显示为连续的帧范围。

③形状补间动画：在时间轴的特定帧上绘制一个形状，在另一关键帧上更改该形状或绘制另一个形状，然后由软件生成中间帧的形状，从而创建出由一个形状变形为另一个形状的动画。

④传统补间动画：与补间动画类似，但是创建起来更复杂，可以设置一些特定的动画效果。

⑤反向运动姿势动画：用于伸展和弯曲形状对象及链接元件实例组，使它们以自然方式一起移动，可以在不同帧中以不同方式放置形状对象或链接的实例，由软件生成中间帧中的位置。

六、Flash 动画的基本制作流程

一般情况下，设计人员是按照如图 3-11 所示的步骤进行创作。

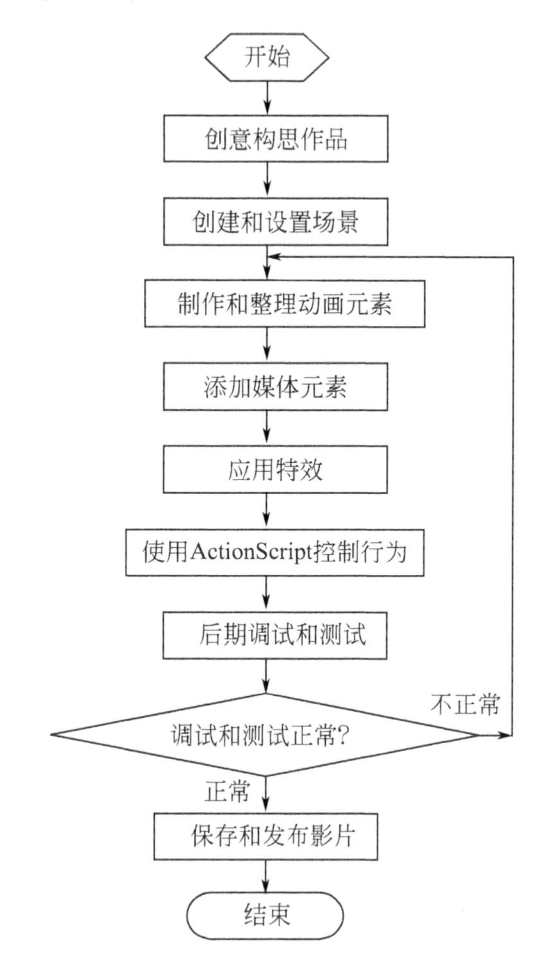

图 3-11 Flash 动画创作的一般流程

①创意构思作品：确定动画需要完成哪些功能，展示什么效果，即剧本创作。可以用文字表示，也可以用草图来表现。

②创建和设置场景：创建新的 Flash 影片，设置文档大小、背景色等。如果动画较长，建议使用多个场景来组织内容。

③制作和整理动画元素：基本元素是动画创作的基础，常见的元素有各种基本图形、场景中需要的各种对象以及来自素材库的各种图片、声

音、按钮、影片剪辑等。

④ 添加媒体元素：制作好基本图形元素并将图像、视频、声音、文本等媒体元素导入库中后，按创作构思的需要将它们在舞台上和时间轴上合理地进行排列，确定这些元素在动画中的显示的时间和显示的方式。

⑤ 应用特效：为表现创意，还可以对文本、影片剪辑和按钮等元素应用滤镜特效、混合特效和其他特殊效果。

⑥ 使用 ActionScript 控制行为：为了控制媒体元素的行为方式和交互式响应方式，有时需要编写 ActionScript 代码，使观众能通过键盘或鼠标实现交互式操作。

⑦ 后期调试和测试：动画制作完成后，还需要对动画的细节、分镜头和动画片段的衔接，声音与动画的播放是否同步等进行调整，以保证动画作品的最终效果与质量。对于 ActionScript 代码，还需要通过测试来检查其动作是否正常，如有错误应及时修正。

⑧ 保存和发布影片：为使影片具有可编辑性，应使用“保存”命令将影片保存为一个 FLA 格式的原始文档，然后再利用“发布”命令可以将动画输出为 SWF 格式或其他格式的影片文件。

任务二　学习制作动画中的角色——元件、实例和库的基本知识

任务描述

在动画制作中动画角色是会经常出现在影片中的，为了制作方便以及减少文件的大小，一般都把动画角色制作成为元件的形式，需要使用时直接从库中调出即可。

元件是 Flash 中非常重要的元素，也是最基本的元素。对 Flash 文件容量大小和交互性都起着关键的作用。元件是位于 Flash 文件中可以反复使用的图形、按钮、影片剪辑、声音资源。制作的元件或者导入的外部文件都会保存到文件的库中。使用元件的时候可以将其从库中拖入场景中即可。

本任务就是让大家学习元件的制作及使用的。

知识讲解

一、了解元件的类型

1. 影片剪辑元件

影片剪辑是一种小型影片，既可以包含影片又可以被放置在另一个影片中，还能够无限次嵌套使用。因此在一个影片剪辑中可以包含另一个影片剪辑，而在另一个影片剪辑中又可以包含其他的影片剪辑。

影片剪辑拥有独立于主时间轴的多帧时间轴，可以响应脚本行为。影片剪辑可以看作是主时间轴内的嵌套时间轴，可以包含交互式控件、声音甚至其他影片剪辑实例，也可以将影片剪辑实例放在按钮元件的时间轴内，以创建动画按钮。

2. 图形元件

图形元件可用于静态图像，并可用来创建连接到主时间轴的可重用动画片段。图形元件与主时间轴同步运行，但不能添加交互行为和声音控制。

3. 按钮元件

按钮元件用于创建动画的交互控制按钮，以响应鼠标事件（如单击、释放等）。按钮有弹起、指针经过、按下、点击四个不同的状态的帧，可以分别在按钮的不同状态帧上创建不同的内容，既可以是静止图形，也可以是影片剪辑，而且可以给按钮添加交互动作，使按钮具有交互功能。

二、创建元件步骤

1. 创建图形元件

创建图形元件的对象可以是导入的位图图像、矢量图形、文本对象以及用 Flash 工具创建的线条、色块等。

创建的方法有两种方式，一种是执行【插入】|【新建元件】命令，打开“创建新元件”对话框，如图 3-12 所示。在“名称”文本框中输入元件名称，在“类型”区域中选择“图形”选项，单击“确定”按钮，进入元件编辑窗口。可以用工具箱中的工具来创建图形。如图 3-13 所示绘制了一个“END”的图形元件。其中元件名出现在舞台左上角场景名后面，编辑窗口中还包含一个十字准星，代表元件的定位点。元件编辑完成后单击舞台左上角的场景名就可以退出元件的编辑窗口回到场景编辑窗口。

另一种是选择相关元素，执行【修改】|【转

换为元件】命令，打开“转换为元件”对话框，在“名称”文本框中输入元件名称，在“类型”区域中选择“图形”选项，单击“确定”按钮，这时在场景中的元素就变成了元件。

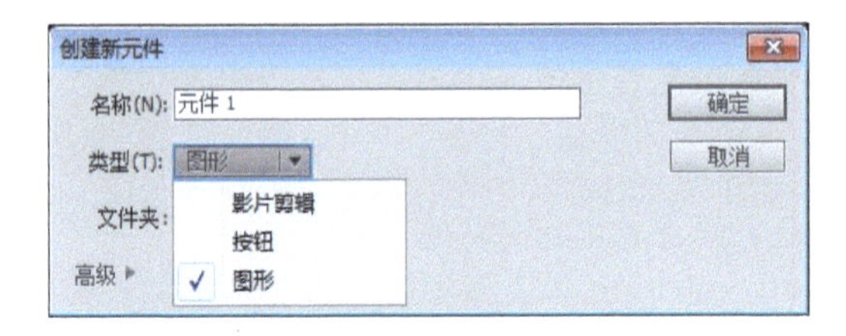

图 3-12　创建新元件

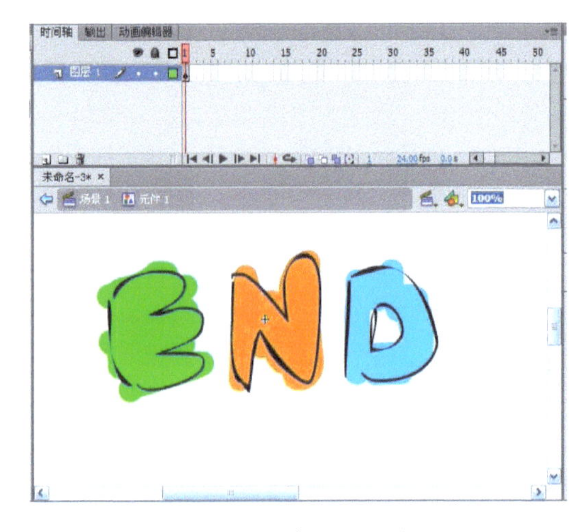

图 3-13　绘制图形元件

图形元件可包含图形元素或其他图形元件，接受Flash中大部分变换操作，如大小、位置、方向、颜色设置以及动作变形等。

2. 创建影片剪辑元件

通常可以把场景上任何看到的对象，甚至整个时间轴内容创建为一个影片剪辑，而且可以将这个影片剪辑放置到另一个影片剪辑中，用户还可以将一段动画转换成影片剪辑元件。

创建影片剪辑元件的方法与创建图形元件的方法相似，不同的是在“创建新元件”或“转换为元件”对话框中，需要在“类型”区域中单击“影片剪辑”选项。

3. 创建按钮元件

创建按钮元件的方法与创建图形元件的方法相似，不同的是在“创建新元件”或“转换为元件”对话框中，需要在“类型”区域中单击“按钮”选项。

当选择创建按钮元件时，进入的按钮元件编辑窗口如图 3-14 所示。按钮的时间轴只有 4 帧，分别是弹起、指针经过、按下、点击。

第 1 帧是弹起状态，代表指针没有经过按钮时该按钮的状态。

第 2 帧是指针经过状态，代表指针滑过按钮时该按钮的状态。

第 3 帧是按下状态，代表单击按钮时该按钮的外观状态。

第 4 帧是点击状态，用来定义响应鼠标单击的区域。如果未定义此帧，则以按下状态的外观

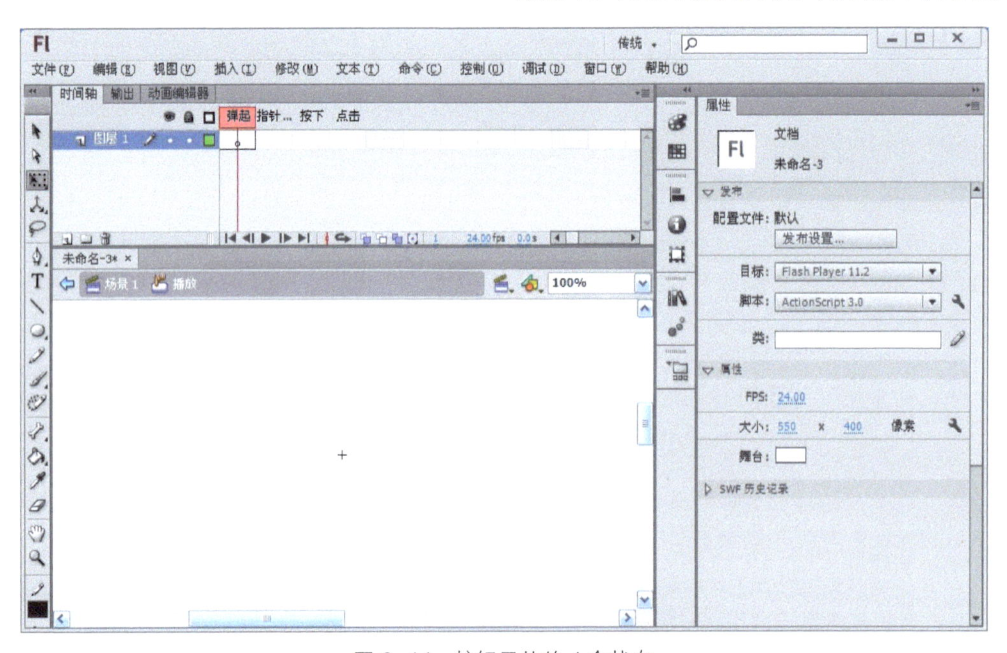

图 3-14　按钮元件的 4 个状态

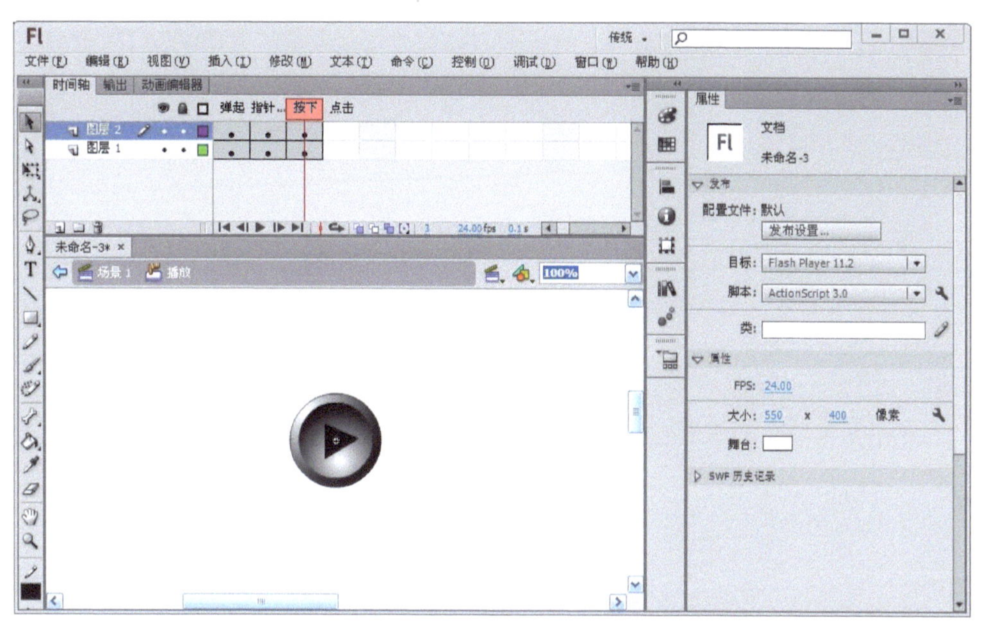

图 3-15 制作按钮元件

来响应鼠标事件。

下面来创建一个按钮元件。

① 创建新元件，类型选择“按钮”。

② 在按钮元件编辑窗口中图层 1“弹起”帧新建关键帧，绘制圆形；新建图层 2，绘制三角形，调整位置，得到如图 3-15 所示的按钮外观。

③ 在“按下”帧插入关键帧，这样在“按下”和“指针经过”帧上就有了相同的内容。

④ 在“指针经过”帧处单击右键，选择“转换为关键帧”。选定绘制的按钮形状（两个图层同时选定），使用“任意变形工具”调整其大小。

⑤ 单击舞台左上角场景名称，结束按钮元件的制作。

三、元件的编辑

在编辑元件时，Flash 将自动更新影片或动画中所有运用该元件的实例。有 3 种模式可以对元件进行编辑：在当前位置编辑元件、在新窗口中编辑元件、在元件编辑模式下编辑元件。

1. 在当前位置编辑元件

在当前位置对元件进行编辑的步骤：在舞台上直接双击要编辑的元件的一个实例；或者选定实例后，单击右键，快捷菜单中选择“在当前位置编辑”，在舞台上可以直接编辑该元件。此时舞台上其他对象将以浅色显示。编辑完成后单击场景名称或者单击元件以外其他对象退出元件的编辑状态。

2. 在新窗口编辑元件

在新窗口对元件进行编辑的步骤：在舞台上选择该元件的一个实例，单击右键，快捷菜单中选择“在新窗口编辑”命令就会打开一个新的编辑窗口，编辑完成后关闭该窗口即可。

3. 在元件编辑模式下编辑元件

可以执行下列操作之一来选择元件并进入元件的编辑窗口：

① 双击库面板中的元件预览窗口；

② 在舞台上选择该元件的一个实例，右键单击，从快捷菜单中选择【编辑】命令；

③ 在舞台上选择该元件的一个实例，选择菜单【编辑】|【编辑元件】命令；

④ 在库面板中选择该元件，然后从库面板菜单中选择【编辑】命令，或者右键单击库面板中的该元件，从快捷菜单中选择【编辑】命令。

编辑完成后，退出元件编辑状态。

4. 复制元件

如果要在一个元件的基础上制作一个新的元件，使用复制元件的方式可以很方便地完成该操作。复制元件的步骤如下。

选择【窗口】|【库】命令或者按组合键 Ctrl+L 打开库面板。

选中库面板中要复制的元件并单击右键，从弹出的快捷菜单中选择“直接复制”命令，如图 3-16 所示，打开“直接复制元件”对话框，如图 3-17 所示。默认情况下，已复制的元件会在原元件名

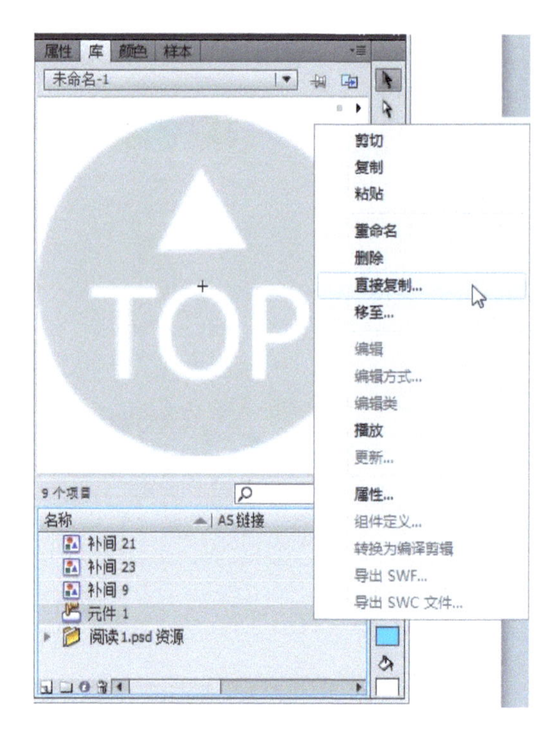

图 3-16　库面板快捷菜单

图 3-17　“直接复制元件”对话框

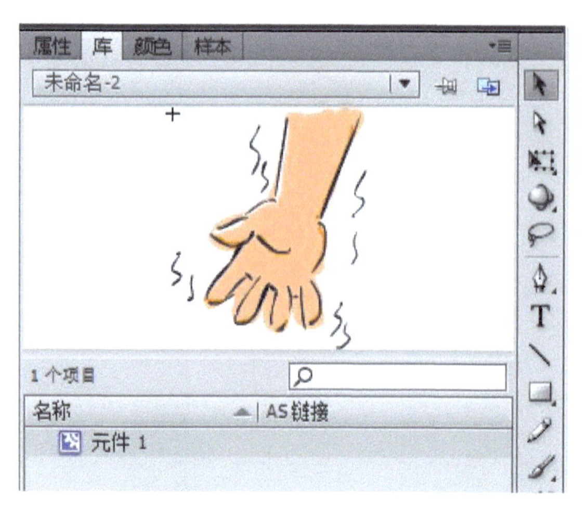

图 3-18　新建影片剪辑元件库面板

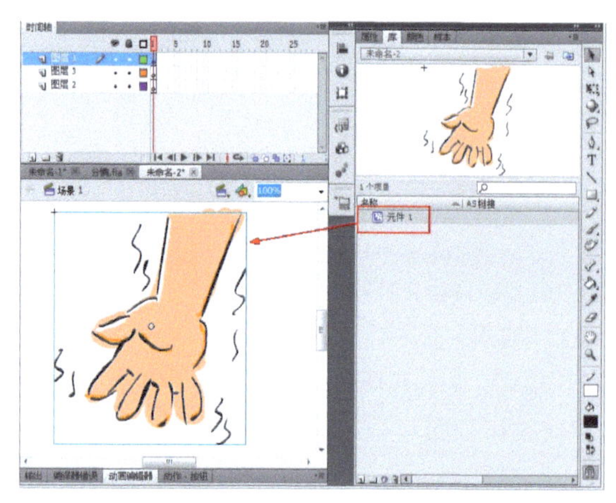

图 3-19　拖入场景

的后面加上“副本”字样，用户也可以在“名称”栏中直接输入新的元件名。

四、设定元件实例属性

用户在 Flash 中创建了一个元件，但是这个元件并不能直接应用到场景中，而是需要创建实例。实例就是把元件拖放到舞台上，它是元件在舞台上的具体体现，被称为这个元件的一个“实例”。

在属性面板中，可以设置元件实例的属性。利用属性面板中的“颜色”选项，可以对元件实例应用不同的色彩效果，例如亮度、透明度等。

① 运行 Flash 软件，新建一影片剪辑元件，如图 3-18 所示。

② 从库面板中将元件拖入场景中，如图 3-19 所示。

③ 此时在场景上选择元件实例，属性面板中就会在色彩效果中出现样式，点击展开样式，可以看到有亮度、色调、高级、Alpha 几种样式，如图 3-20 所示。

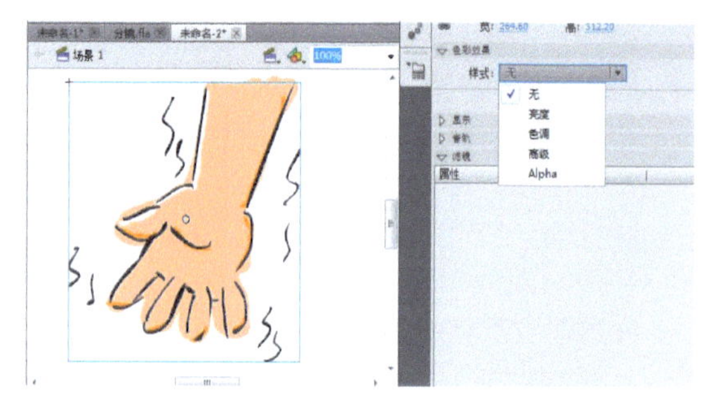

图 3-20　实例属性

④ 选择亮度，调节数量为 -11%，效果如图 3-21 所示。调节色调等样式方法类似，笔者在此不再重复。

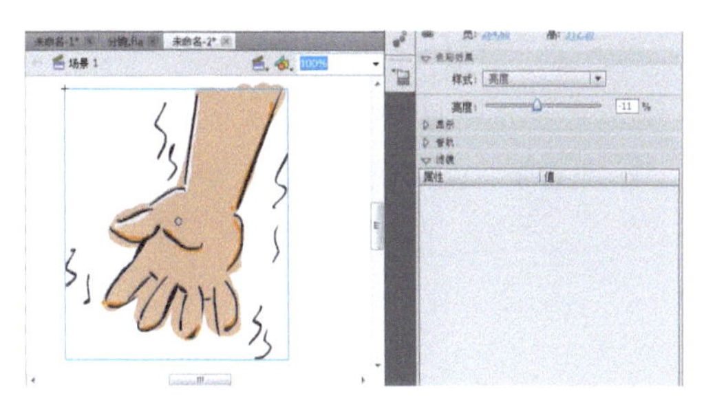

图 3-21　亮度

五、库面板

前面已经提到过库面板，在制作 Flash 动画的时候，导入的声音及其他素材都会自动地放在库面板中，制作好的元件也会自动地存到库里面。

① 首先来认识一下库面板。库面板包括各项功能按钮，如图 3-22 所示。主要有：

预览窗口：选择一个元件时，可以显示出缩小图。

新建元件按钮：单击可以打开“创建新元件”对话框。

新建文件夹按钮：单击创建一个元件文件夹。

属性按钮：单击打开“元件属性”对话框。

删除元件按钮：在库中选择一个元件，单击该按钮可以删除此元件。

固定当前库按钮：将当前库面板固定。

新建库面板按钮：单击创建一个新的库面板。

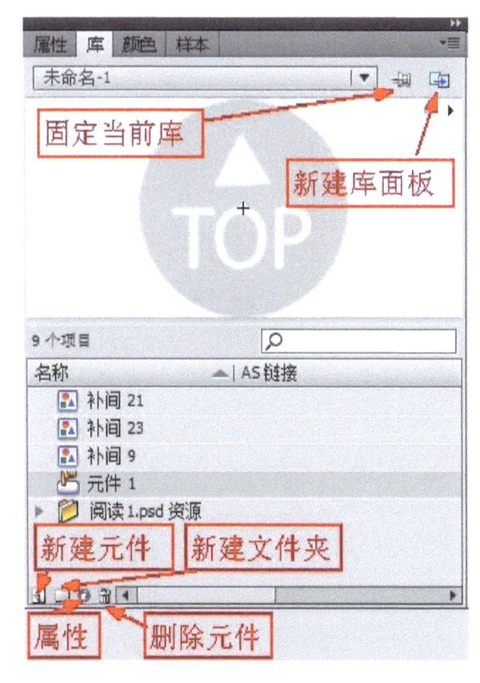

图 3-22　库面板

② 除了用户创建的库外，Flash 也自带了公用库。执行菜单【窗口】|【公用库】，即可看到公用库的类型，包括声音、按钮、类。如图 3-23 所示为公用库中按钮元件。

图 3-23　公用库

任务三　制作简单动画——书法手写动画

任务完成效果

图 3-24　动画效果图

任务描述

制作如图 3-24 所示的毛笔写字动画效果，学习逐帧动画和传统补间动画。

知识讲解

一、逐帧动画

逐帧动画是根据最基本的动画原理制作的一种动画效果。例如在一叠纸的每一页都画上有一定关联的形状，然后快速地翻动，就会出现一组连续的动画，这样可以把每一页纸看成一帧，连续帧之间的形状结合起来就形成动画，这就是逐帧动画的原理，如图 3-25 所示。

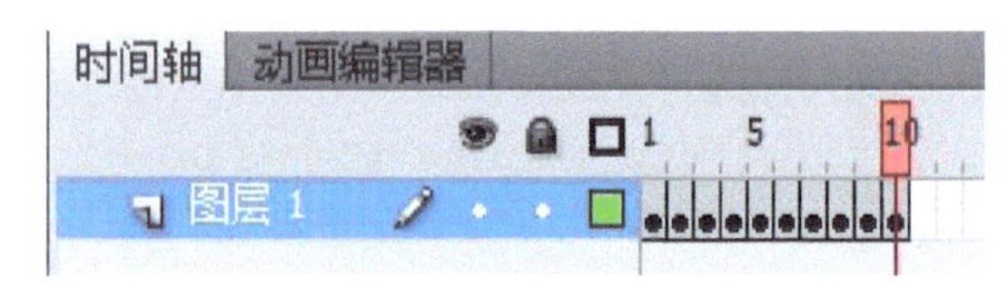

图 3-25　逐帧动画时间轴

逐帧动画一般应用于动画效果比较复杂、每个画面跟每个画面变化比较大的动画中。可直接应用于舞台上，也可在元件中使用。例如制作人体形体动作、火焰效果、旗帜飘扬、花朵生长、打字等效果可以采用逐帧动画的形式。

例如，制作一个打字效果动画，步骤如下。

① 新建一 Flash 影片，设置文档大小为 550px×400px。

② 利用文本工具，输入文字“FLASH”，设置合适字体，字符大小为 90 点（pt），如图 3-26 所示。

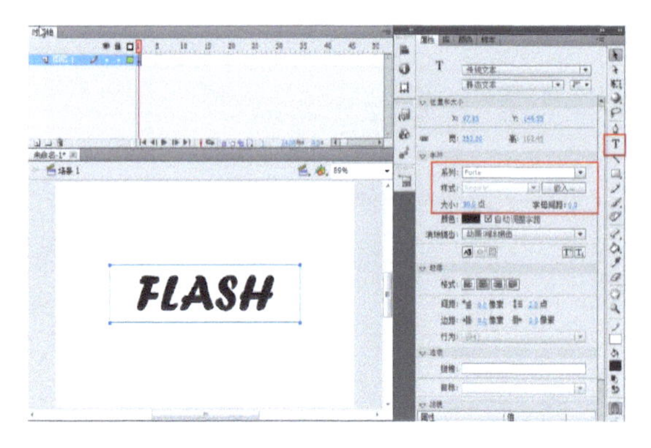

图 3-26　输入文字

③ 在选定文字的基础上，按 Ctrl+B，分离文字，如图 3-27 所示。

图 3-27　分离文字

④ 为字体选择不同的颜色，如图 3-28 所示。

图 3-28　设为彩色文字

⑤ 分别在文档的第 10、20、30、40、50 帧处插入关键帧，然后在每个关键帧处删除多余的字母，例如第 1 帧只有“F”，第 10 帧只有“FL”，依此类推，如图 3-29 所示。

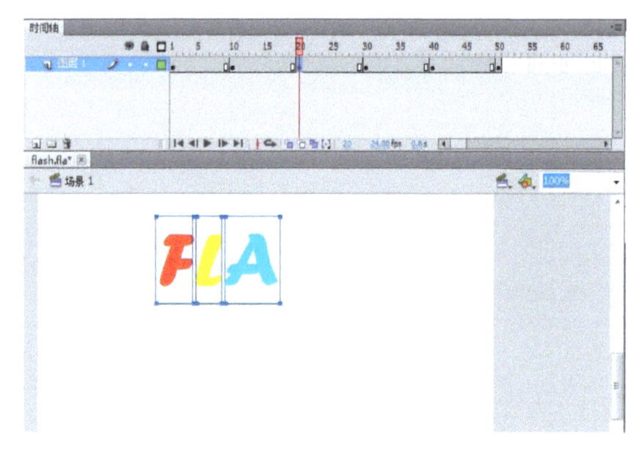

图 3-29　把文字逐个删除后的时间轴

⑥ 测试动画效果，如图 3-30 所示。

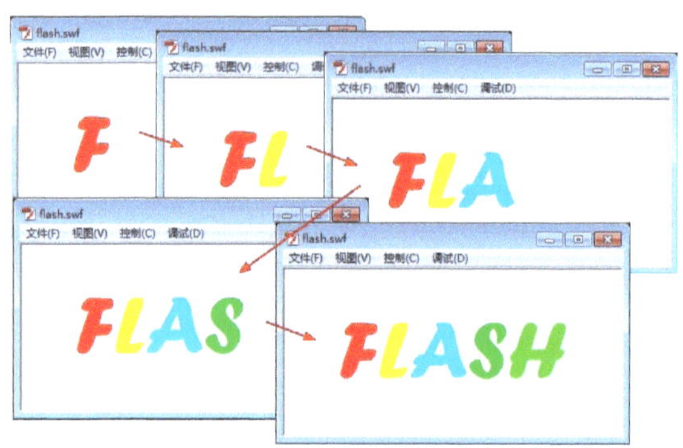

图 3-30　测试动画效果

二、传统补间动画

传统补间动画，是制作Flash动画中最常用的一种方法。它需要创建两个关键帧，前后两个关键帧中是同一对象，只不过该对象的属性在这两个关键帧中发生了变化。在两个关键帧中间需要设置“传统补间动画”，使对象属性变化起来；插入传统补间动画后两个关键帧之间的帧画面都是由计算机自动运算得出的。

对象的属性包括颜色、大小、位置等。如制作一个文字大小变化的运动动画，其操作步骤如下。

① 把刚才案例中的“F”字符转换成元件，命名为“F”。

② 在第9帧处插入关键帧。重新选择第一帧的“F”,用【任意变形工具】放大,如图3-31所示。

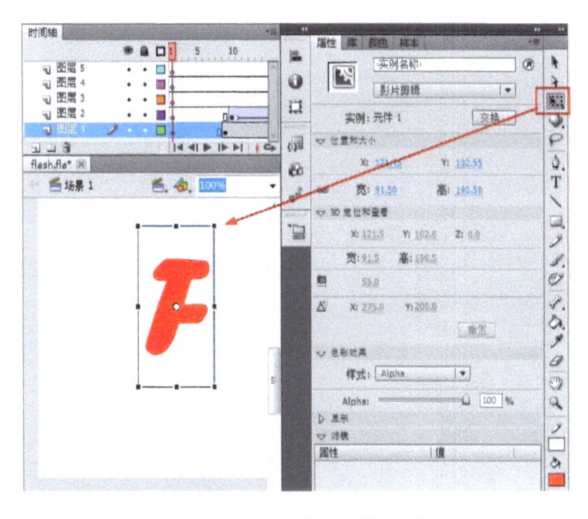

图3-31　创建一个关键帧

③ 选中第一帧的“F”，在属性面板内，设置【色彩效果】|【样式】|【Alpha】为0,使它透明，如图3-32所示。

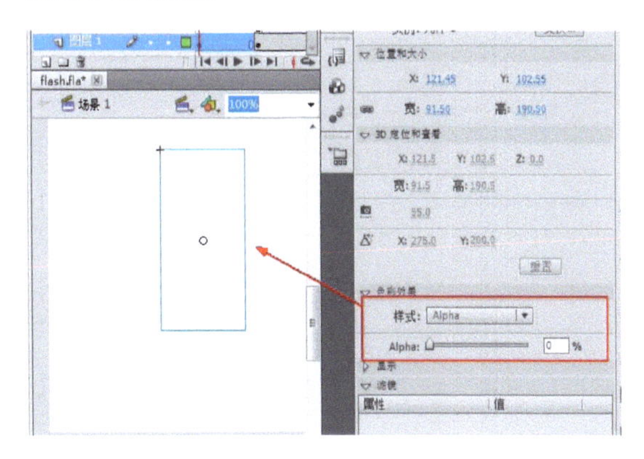

图3-32　设置透明度

④ 鼠标放在时间轴上1～9帧处任意位置右键单击，从弹出的快捷菜单中选择“创建传统补间”，则时间轴上会在1～9帧出现一条紫色背景的箭头，说明创建好了传统补间动画，如图3-33所示。

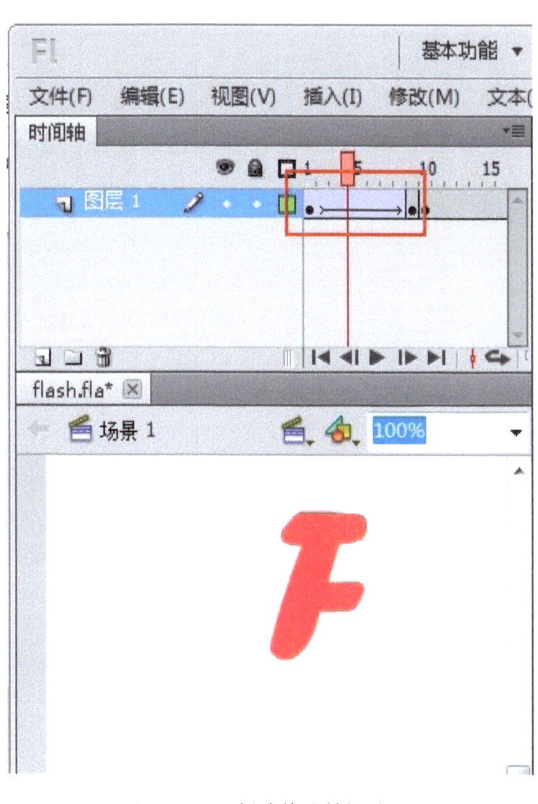

图3-33　创建传统补间动画

⑤ 测试动画效果。把之前的字母移动到不同层，并使用相同方法，把其他字母也创建逐步由大变小的动画效果，可以得到一个字母连续出现的动画，如图3-34所示。此外，在结束帧处移动目标元件，使用“创建传统补间”的方法还可以创建出位置移动的动画。

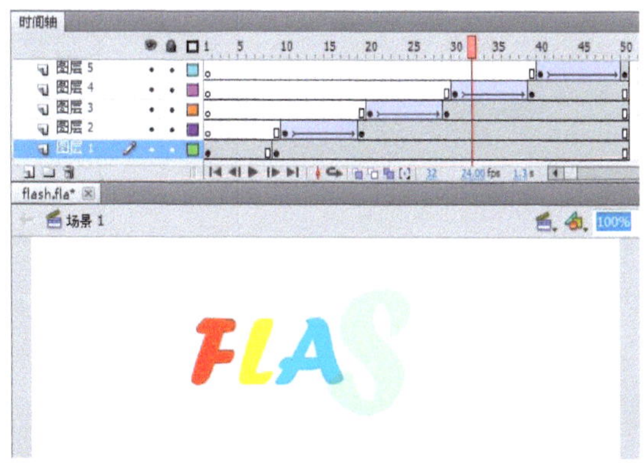

图3-34　测试动画效果

任务分析

本任务要求制作书法手写动画效果，主要运用到了工具箱中的文本工具和橡皮擦工具，也涉及补间动画和逐帧动画的制作。先用文本工具输入文字，然后把文字分离为形状，再依次建立关键帧，在每个关键帧处将文字依照笔画顺序的反方向使用橡皮擦工具逐渐擦除，最后选定所有帧，选择“翻转帧”命令，制作出文字在纸上被书写出的逐帧动画。然后创建新的图层导入毛笔图像，复制出多个帧，使各个帧的笔尖置于每一帧文字的擦除断口位置，前后帧之间创建传统补间，使毛笔笔尖跟随文字的书写而移动，制作出毛笔书写文字动画效果。

动画制作

① 打开软件 Flash CS6，执行菜单【文件】|【新建】命令，在弹出的“新建文档”窗口中选择“ActionScript3.0”，点击确定。设置文档属性，设置“尺寸”的宽为 178px，高为 128px，背景色为白色。

② 选择工具箱中的“文本工具”，在属性栏中设置字体系列为“方正魏碑简体”，设置字体大小为 90 点，颜色为黑色。如图 3-35 所示。

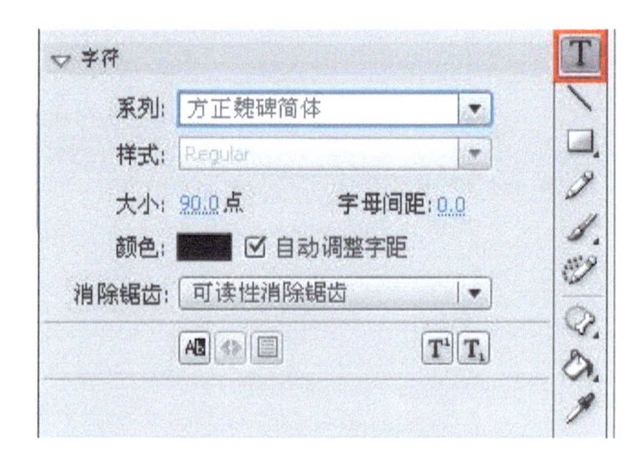

图 3-35　设置字符属性

③ 将“图层 1”的图层名称改为“勤”，将光标移至绘图区点击，输入文字“勤”，单击“选择工具”选定文字并将文字移动到绘图区偏左方。点击鼠标右键，在弹出的菜单中选择“分离”。如图 3-36 所示。

图 3-36　分离文字

④ 在第 2 帧处插入关键帧，在工具箱中选择“橡皮擦工具”，将“勤”字笔画里的最后一笔的末端擦除一小部分，如图 3-37 所示。

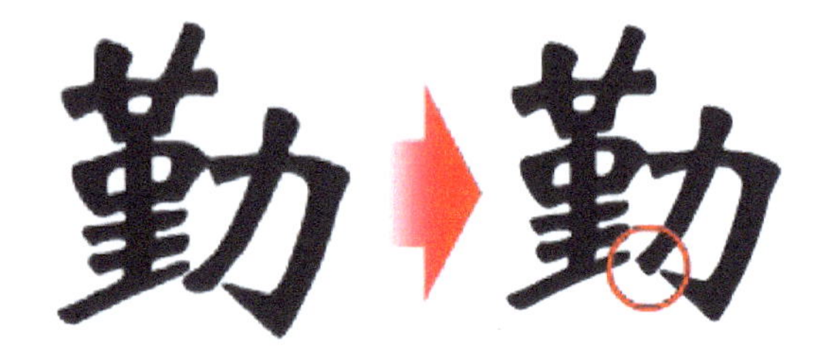

图 3-37　擦除文字笔画（第二帧）

⑤ 在第 3 帧插入关键帧，将“勤”字笔画里的最后一笔的末端接着擦除一小部分，如图 3-38 所示。

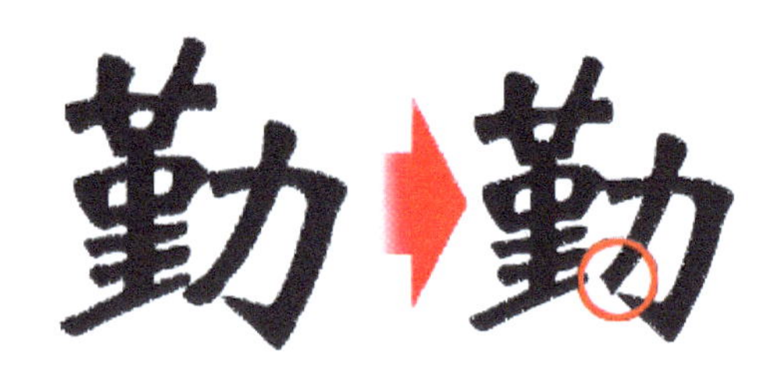

图 3-38　擦除文字笔画（第三帧）

⑥ 依照上述方法，沿着“勤”字书写笔画的反向顺序，逐帧擦除，直至将“勤”字的最后一笔完全擦除。如图 3-39 所示。

⑦ 此时播放动画，可以得到“勤”字的最后一笔“撇”的书写动画反效果。依照上述方法，沿着“勤”字笔画的书写顺序的相反方向擦除笔画，直到“勤”字剩下第一笔的起始点。完成后选定所有帧，单击鼠标右键，从快捷菜单中选择“翻转帧”。

⑧ 播放动画可以得到整个文字的书写动画效果。

⑨ 点击时间轴中的“新建图层”按钮新建一个图层，将其命名为“毛笔”。将图层“毛笔”置于图层“勤”的上方。选中图层“毛笔”的第 1 帧，

执行菜单【文件】|【导入】|【导入到舞台】命令，将素材“毛笔”导入到舞台。右键单击图像，在弹出的菜单中选择“任意变形”，按住 Shift 键调节图像大小和位置，将毛笔的笔尖处对准“勤”字第一笔的起始点位置，如图 3-40 所示。

图 3-39　沿笔画反向顺序擦除笔画

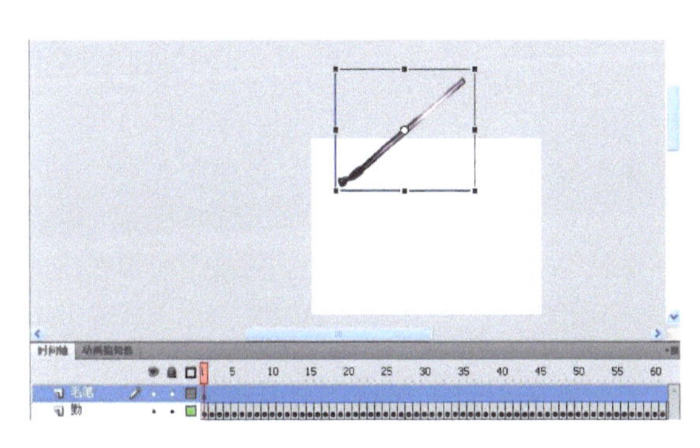

图 3-40　导入素材“毛笔”

⑩ 对应图层“勤”的第一横写完的那一帧，在图层“毛笔”上也创建一个关键帧，并拖动毛笔笔尖到笔画的末端。右键单击图层“毛笔”两个关键帧间的时间线，在弹出的菜单中选择“创建传统补间”。对应图层“勤”的下一个笔画出现的帧，将毛笔再移动到该笔画的起始点，并创建关键帧和传统补间。在图层“勤”换笔画的地方应当插入适当的普通帧，当毛笔移动至下一笔开始的位置时再开始书写。如图 3-41 所示。

⑪ 依照上述的方法，修改图层“毛笔”和“勤”，使毛笔跟随勤字的每一个笔画移动。然后将毛笔放置在文字的右边，书法手写动画制作完成。如图 3-42 所示。

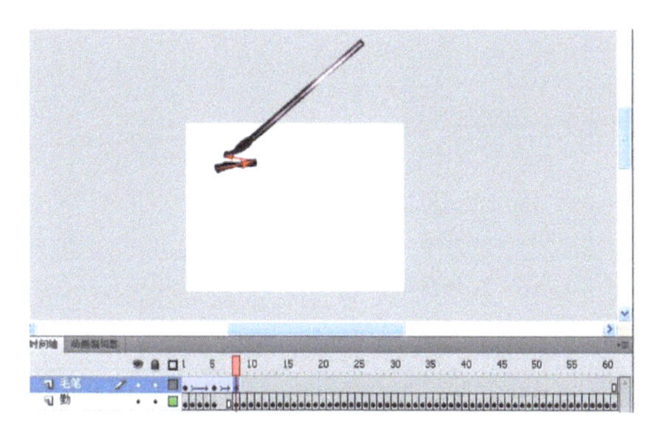

图 3-41 毛笔跟随文字书写

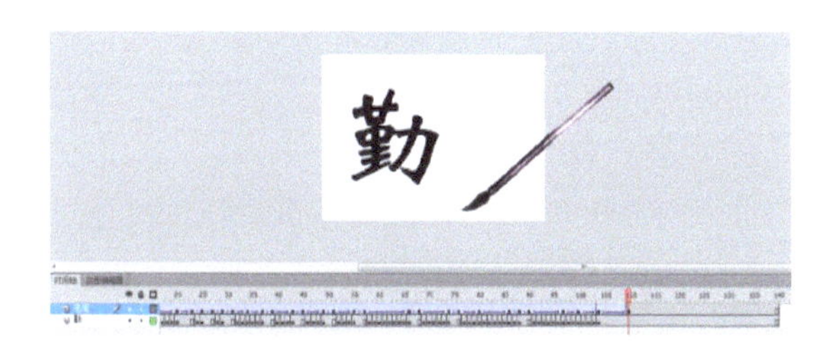

图 3-42　完成实例

⑫ 测试动画，观察动画播放效果。

知识拓展

一、形状补间动画

形状补间动画是 Flash 中常见的一种动画形式。它指的是前后两个关键帧中分别是两个不同的形状，Flash 将自动根据二者之间的帧的值或变化的形状来创建的动画，可以实现两个图形之间的大小、形状、颜色、位置的相互变化，如图 3-43 所示。补间形状是在两个关键帧之间用浅绿色填充的帧。

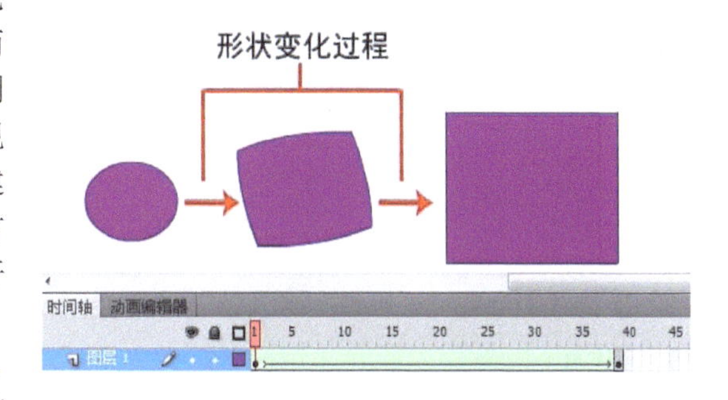

图 3-43　形状补间动画

实例 1：制作伸展的直线

本动画的播放效果是一条很短的线段不断延伸成一条长的直线，在延伸的过程中颜色也发生着变化，具体操作步骤如下。

① 新建一 Flash 影片文件，设置文档属性。

② 将笔触颜色设置为蓝色，按下“N”键或直接选择线条工具，设置笔触高度为 10 点，在舞台上绘制一条短的线段，如图 3-44 所示。

图 3-44　绘制的短线段

③ 在第 48 帧处插入关键帧，利用变形工具修改线条长度，使得原来的短线段变成一条长线条，同时修改该长线条的笔触颜色为红色，如图 3-45 所示。

图 3-45　变形后的长线条

④ 选中第 1 帧，右键单击鼠标，从快捷菜单中选择“创建补间形状”。

⑤ 测试动画效果。

实例 2：制作变形动画

本动画的播放效果是把一个绘制的形状变化为文字。具体操作步骤如下。

① 新建一 Flash 影片，设置文档属性。

② 在图层 1 第 1 帧绘制五角星形状。

③ 在第 48 帧插入空白关键帧，输入文字“变形文字”，设置合适的字体、字号、颜色，如图 3-46 所示。

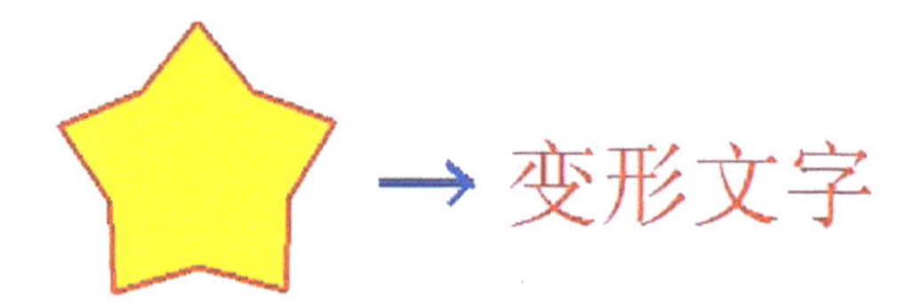

变形前　　变形后

图 3-46　前后两个关键帧

④ 选中文字，按 Ctrl+B 两次，把文字分离为形状。

⑤ 选中第 1 帧，鼠标右键单击，在弹出快捷菜单中选择“创建补间形状”。

⑥ 测试动画效果。

实例 3：字母变形

本动画的播放效果是字母“a”变为字母“b”。具体操作步骤如下。

① 新建一 Flash 影片，设置文档属性。

② 在图层 1 第 1 帧输入字母“a”。

③ 在第 48 帧插入关键帧，把字母“a”改为“b”。

④ 分别把第 1 帧和 48 帧中的字母分离。

⑤ 选定第 1 帧，右键单击，弹出的快捷菜单中选择“创建补间形状”。

⑥ 测试动画，效果如图 3-47 所示。

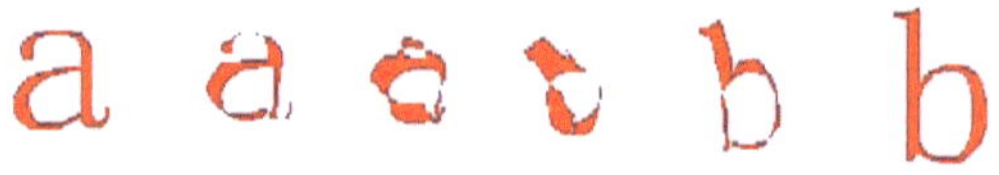

图 3-47　字母形状变化的效果

二、形状提示

如果想要控制更加复杂的补间形状动画，可以使用形状提示。形状提示包含从 a 到 z 的字母，用于识别起始形状和结束形状中相对应的点。最多可以使用 26 个形状提示。

起始关键帧中的形状提示是黄色的，结束关键帧中的形状提示是绿色的，当不在一条曲线上时为红色。

接着以“字母变形”动画为例来看形状提示点的添加和删除。

① 在完成上例第 5 步之后，选中第 1 帧，选择【修改】|【形状】|【添加形状提示】命令，在第 1 个关键帧和最后一个关键帧舞台上出现了第 1 个形状提示ⓐ。在第 1 帧上将形状提示拖动到字母“a”上，在后面一个关键帧上将形状提示ⓑ拖动到字母“b”上，注意前后两个关键帧中提示点的位置。如图 3-48 所示。

图 3-48　添加形状提示点

② 按照上面步骤继续添加形状提示ⓑ、ⓒ，分别拖动到字母“a”和字母“b”上，如图 3-49 所示。

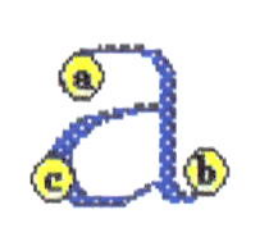
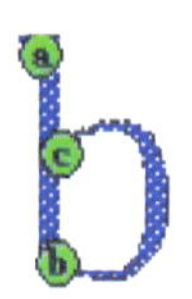

图 3-49　继续添加形状提示

③ 测试效果，如果对效果不满意，可以继续

添加形状提示，形状提示越多，变化越精细。

若要删除形状提示，只需将其拖离舞台即可。要删除所有形状提示，可以在第 1 帧处选择【修改】|【形状】|【删除所有提示】命令。

任务四　制作网页中的广告

任务完成效果

图 3-50　网页广告效果图

任务描述

制作如图 3-50 所示的网页广告动画。

任务分析

Flash 广告目前是网络应用最多、最为优越、也是最流行的网络广告形式。而且，自 2003 年以来，Flash 广告全面地由网络抢滩传媒领域，很多电视广告也采用 Flash 进行设计制作，在央视的各个频道也经常看到 Flash 广告的身影，这无疑是大众对 Flash 认同的一种表现。

在网页中经常看到的广告条一般都是由 Flash 设计制作的，本任务就是要制作一个 Flash 的网页广告。在网页中的广告一般都具有链接性，即当用户点击时可以进入相关广告页面具体查看，这要涉及 ActionScript 脚本，本任务主要是制作广告画面。

素材准备

在制作动画之前，首先要完成广告创意、策划，文案通过之后就要开始素材的准备了。本任务中主要准备与广告内容相关的背景图片。

动画制作

① 新建 Flash 影片文件。

② 在属性面板上单击“编辑”按钮，弹出“文档属性”对话框，设置尺寸为 600px×360px。

③ 执行菜单【文件】|【导入】|【导入到库】，导入任务四素材，如图 3-51 所示。

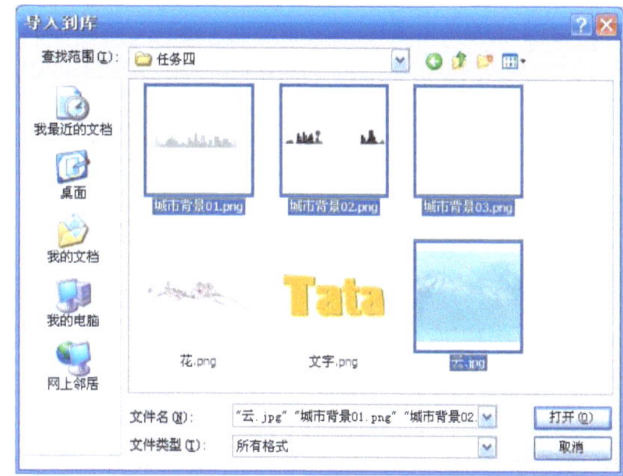

图 3-51　导入素材到库

④ 执行快捷键“Ctrl+L”打开库面板，从库面板上拖动“云”到场景中，如图 3-52 所示。

⑤ 单击时间轴面板上的新建图层按钮，创建三个图层，分别把“城市背景 01”～“城市背景 03”依次放到图层内，注意图层顺序会影响图片显示的前后关系，如图 3-53 所示。

⑥ 分别选择“城市背景”的图片，按 F8 键弹出“转换为元件”对话框，设置类型为影片剪辑，然后单击“确定”按钮，把它们分别转换为影片剪辑，如图 3-54 所示。注意这里是分别转换为三个影片剪辑，图片必须先转换为影片剪辑才能添加“补间”操作。

⑦ 对各层分别在第 35 帧处添加关键帧，如图 3-55（a）所示。然后在第一帧处分别设置这三个影片剪辑的色彩效果，使其透明。具体操作为，选中影片剪辑，在右边的属性面板上展开“色彩效果”卷栏，选择样式为 Alpha（透明度），然后把 Alpha

值设为0，如图3-55（b）所示。细心的读者会注意到，经过这样处理之后，在第1帧处的影片剪辑变透明了，但第35帧处的影片剪辑仍正常显示，这样就为后面添加补间动画提供了方便。

⑧ 在时间轴上，分别对“城市背景”在不同帧上添加关键帧。然后添加传统补间，为这三个影片剪辑添加上向上移动和透明度变化的传统补间。如图3-56所示，产生城市背景错落出现的效果。

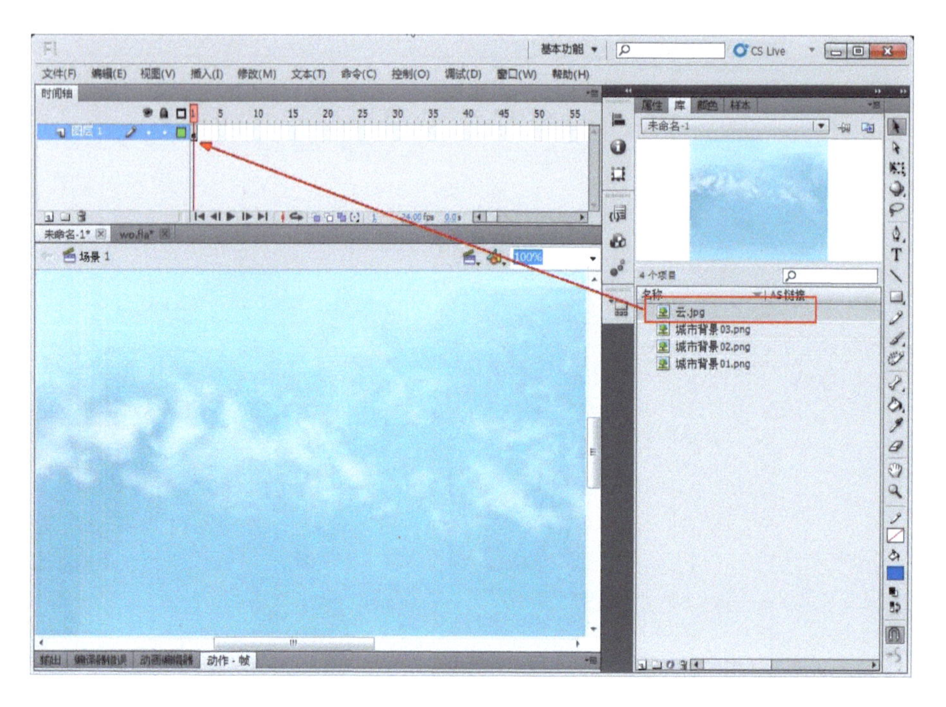

图3-52　将素材“云”拖入场景中

图3-53　新建图层

图 3-54　把“城市背景”转换为元件

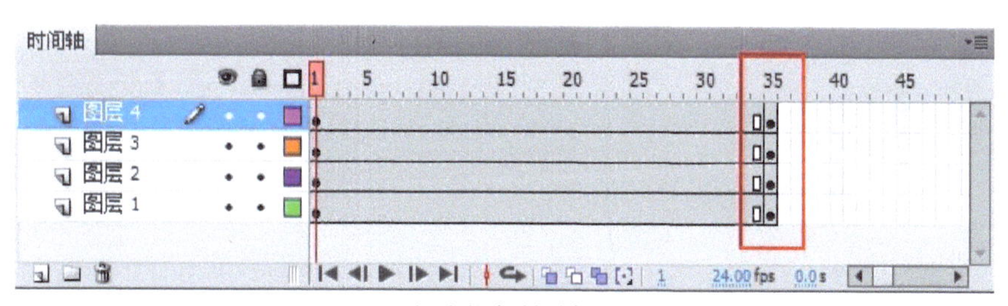

（a）添加关键帧

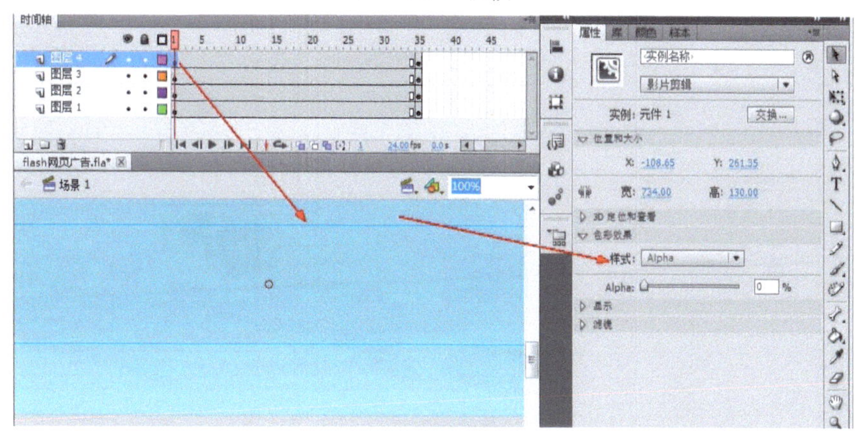

（b）设置实例属性

图 3-55　添加关键帧并设置实例属性

⑨ 继续导入“文字”和“花”两个图片。

⑩ 新建一个图层，把“文字”图片放到舞台，并转换为影片剪辑。选中舞台中的“文字”元件，在右边的属性面板上展开“滤镜”卷栏，添加一个投影滤镜，“模糊 X”和“模糊 Y”都为 5，颜色为黑色，如图 3-57 所示，可以看到软件为这个文字图片添加了阴影效果，读者可以自己探索其他滤镜效果。

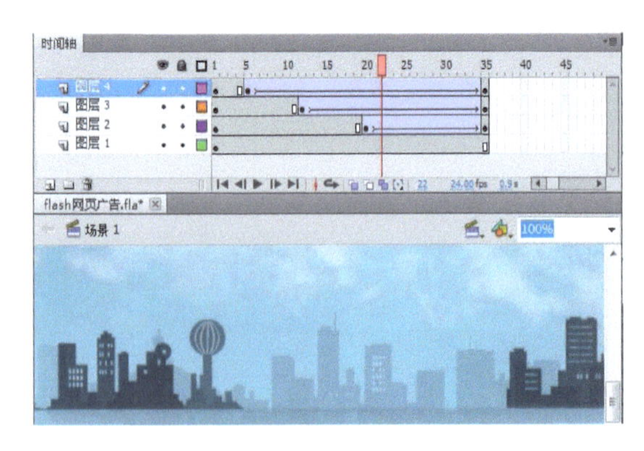

图 3-56　添加关键帧及传统补间

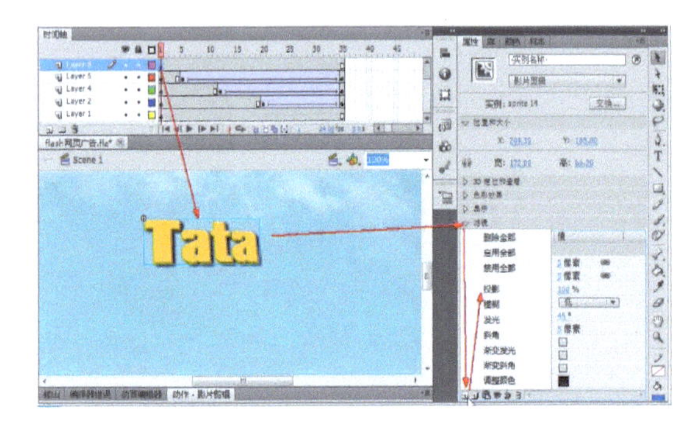

图 3-57　为影片剪辑元件实例添加滤镜效果

⑪ 继续使用添加传统补间的方法，补充文字出现以及花束由无到有渐变出现的过场效果，按 Ctrl+Enter 测试观看动画效果，完成本例制作。

任务五　制作引导动画——飘落的花瓣

任务完成效果

图 3-58　飘落的花瓣效果

任务描述

制作如图 3-58 所示“飘落的花瓣”动画效果，学习引导动画。

知识讲解

运动引导层是 Flash 中的一种图层，在引导层中可以绘制路径，实例、组或文本块可以沿这些路径运动。可以将多个层链接到一个运动引导层，使多个对象沿同一条路径运动，链接到运动引导层的常规层就成为了被引导层。引导层中的路径必须是开放的，即有始点、有终点。在动画的播放中，引导层的路径是不显示出来的。

任务分析

当某一对象利用传统动作补间制作的位置变化的动画时，其中间帧是按照前后两个关键帧位置属性的变化自动计算出来的，位置的移动是按两个位置之间的直线方式进行的。在实际动画制作中，很多时候对象的位置移动并不是沿直线的，而是沿一定的曲线变化的，如飘落的树叶、飞舞的雪花等，这就需要用到引导动画了。

可以利用 Flash 的引导层来指定对象运动路径，实现补间动画效果。首先是为运动物体创建传统补间，然后再为其创建运动引导层并绘制出路径，将运动物体首帧与末帧分别与引导路径起点与终点对齐，即可实现引导动画效果。

动画制作

① 打开任务五文件夹中“任务五素材 .fla”，可以看到场景中有一个画面，库中有四个元件，如图 3-59 所示。

② 点击时间轴窗口中的创建新图层按钮，创建一个新图层，双击图层名，重命名图层为“花瓣”。

③ 从库面板中将元件“花瓣”拖到花瓣层中，如图 3-60 所示。

④ 在时间轴窗口中对“花瓣”图层单击右键，在弹出的快捷菜单中选择“添加传统运动引导层”，为其创建引导层，如图 3-61 所示。

⑤ 选择工具箱中的铅笔工具，在引导层上绘

制出一条线作为运动引导层的路径，如图3-62所示。

⑥ 在时间轴窗口中的40帧处选择三个图层帧，然后单击右键，在弹出的右键菜单中选择“插入帧”，如图3-63所示。

图 3-59 素材准备

图 3-60 添加元件实例

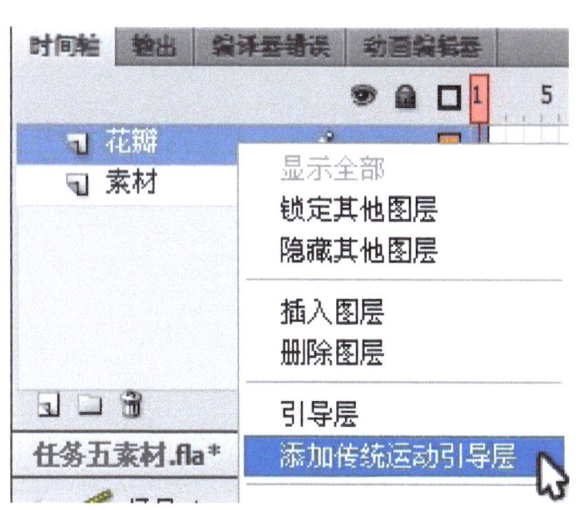

图 3-61 添加传统运动引导层

图 3-62 添加引导线

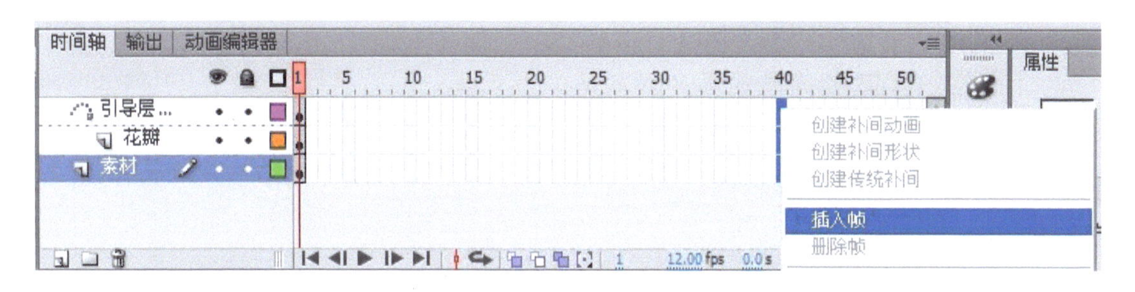

图 3-63 插入帧

⑦ 在时间轴窗口中，对“花瓣”层的末帧单击右键，在弹出的右键菜单中选择“转换为关键帧”，如图3-64所示。

⑧ 在花瓣层的首帧与末帧中间的任何一帧处单击右键，弹出右键菜单并选择“创建传统补间”，为“花瓣”层创建传统补间动画。

⑨ 将时间线拖到第一帧处，然后将花瓣拖到引导线的顶点，并将中心点与引导线对齐，如图3-65所示。

⑩ 将时间线拖到最后一帧，然后将花瓣移动到引导线的末端并对齐，如图3-66所示。

⑪ 选择花瓣图层，然后在属性面板上设置补间旋转为顺时针 ×2，并勾选“调整到路径”，其他保持默认，完成本例制作，如图3-67所示。

⑫ 按Ctrl+Enter观看动画效果。

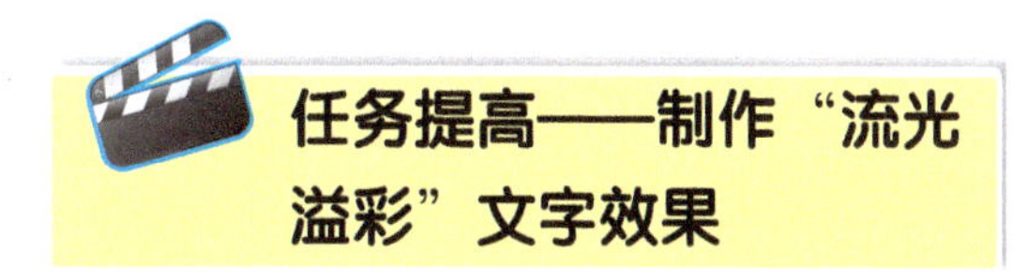

任务提高——制作“流光溢彩”文字效果

在实际应用中，利用引导层制作的动画效果

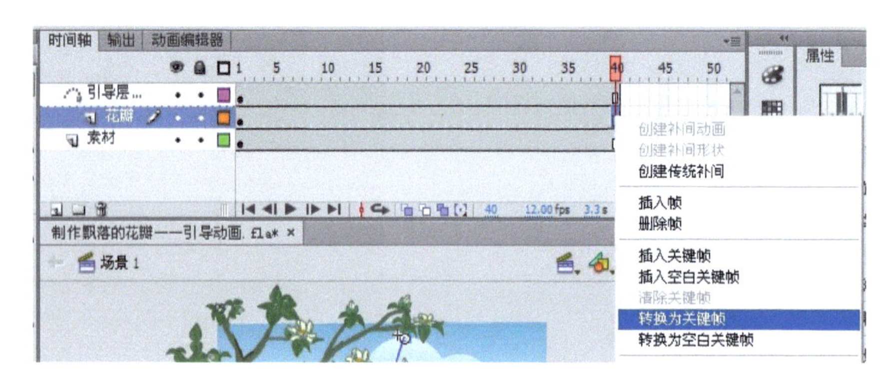

图 3-64　转换为关键帧

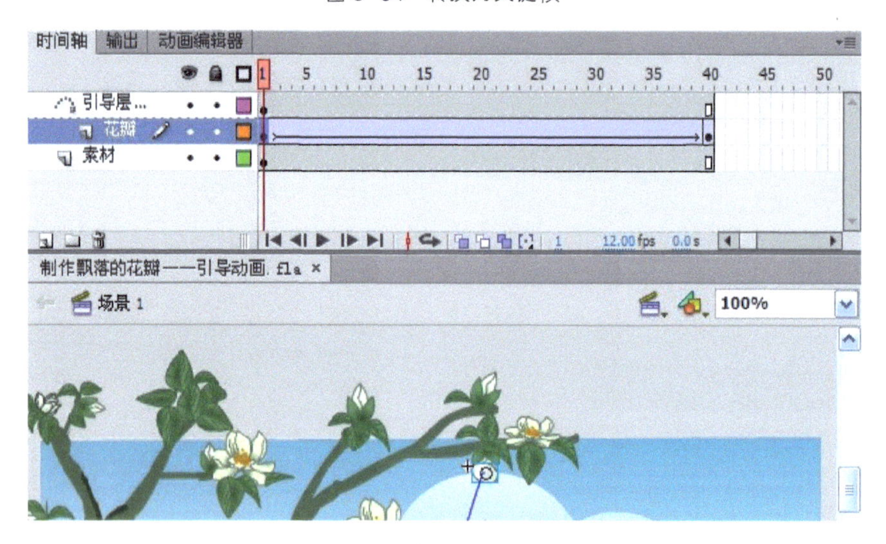

图 3-65　调整花瓣到引导线顶点

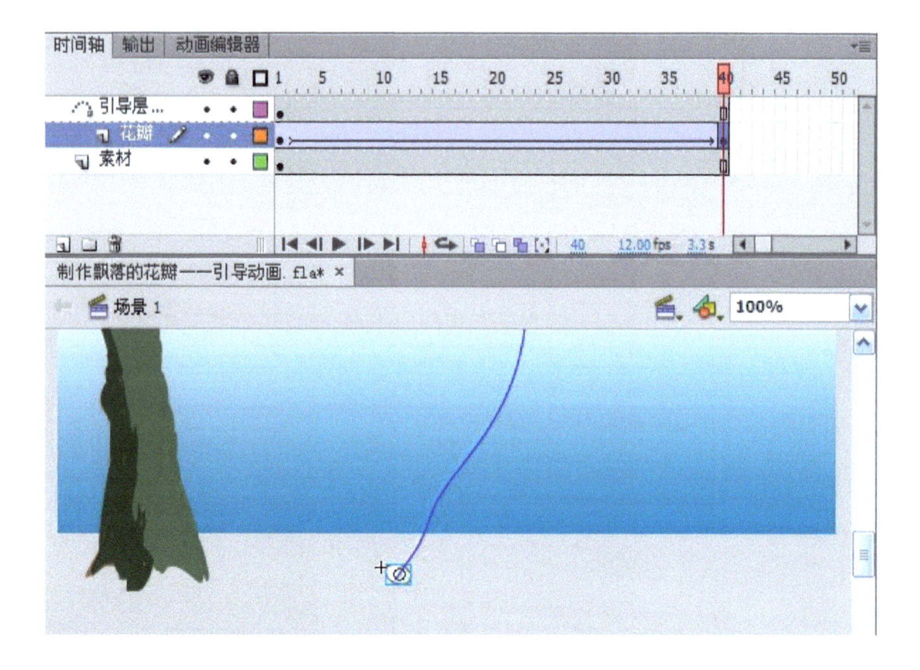

图 3-66　调整花瓣到引导线终点

图 3-67　设置动画属性

非常多，接下来再制作一个更为复杂的引导动画：流光溢彩文字。

制作过程中运用到了图像修改、文本输入和影片剪辑的混合选项等知识。

先用文本工具输入文字“流光溢彩”，再制作出边缘柔化的多个圆形图片，为圆形图片添加各种颜色并设置显示方式为“增加”；然后为每个圆形图片的图层添加传统运动引导层，使圆形图片围绕文字移动；最后将文字转换为影片剪辑元件，更改其显示方式，使文字和图形的色彩混合更为绚丽。动画效果如图 3-68 所示。

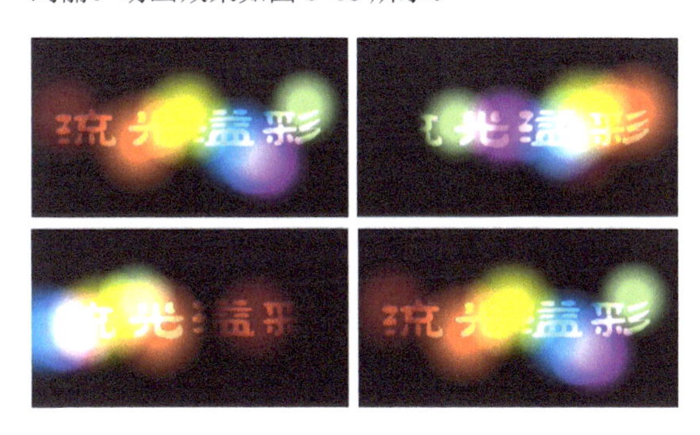

图 3-68　动画效果图

制作步骤如下。

① 打开软件 Flash CS6，执行菜单【文件】|【新建】命令，在弹出的“新建文档”窗口中选择“ActionScript3.0”，点击确定。在属性栏中设置文档属性，设置舞台宽为 550px，高为 300px，帧频率为 30fps，背景色为黑色。

② 在工具箱中选择“文本工具”，在属性栏中选择字体为“方正祥隶简体”，设置字体大小为 120 点，字体颜色为白色。在舞台中合适位置输入文字“流光溢彩”。将图层 1 名称更改为“流光溢彩”，在第 40 帧处插入一个帧。为避免误操作，点击图层上的“锁定图层”按钮将该图层锁定。

③ 执行菜单【插入】|【新建元件】命令，在弹出的窗口中选择元件类型为“影片剪辑”，创建出“元件 1”。此时绘图区会更换为“元件 1”的绘图区，在工具箱中选择“椭圆工具”，按住 Shift 键在绘图区绘制一个圆形，用选择工具选中圆形的边缘，将边缘的轮廓线条删除。再选中圆形图片，在属性栏中设置圆形大小为宽度：25，高度：25。如图 3-69 所示。

图 3-69　绘制圆形

④ 执行菜单【修改】|【形状】|【柔化填充边缘】命令，在弹出的窗口中设置距离为 50px，步长数为 50，方向为“扩展”，如图 3-70 所示。

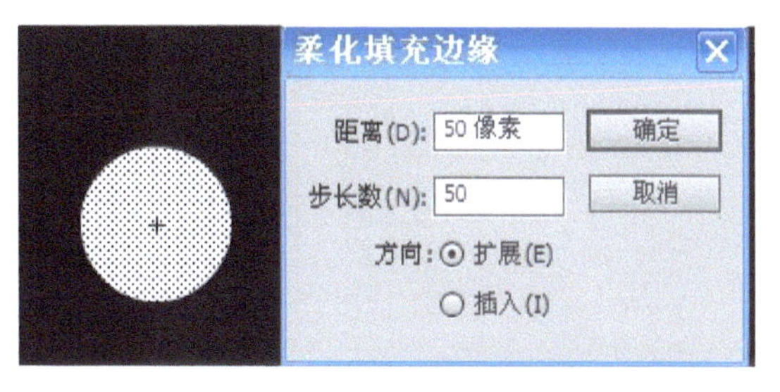

图 3-70　设置柔化填充边缘

⑤ 点击绘图区右上方的“场景 1”回到场景，

点击时间轴上的“新建图层”按钮，随意新建多个图层，本例为新建6个图层。在“库”中将“元件1”拖动到各个新建的图层中，将圆形图片分别放置在文字周边的各个位置，如图3-71所示。

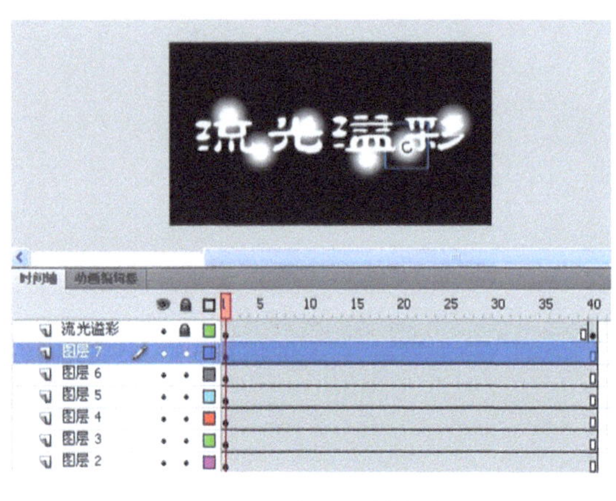

图3-71　加入圆形图片

⑥逐个选中圆形图片，将属性栏中的“色彩效果”中的样式选择为色调，编辑元件实例的色调，使每个圆形图片都有不同的色彩。所有元件实例在属性栏中的“显示”中的“混合”选项中选择“增加”，如图3-72所示。

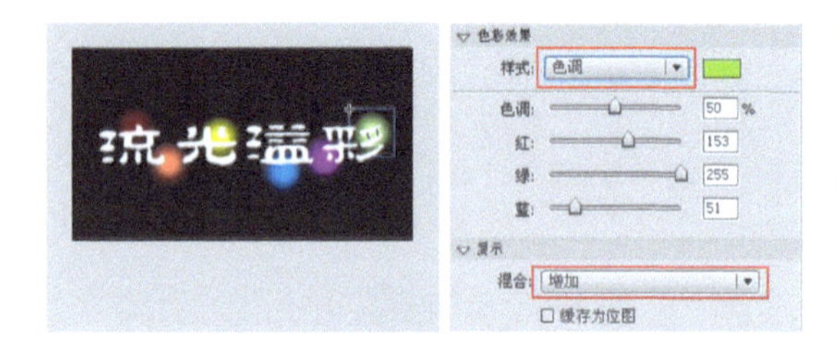

图3-72　设置元件实例属性

⑦逐个选择圆形图片，单击右键，在右键菜单中选择“自由变形”。按住Shift键将图片放大，每个圆形图片可以放大成不同的大小，如图3-73所示。

图3-73　放大图形

⑧右键单击其中一个圆形图片所在的图层，在弹出的右键菜单中选择“添加传统运动引导层”。在工具箱中选择钢笔工具，然后在引导层上绘制一个围绕文字的引导线，引导线的首末两端不连接，如图3-74所示。

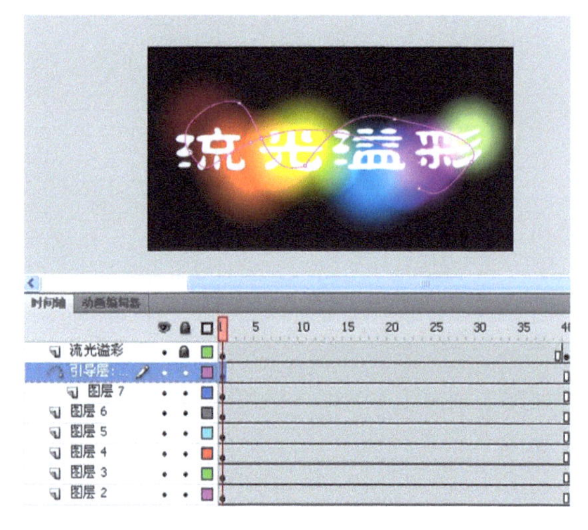

图3-74　添加传统运动引导层

⑨选择被引导的图层，右键单击该图层的第40帧，在弹出的右键菜单中选择“转换为关键帧”。选择该图层的第1帧，将圆形图片移动到引导线的一端，选择该图层的第40帧，将圆形图片移动到引导线的另一端。右键单击两个关键帧中间的帧，在弹出的右键菜单中选择“创建传统补间”，播放动画可得到圆形图片沿引导线移动的效果。如图3-75所示。

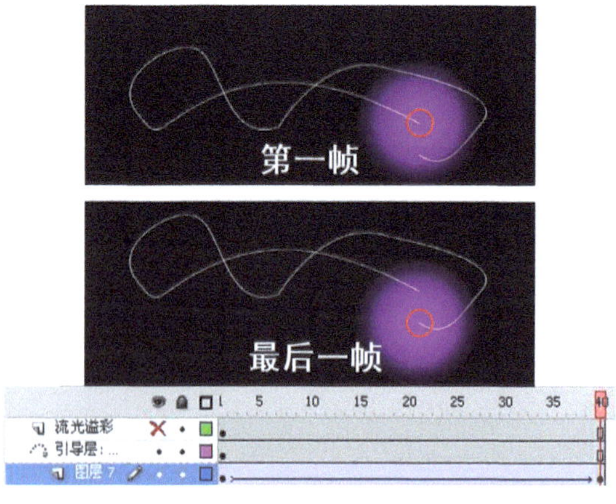

图3-75　圆形图片沿引导线移动

⑩按照上述方式为所有圆形图片添加引导层，用钢笔工具绘制出各种不同的引导线，制作出所有圆形图片围绕文字运动的动画，如图3-76所示。

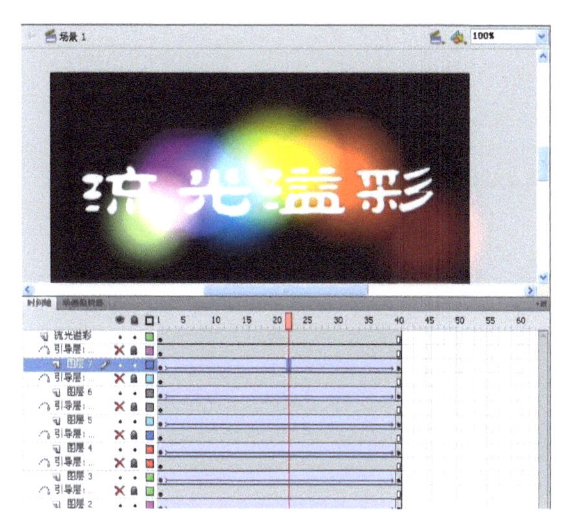

图 3-76　制作圆形图片围绕文字运动的动画

⑪ 将图层“流光溢彩”解锁，选中文字“流光溢彩”，单击鼠标右键，在弹出的右键菜单中选择“转换为元件”，在弹出的“转换为元件”窗口中选择元件类型为“影片剪辑”。在属性栏中选择“显示”中的“混合”选项为“叠加”。流光溢彩文字动画效果制作完成。

⑫ 测试动画，查看动画播放效果。

知识拓展——补间动画

一、创建补间动画

补间动画功能强大且易于创建。补间动画可以应用于元件实例和文本字段。

如果对象不是可补间的对象类型，或者如果在同一层上选择了多个对象，将显示一个对话框，通过该对话框可以将所选内容转换为元件，如图 3-77 所示。

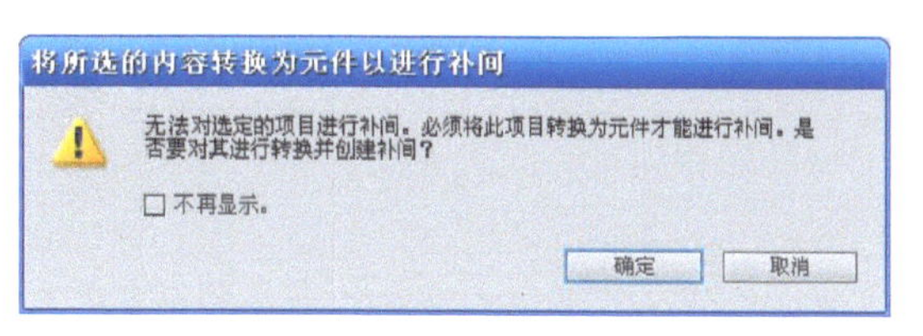

图 3-77　将所选内容转换为元件以进行补间

如果补间对象是图层上的唯一一项，则 Flash 将包含该对象的图层转换为补间图层。如果图层上还有其他任何对象，则 Flash 插入图层以保存原始对象堆叠顺序，并将补间对象放在新的图层上。

如果原始对象仅驻留在时间轴的第 1 帧中，则补间范围的长度等于 1s 的持续时间。Flash CS6 默认的帧频率是 24bps，则补间持续 24 帧。如果帧频不足 5 帧，则范围长度为 5 帧。如果原始对象存在于多个连续的帧中，则补间范围将包含该原始对象占用的帧数，添加补间的时间轴如图 3-78 所示，用蓝色表示。

图 3-78　补间图层

如果图层是常规图层，它将成为补间图层，如果是引导、遮罩或被遮罩图层，它将成为补间引导、补间遮罩或补间被遮罩图层。

可以在时间轴中拖动补间范围的任一端，按所需长度缩短或延长范围，如图 3-79 所示表示延长补间至 48 帧。

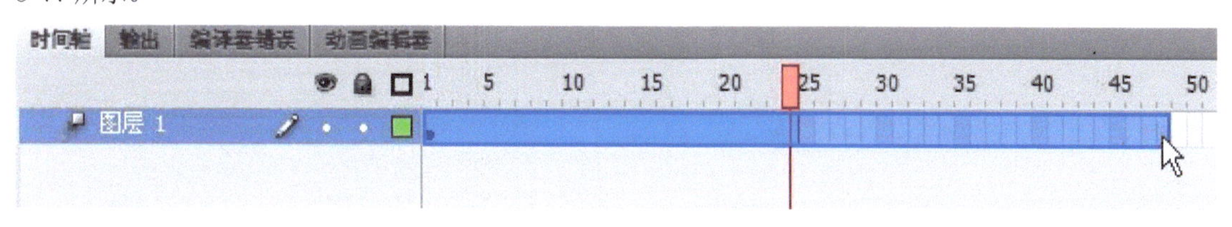

图 3-79　延长补间至 48 帧

将播放头放在补间范围内的某个帧上，然后将舞台上的对象拖到新位置。如第 48 帧，然后将小球向右方拖动。舞台上显示的运动路径显示从补间范围的第 1 帧中的位置到新位置的路径，如图 3-80 所示。

上例中由于改变了对象的 X 和 Y 属性，因此将在包含播放头的帧中为 X 和 Y 添加属性关键帧，属性关键帧在补间范围内显示为小菱形，如图 3-81 所示。

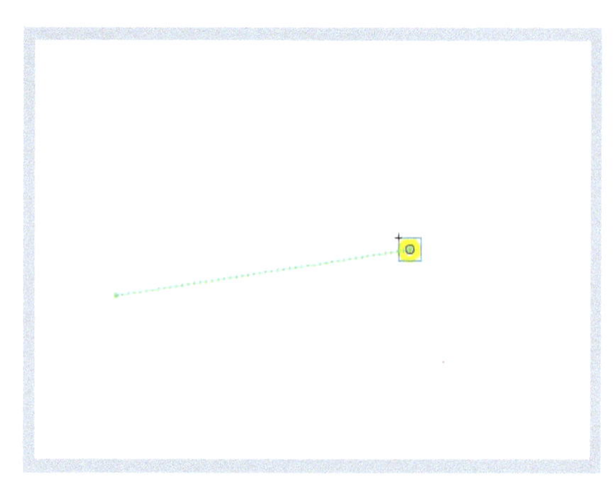

图 3-80 改变对象位置

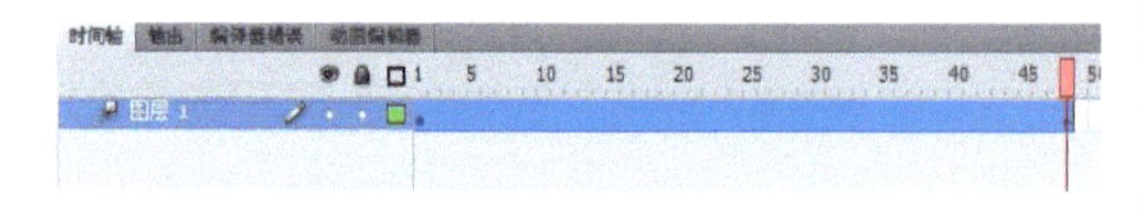

图 3-81 自动添加属性关键帧

接着可以创建更多的属性关键帧，移动播放头，调整对象的位置，如图 3-82 所示，绿色的线表示元件实例运动的路径，路径上有一些小绿点，表示帧与帧之间运动的距离，小绿点密集，说明帧与帧之间运动的距离近，也就运动得比较慢，相反帧与帧之间运动的距离远，也就运动比较快。补间动画是在两个关键帧之间用浅蓝色填充的帧。

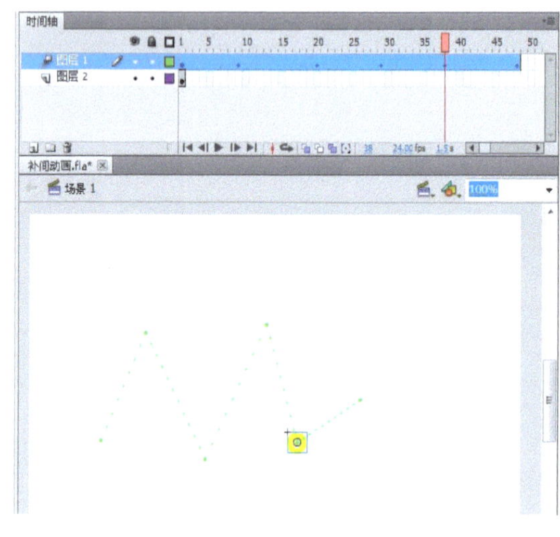

图 3-82 补间动画

二、编辑补间动画的路径

可以使用下列方法编辑补间的运动路径。

① 在补间范围的任何帧中更改对象的位置。如图 3-82 所示，可以把播放头移动到相关位置，然后移动对象的位置，此时，该位置就出现一个属性关键帧。

② 将整个运动路径移动到舞台的其他位置。

鼠标放在路径上单击即可选中路径，然后可拖动鼠标移动运动路径至舞台其他位置。

③ 使用选择工具、部分选取工具或任意变形工具更改路径的大小或形状，如图 3-83 所示。

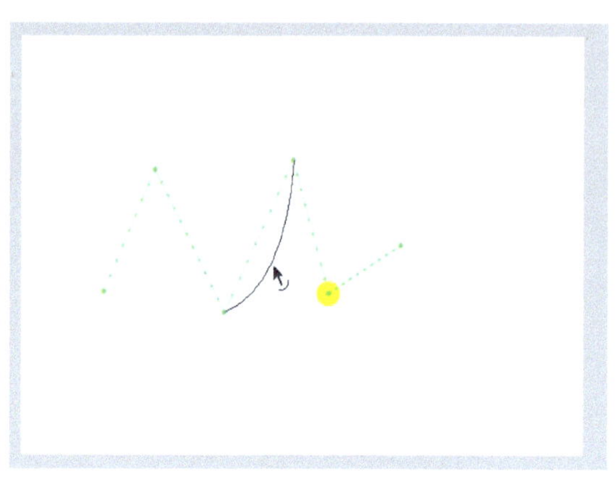

图 3-83 改变补间对象运动路径

④ 利用变形面板或属性检查器更改路径的形状或大小。

⑤ 使用【修改】|【变形】菜单中的命令。

⑥ 将自定义笔触作为运动路径进行应用。

可将来自其他图层或其他时间轴的笔触作为补间的运动路径进行应用，操作如下。

a. 从不同于补间图层的图层中选择不间断的、非闭合的笔触，然后按 Ctrl+C 组合键将其复制到剪贴板。

b. 在时间轴中选择补间范围。

c. 在补间范围保持选中的状态下，按 Ctrl+V 粘贴笔触。

Flash 将笔触作为选定补间范围的新运动路径进行应用。现在，补间的目标实例沿着新笔触移动。

若要反转补间的起始点和结束点的方向，请右键单击运动路径，快捷菜单中选择【运动路径】|【翻转路径】命令。

⑦ 使用动画编辑器。

三、编辑补间其他属性

① 可以通过工具箱中的任意变形工具缩放对象以改变对象的缩放属性。如在图 3-84 所示补间中将播放头移动到第 12 帧处，利用任意变形工具调整补间对象的大小，使该小球变大；在第 25 帧

调整小球大小，使它变小；在第 36 帧继续调整小球的大小。

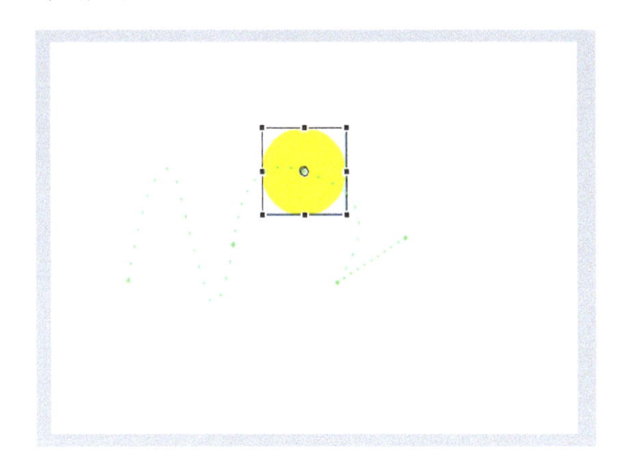

图 3-84　利用变形工具改变对象的属性

测试动画，观察动画播放效果。

② 还可以通过属性检查器改变对象的其他属性，如缩放、倾斜、旋转、颜色、滤镜等属性。将播放头置于要改变属性的帧上，在属性检查器中设置需要改变的属性。

测试动画，观察动画播放效果。

③ 利用动画编辑器编辑属性。在时间轴上选定补间动画范围或者补间对象，单击动画编辑器面板，如图 3-85 所示。其中 A 表示属性值，B 为“重置值”按钮，C 为播放头，D 为属性曲线区域，E 为“上一关键帧”按钮，F 为“添加或删除关键帧”按钮，G 为“下一关键帧”按钮。

通过“动画编辑器”面板，可以查看所有补间属性及其属性关键帧。动画编辑器显示当前选

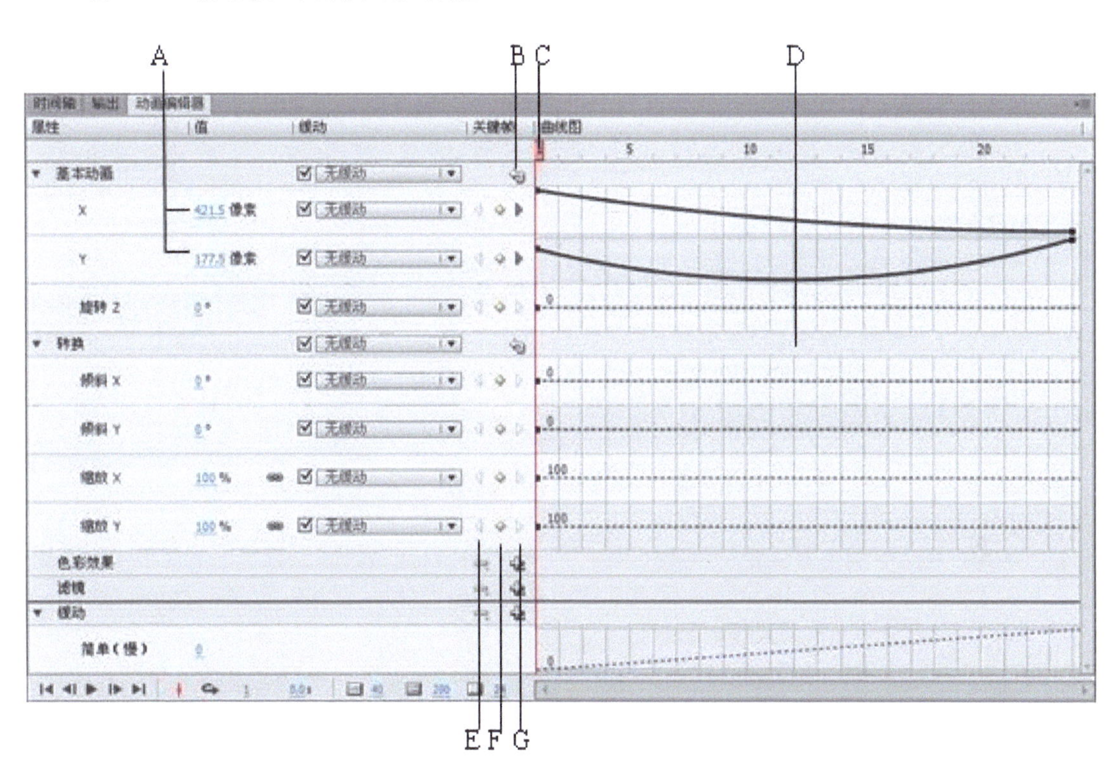

图 3-85　动画编辑器

定的补间的属性。在时间轴中创建补间后，动画编辑器允许以多种不同的方式来控制补间。

使用动画编辑器可以进行以下操作。

●设置各属性关键帧的值。

●添加或删除各个属性的属性关键帧。

●将属性关键帧移动到补间内的其他帧。

●将属性曲线从一个属性复制并粘贴到另一个属性。

●翻转各属性的关键帧。

●重置各属性或属性类别。

●使用贝赛尔控件对大多数单个属性的补间曲线的形状进行微调（X、Y 和 Z 属性没有贝赛尔控件）。

●添加或删除滤镜或色彩效果并调整其设置。

●向各个属性和属性类别添加不同的预设缓动。

●创建自定义缓动曲线。

●将自定义缓动添加到各个补间属性和属性组中。

●对 X、Y 和 Z 属性的各个属性关键帧启用浮动。通过浮动，可以将属性关键帧移动到不同的帧或在各个帧之间移动以创建流畅的动画。

选择时间轴中的补间范围或者舞台上的补间对象或运动路径后，动画编辑器即会显示该补间的属性曲线。动画编辑器将在网格上显示属性曲线，该网格表示发生选定补间的时间轴的各个帧。在时间轴和动画编辑器中，播放头将始终出现在同一帧编号中。

动画编辑器使用每个属性的二维图形表示已补间的属性值。每个属性都有自己的图形。每个图形的水平方向表示时间（从左到右），垂直方向表示对属性值的更改。特定属性的每个属性关键帧将显示为该属性的属性曲线上的控制点。如果向一条属性曲线应用了缓动曲线，则另一条曲线会在属性曲线区域中显示为虚线。该虚线显示缓动对属性值的影响。

在动画编辑器中通过添加属性关键帧并使用标准贝赛尔控件处理曲线，可以精确控制大多数属性曲线的形状。对于 X、Y 和 Z 属性，可以在属性曲线上添加和删除控制点，但不能使用贝塞尔控件。在更改某一属性曲线的控制点后，更改将立即显示在舞台上。

使用动画编辑器还可对任何属性曲线应用缓动。在动画编辑器中应用缓动可以创建特定类型的复杂动画效果，而无需创建复杂的运动路径。缓动曲线是显示在一段时间内如何内插补间属性值的曲线。通过对属性曲线应用缓动曲线，可以轻松地创建复杂动画。

有些属性具有不能超出的最小值或最大值，如 Alpha 透明度（0～100%）。这些属性的图形不能应用可接受范围外的值。

（1）控制动画编辑器显示　在动画编辑器中，可以控制显示哪些属性曲线以及每条属性曲线的显示大小。以大尺寸显示的属性曲线更易于编辑。

若要调整在动画编辑器中显示哪些属性，请单击属性类别旁边的三角形以展开或折叠该类别。

若要控制动画编辑器中显示的补间的帧数，请在动画编辑器底部的“可查看的帧”字段中输入要显示的帧数。最大帧数是选定补间范围内的总帧数。

若要切换某条属性曲线的展开视图与折叠视图，请单击相应的属性名称。展开视图为编辑属性曲线提供更多的空间。使用动画编辑器底部的“图形大小”和“展开的图形大小”字段可以调整展开视图和折叠视图的大小。

若要在图形区域中启用或禁用工具提示，请从面板选项菜单中选择“显示工具提示”。

若要向补间添加新的色彩效果或滤镜，请单击属性类别行中的“添加”按钮并选择要添加的项。新项将会立即出现在动画编辑器中。

（2）编辑属性曲线的形状　通过动画编辑器，可以精确控制补间的每条属性曲线的形状（X、Y 和 Z 除外）。对于所有其他属性，可以使用标准贝塞尔控件编辑每个图形的曲线。使用这些控件与使用选取工具或钢笔工具编辑笔触的方式类似。向上移动曲线段或控制点可增加属性值，向下移动可减小值。

通过直接使用属性曲线，可以进行以下操作。

●创建复杂曲线以实现复杂的补间效果。

●在属性关键帧上调整属性值。

●沿整条属性曲线增加或减小属性值。

●向补间添加附加关键帧。

●将各个属性关键帧设置为浮动或非浮动。

在动画编辑器中，基本运动属性 X、Y 和 Z 与其他属性不同。这三个属性联系在一起。如果补间范围中的某个帧是这三个属性之一的属性关键帧，则其必须是所有这三个属性的属性关键帧。此外，不能使用贝塞尔控件编辑 X、Y 和 Z 属性曲线上的控制点。

属性曲线的控制点可以是平滑点或转角点。属性曲线在经过转角点时会形成夹角。属性曲线在经过平滑点时会形成平滑曲线。对于 X、Y 和 Z，属性曲线中控制点的类型取决于舞台上运动路径中对应控制点的类型。

通常，最好通过编辑舞台上的运动路径来编辑补间的 X、Y 和 Z 属性。使用动画编辑器对属性值进行较小的调整，或者将其属性关键帧移动到补间范围的其他帧。

●若要更改两个控制点之间的曲线段的形状，请拖动该线段。在拖动曲线段时，该线段每一端的控制点将变为选定状态。如果选定的控制点是平滑点，则将显示其贝赛尔手柄。

●若要将属性曲线重置为静态、非补间的属性值，请右键单击属性图形区域，然后选择“重置属性”。

●若要将整个类别的属性重置为静态、非补间的属性值，请单击该类别的“重置值”按钮。

●若要翻转属性补间的方向，请右键单击属性图形区域，然后选择“翻转关键帧”。

●若要将属性曲线从一个属性复制到另一个属性，请右键单击该曲线的图形区域，然后选择“复制曲线”。若要将曲线粘贴到其他属性，请右键单击该属性的图形区域，然后选择“粘贴曲线”。也可以在自定义缓动之间以及自定义缓动与属性之间复制曲线。

（3）使用属性关键帧　通过沿每个图形添加、删除和编辑属性关键帧，可以编辑属性曲线的形状。

●若要向属性曲线添加属性关键帧，请将播放头放在所需的帧中，然后在动画编辑器中单击属性的“添加或删除关键帧”按钮。也可以按住 Ctrl 并单击要添加属性关键帧的属性曲线。也可以右键单击属性曲线，然后选择“添加关键帧”。

●若要从属性曲线中删除某个属性关键帧，请按住 Ctrl 并单击属性曲线中该属性关键帧的控制点。也可以右键单击控制点，然后选择“删除关键帧”。

●若要在转角点模式与平滑点模式之间切换控制点，请按住 Alt 并单击控制点。

●当某一控制点处于平滑点模式时，其贝塞尔手柄将会显现并且属性曲线将作为平滑曲线经过该点。当控制点是转角点时，属性曲线在经过控制点时会形成拐角。不显现转角点的贝塞尔手柄。

●若要将点设置为平滑点模式，也可以右键单击控制点，然后选择“平滑点”“平滑右”或“平滑左”。若要将点设置为转角点模式，请选择“转角点”。如图 3-86 所示。

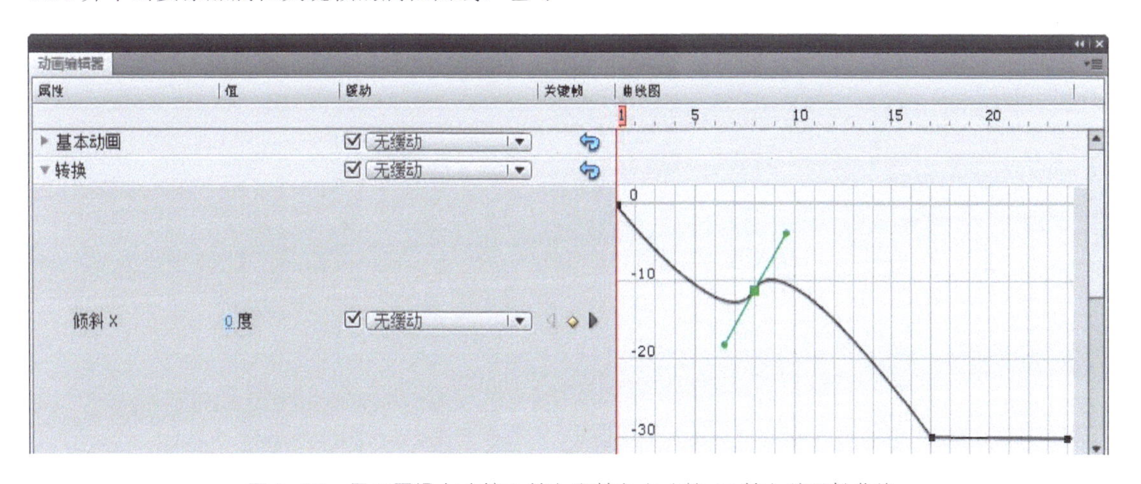

图 3-86　显示平滑点（第 8 帧）和转角点（第 17 帧）的属性曲线

●若要将属性关键帧移动到不同的帧，请拖动其控制点。

●拖动属性关键帧时，不能使其经过其后面或前面的关键帧。

●若要在浮动与非浮动之间切换空间属性 X、Y 和 Z 的属性关键帧，请在动画编辑器中右键单击该属性关键帧。有关浮动关键帧的详细信息，请参阅编辑补间的运动路径。

●也可以在动画编辑器中通过将浮动关键帧拖到垂直帧分隔符来关闭单个属性关键帧的浮动。

●若要链接关联的 X 和 Y 属性对，请对要链接的属性之一单击“链接 X 和 Y 属性值”按钮。属性经过链接后，其值将受到约束，这样在为任一链接属性输入值时能保持它们之间的比率。关联的 X 和 Y 属性的示例包括投影滤镜的“缩放 X”和“缩放 Y”属性以及“模糊 X”和“模糊 Y”属性。

四、缓动补间

缓动是用于修改 Flash 计算补间中属性关键帧之间的属性值的方法的一种技术。如果不使用缓动，Flash 在计算这些值时，会使对值的更改在每一帧中都一样。如果使用缓动，则可以调整对每个值的更改程度，从而实现更自然、更复杂的动画。

使用动画编辑器可对任何属性曲线应用缓动，不需要创建复杂的路径就可以创建特定类型的复杂动画效果，并且可以在动画编辑器中编辑预设缓动曲线的属性及创建自定义缓动曲线。

例如创建一个小球从空中落下的动画效果，操作步骤如下。

① 新建一 Flash 影片，设置文档属性。

② 在图层 1 绘制一个小球，转换为元件，建立补间动画，延长补间动画至 48 帧。

③ 新建图层 2，绘制草地。

④ 把播放头拖至 48 帧，调整小球的位置到草地位置。

⑤ 选定补间，打开动画编辑器，单击动画编辑器“缓动”部分中的“添加”按钮，可以查看不同的缓动类型，如图 3-87 所示。

对于简单缓动曲线，该值是一个百分比，表示对属性曲线应用缓动曲线的强度：正值会在曲线的末尾增加缓动；负值会在曲线的开头增加缓动。对于波形缓动曲线，该值表示波中的半周期数。

⑥ 选择“回弹”，如图 3-87 所示，则在动画编辑器的“缓动”部分中增加一“回弹”，如图 3-88 所示。

⑦ 打开动画编辑器面板的“基本动画”属性项，在该属性“缓动”菜单中选择新添加的“回弹”，如图 3-89 所示。

⑧ 测试动画效果。

除了应用预设缓动效果外，还可以“自定义”缓动，如图 3-90 所示。可以自己编辑缓动曲线，可以添加关键帧。

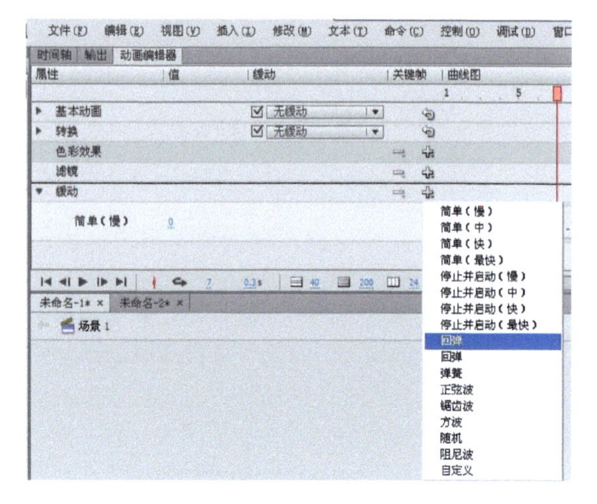

图 3-87 缓动列表

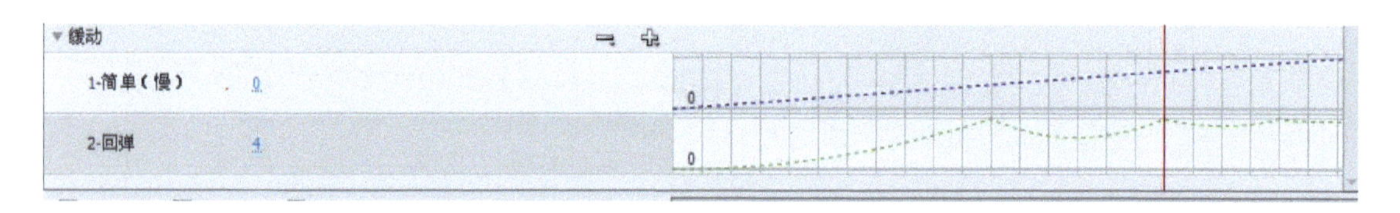

图 3-88 添加“回弹”缓动

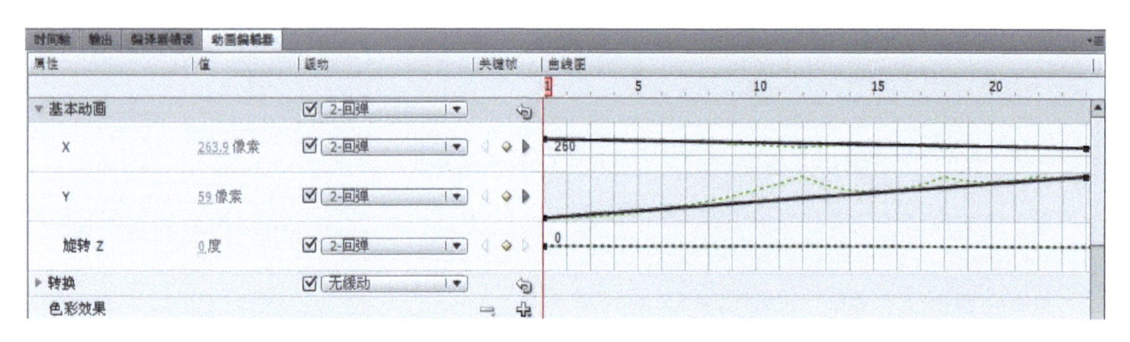

图 3-89 添加“回弹”缓动到基本动画

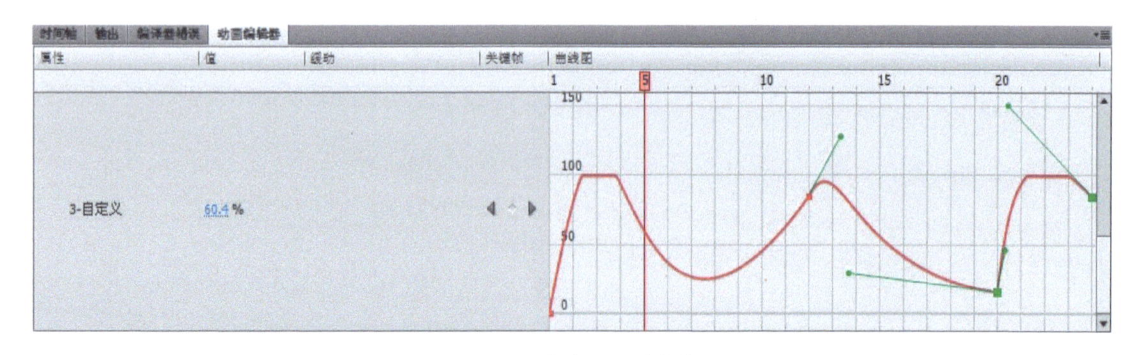

图 3-90 自定义缓动曲线

五、嵌套动画

在Flash中允许动画的嵌套。下面通过一个例子来学习动画的嵌套。

① 新建一Flash影片，设置文档属性。

② 新建一影片剪辑元件，命名为“小球”，在元件编辑窗口绘制一个小球。

③ 新建一影片剪辑元件，命名为“小球动”。在元件编辑窗口把“小球”元件拖入，设置补间动画，时间24帧，建立小球从上到下运动动画，如图3-91所示。

图3-91　建立小球从上到下补间动画

④选定补间动画，打开动画编辑器面板。在“缓动”中选择“添加缓动”按钮，从中选择“自定义”，设置缓动曲线为图3-92所示效果。

⑤ 选择动画编辑器中“基本动画”部分，在“缓动”中单击下拉菜单按钮，找到“2—自定义”，应用自定义缓动。

⑥ 回到场景中，在第1帧把“小球动”元件拖入舞台左侧，右击时间轴第1帧，在弹出的快捷菜单上选择“创建补间动画”，把持续时间延长至200帧。

⑦ 把播放头拖至200帧，调整“小球动”影片剪辑实例位置至舞台右侧。

⑧ 测试动画效果。

六、动画预设

Flash CS6具有动画预设功能。选择【窗口】|【动画预设】命令，打开“动画预设”面板，如图3-93所示。

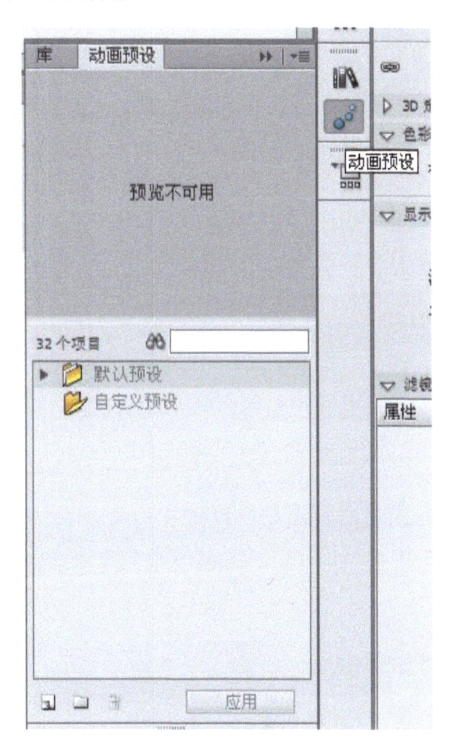

图3-93　动画预设面板

动画预设面板分“默认预设”和“自定义预设”两项。单击“默认预设”，展开，可以看到面板中提供了多种事先设定好的动画效果，如图3-94所示。选中其中一个预设，可以在预览窗口看到这种动画的效果。

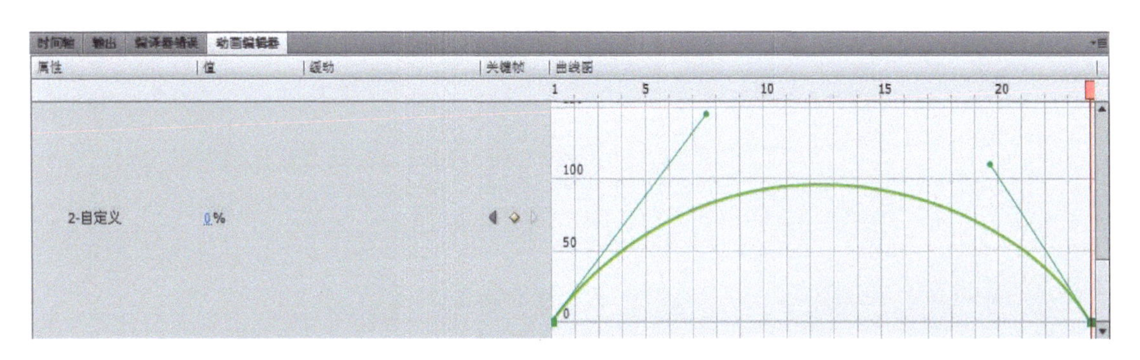

图3-92　自定义缓动曲线

例如制作一个皮球落地的弹跳动画效果，其操作步骤如下。

① 运行 Flash CS6，新建一 Flash 影片文件。

② 选择 Ctrl+F8，新建一影片剪辑元件，命名为“皮球”。在元件编辑窗口绘制一个径向渐变的圆。

③ 返回到场景，把“皮球”元件拖入舞台左上方位置。

④ 选定第 1 帧，打开“动画预设面板”，选择“默认预设”中的“大幅度跳跃”，单击“应用”按钮，则这种动画效果就应用到了“皮球”实例上了，如图 3-95 所示。

软件自动建立了一个补间动画，此时还可以修改属性关键帧，以获得需要的动画效果。

如果要应用动画预设使动画在舞台上对象的当前位置结束，可以按住 Shift 键的同时单击“应用”按钮，或从面板菜单中选择“在当前位置结束”命令，如图 3-96 所示。

每个动画预设都包含特定数量的帧。在应用预设时，在时间轴中创建的补间范围将包含此数量的帧。如果目标对象已应用了不同长度的补间，补间范围将进行调整，以符合动画预设的长度。另外还可以在应用预设后调整时间轴中补间范围的长度。

⑤ 测试动画效果。可以看到皮球落地弹起同时发生形变的效果。

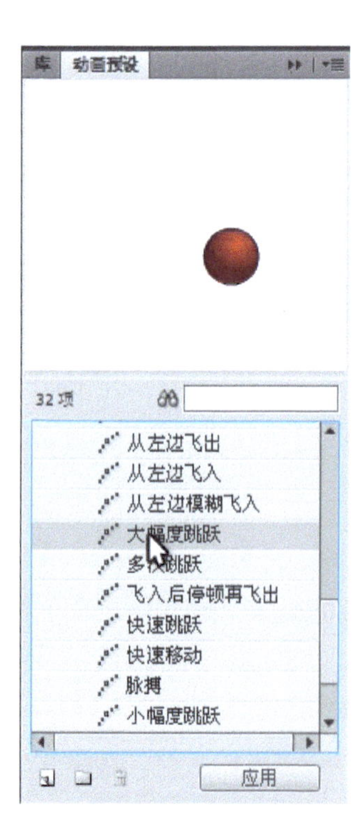

图 3-94　默认预设

一个对象只能应用一种动画预设，重新选择一种动画预设效果后会取代原来的动画预设效果。

还可以自定义动画预设。创建自己的补间动画，或对从动画预设中应用的补间进行更改，将它另存为新的动画预设，新预设将显示在动画预设面板的“自定义预设”文件夹中。如创建一个小球运动的补间动画，选定小球或时间轴上补间范围，或者舞台上的运动路径，然后单击“动画预设面板”下面的“将选区另存为预设”按钮，将弹出“将预设另存为”对话框，如图 3-98 所示，要求输入新预设名称。为新预设输入名称“我的预设”后将出现在“自定义预设”文件夹中，如图 3-99 所示。

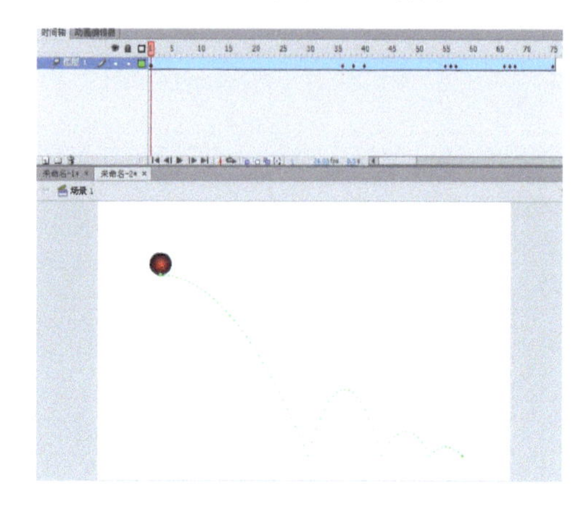

图 3-95　应用“大幅度跳跃”动画预设

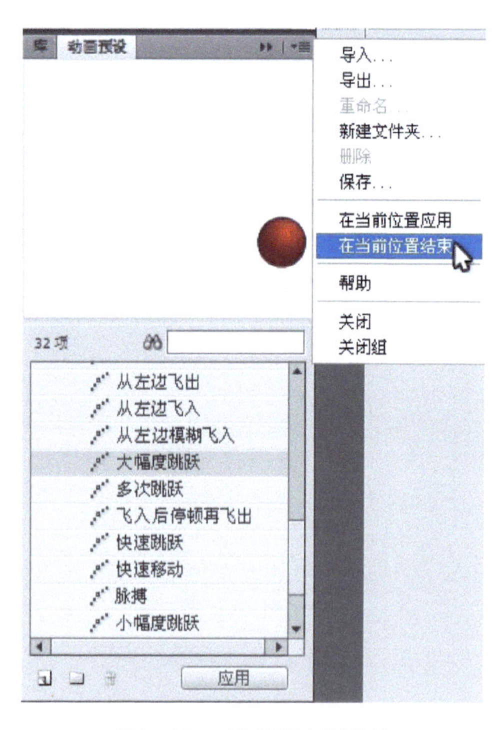

图 3-96　动画预设面板菜单

新预设将出现在动画预设面板中，但此时还无法在动画预设面板的预览窗口预览该动画效果。Flash 会同时将预设另存为 XML 文件，可以通过导入或导出 XML 文件将其添加到动画预设面板。

图 3-97　自定义预设

将刚创建的补间动画保存，文件名与自定义预设完全相同，即以“我的预设”为名保存 FLA 文件，然后发布为 SWF 文件。

将 SWF 文件置于已保存的自定义预设 XML 文件所在的目录中，路径如下。

< 硬盘 >\Documents and Settings\< 用户 >\Local Settings\Application Data\Adobe\Flash CS6\< 语 言 >\Configuration\Motion Presets\

现在，在“动画预设”面板中选择自定义补间后，将显示预览。

任务六　制作遮罩动画——雨中玻璃窗效果

任务完成效果

图 3-98　雨中玻璃窗效果

任务描述

制作如图 3-98 所示雨中玻璃窗的动画效果，学习制作遮罩动画。

知识讲解

做实例之前，要先理解遮罩层和被遮罩层的关系，有利于接下来对遮罩层动画的进一步应用。

遮罩层可以将与被遮罩层相链接的图形中的图像遮盖起来。用户可以将多个层组合放在一个遮罩层下，以创建出多样的效果。如图 3-99 所示。图层 1 是正方形，是被遮罩的图形，图层 2 是三角形，是遮罩的图形。作为遮罩层，颜色对于最后的遮罩效果来说，是没有关系的，因为这里的原理和蒙版类似。遮罩动画在 Flash 技术中有着重要的作用，一些非常优秀的效果就是通过遮罩动画来实现的。例如:水面涟漪效果、卷轴动画等。

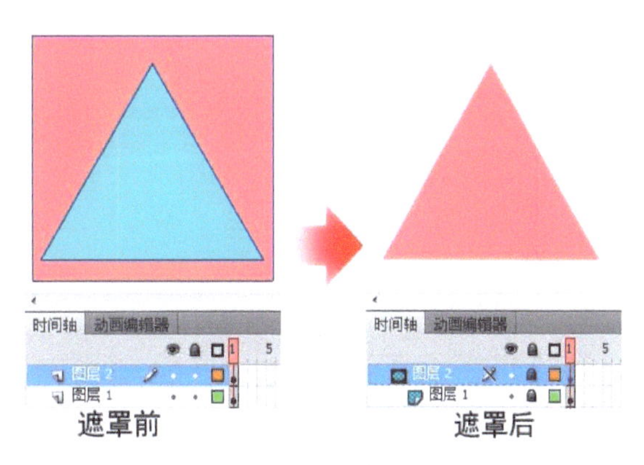

图 3-99　遮罩

动画制作

① 运行 Flash ，建立一个新的 Flash 影片。

② 在舞台右边的属性栏中设置“大小”与“舞台”颜色。这里设置大小为 600px×450px，舞台为黑色，如图 3-100 所示。

③ 然后执行菜单【文件】|【导入】|【导入到库】命令，选择需要导入的素材。

④ 把两个风景素材从库中分开前后两层放到舞台中，注意把“模糊风景”放在下层，“清晰风景”放在上层，如图 3-101 所示，并把这两层扩展到 55 帧。

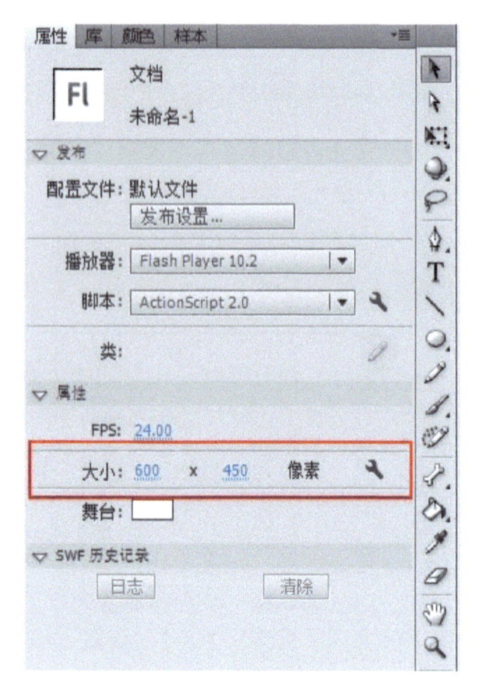

图 3-100　设置文档属性

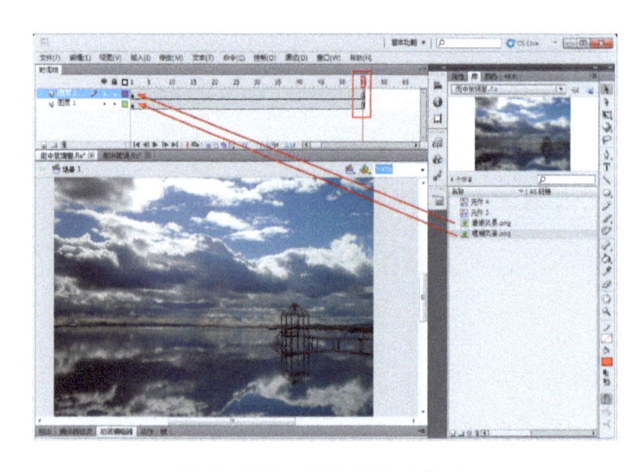

图 3-101　把元素拖入舞台

⑤ 在时间轴面板中再新建一个图层 3。

⑥ 使用工具箱中的椭圆工具在图层 3 的舞台中上绘制一个圆形，笔触颜色无、填充颜色为红色的圆，如图 3-102 所示。

⑦ 在时间轴中图层 3 第 55 帧插入关键帧，跳转到这一帧上的图形，利用选择工具把圆变形为水滴在玻璃上下滑之后的形状，如图 3-103 所示。

⑧ 在图层 3 的第 1 ～ 55 帧的任意位置右键单击，选择“创建补间形状”，然后在属性面板内，展开“补间”卷栏，设置混合属性为“分布式”，如图 3-104 所示。

⑨ 完成以上设置后，产生了形状变化的动画，如图 3-105 所示。

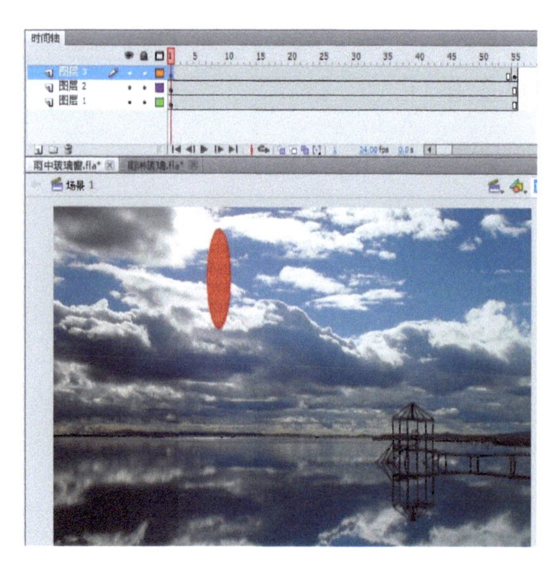

图 3-102　绘制圆

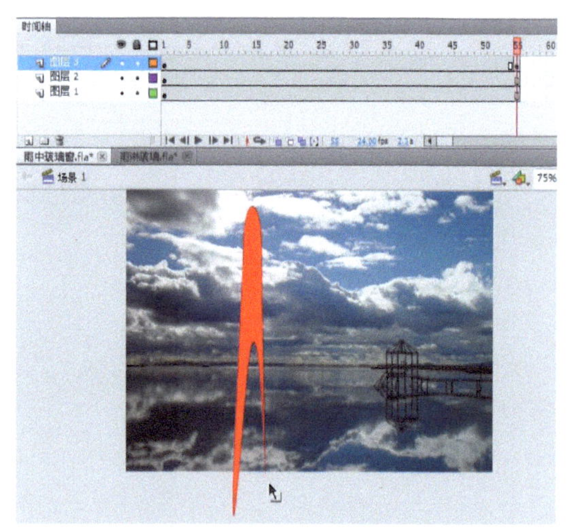

图 3-103　创建变形

⑩ 右键单击图层 3，并选择“遮罩层”，如图 3-106 所示，效果如图 3-107 所示。可以看到经过遮罩作用之后，圆形覆盖的位置显示出了“清晰风景”图的内容，圆形没有覆盖的位置显示出了“模糊风景”图的内容，因此产生了雨滴打在模糊窗户上局部变清晰的效果。

⑪ 使用与上述相同的方法，以不同的时间帧为起点，多添加几对雨滴层和“清晰风景”层，并分别设置雨滴层为遮罩，建立遮罩与被遮罩的关系，形成雨滴不断打在窗户上的效果，如图 3-108 所示。

（注意：在实际项目制作时，可以把所有雨滴动画放在一个影片剪辑内，然后以这个影片剪辑作为遮罩层，对一个“清晰风景”层进行遮罩即可，参见“雨中玻璃窗 02. fla”）。

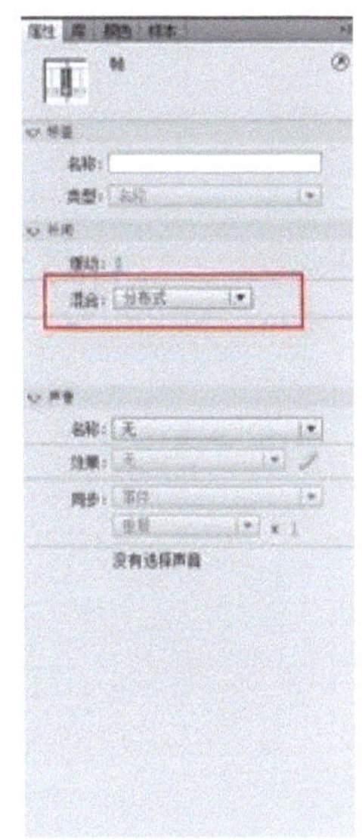

图 3-104　创建补间形状

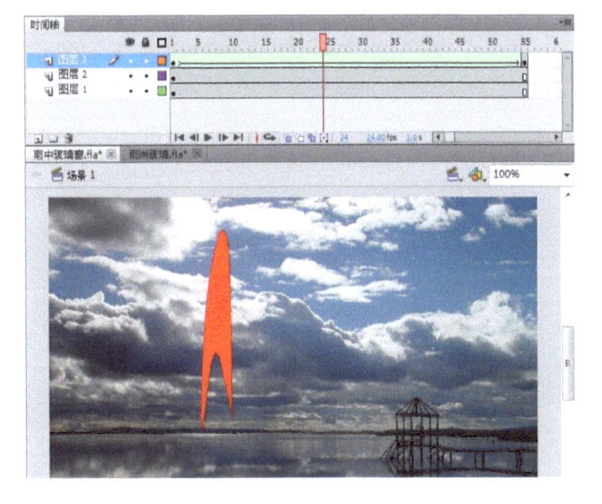

图 3-105　补间形状动画

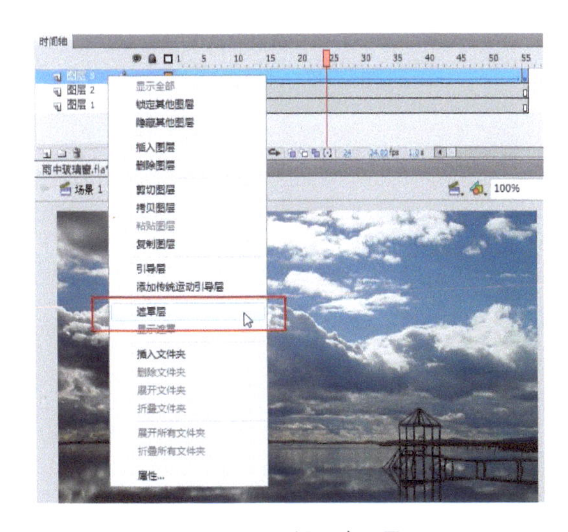

图 3-106　设置遮罩层

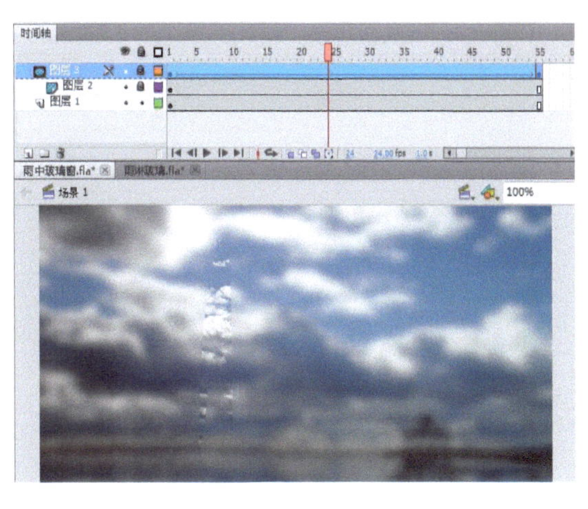

图 3-107　遮罩效果

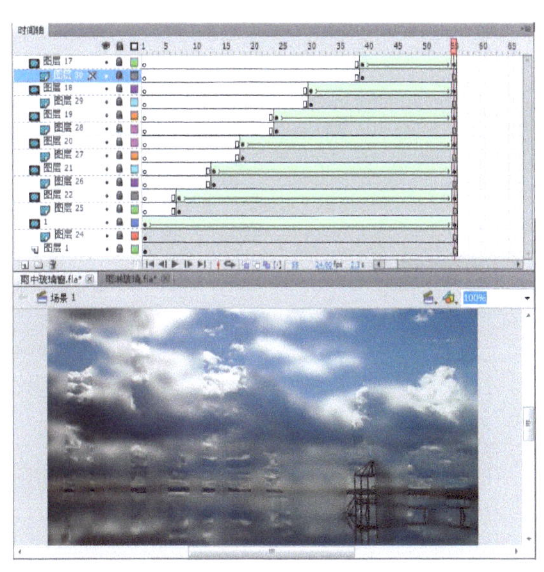

图 3-108　建立多个雨滴陆续出现的效果

⑫ 测试动画，观看播放效果。

其他应用

一、制作卷轴动画

利用遮罩效果还可以制作卷轴动画效果，具体操作步骤如下。

① 新建一 Flash 影片文件，设置文档属性。

② 选择【文件】|【导入】|【导入到库】命令，把任务六中“国画 . jpg”导入到库中。

③ 把导入的“国画 . jpg”从库中拖至舞台，调整图片大小为 450px×211px，如图 3-109 所示。

图 3-109 导入并调整图片大小

④ 选定图片，打开对齐面板，选择相对于舞台上下、左右均居中，如图 3-110 所示。

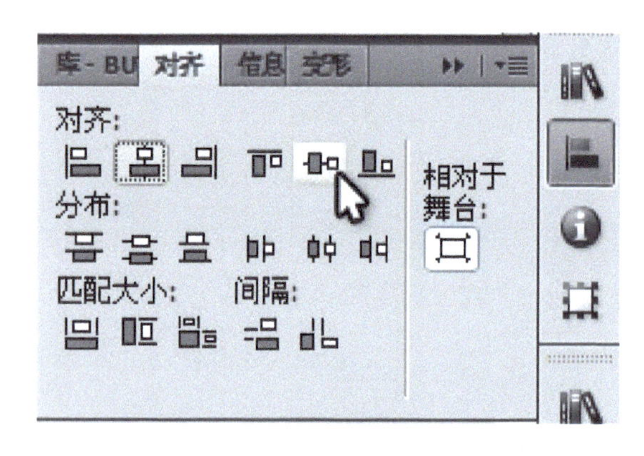

图 3-110 对齐面板

⑤ 新建图层 2，设置无笔触色、填充蓝色，绘制矩形。选中绘制好的矩形，设置其大小属性为宽 1px、高 211px。选择对齐面板，设置其相对于舞台上下、左右均居中，如图 3-111 所示。

图 3-111 绘制开始帧矩形

⑥ 选中图层 2，在第 80 帧处插入关键帧。图层 1 第 80 帧处插入帧。

⑦ 把播放头拖至 80 帧，选中矩形，设置其大小属性为宽 450px、高 211px。同样通过对齐面板设置其相对于舞台上下、左右均居中，如图 3-112 所示。

图 3-112 绘制结束帧矩形

⑧ 选定图层 2 第 1 帧，右键单击，在弹出的快捷菜单中选择“创建补间形状”。

⑨ 右键单击时间轴面板图层 2，在弹出的快捷菜单中选择“遮罩层”。

此时，可以先测试一下动画效果。通过测试，发现这幅国画已经可以实现展开效果了，但似乎还不太完美，还缺少些东西。缺什么呢？缺少画轴！有了画轴，这个动画才更真实。

⑩ 接下来制作画轴。新建一影片剪辑元件，命名为“画轴”，在元件的编辑窗口绘制一个画轴，画轴的高度应略高于国画的高度，如图 3-113 所示。

图 3-113 绘制画轴

⑪ 回到场景，新建图层 3，重命名为“画轴左”，选定第 1 帧，把绘制好的“画轴”从库中拖至舞台。为了制作方便，先单击图层 1 和图层 2 的锁定状态，解锁，使图像都显示出来。然后把画轴调整至绘制的矩形左侧，如图 3-114 所示。

图 3-114　“画轴左”第 1 帧效果

⑫ 同样新建图层 4，重命名为“画轴右”。从库中把元件“画轴”拖至舞台，放在画轴左的右侧，如图 3-115 所示。

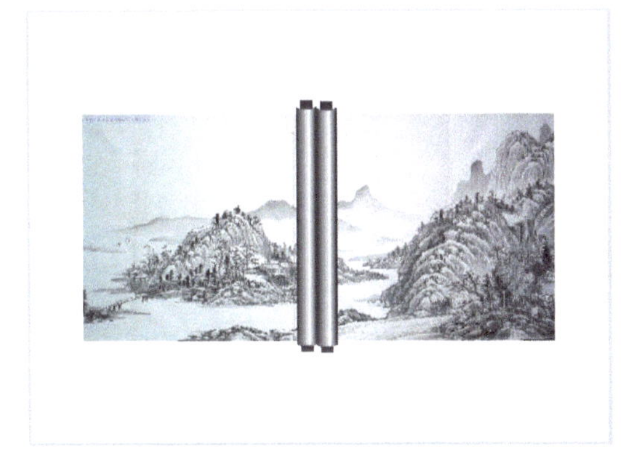

图 3-115　添加画轴右

⑬ 选定图层“画轴左”和“画轴右”的第 80 帧，单击右键，选择“转换为关键帧”。

⑭ 选定“画轴左”的第 80 帧，调整画轴的位置至矩形的左边界；选定“画轴右”的第 80 帧，调整画轴的位置至矩形的右边界，如图 3-116 所示。

图 3-116　调整画轴的位置

⑮ 分别在“画轴左”图层和“画轴右”图层创建传统补间动画。

⑯ 把图层 1 和图层 2 锁定。

⑰ 为了最后动画效果能保持一段时间，可在第 120 帧处选定所有图层，选择插入帧。

⑱ 测试动画，观察播放效果，如图 3-117 所示。

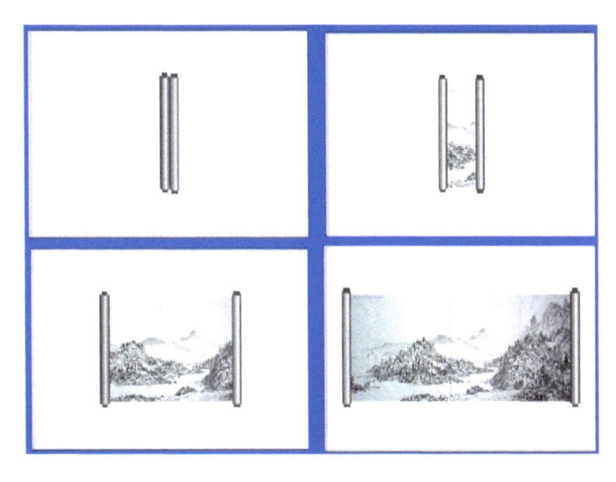

图 3-117　卷轴动画完成效果图

二、制作水面涟漪效果

接下来让一张静止的图片中的水流动起来，形成涟漪效果，具体操作步骤如下。

① 新建一 Flash 影片，设置文档大小为 600px×570px，帧频率为 12fps。

② 选择【文件】|【导入】|【导入到库】命令，把任务六文件夹中“山水.jpg”导入到库中。

③ 双击图层 1，重命名图层 1 为“水面 1”。把库中“山水.jpg”拖至舞台，如图 3-118 所示。

图 3-118　水面 1 效果

④ 新建图层 2，重命名图层 2 为“水面 2”。再次从库中把“山水 .jpg”拖至舞台。调整第二次拖拽过来的图片位置，使它和第一次图片左右对齐，上下相错 3px。把“水面 2”中的图片按 Ctrl+B 打散，用橡皮擦擦掉水面以外的部分，如图 3-119 所示。为了擦除时能看清楚，暂时把“水面 1”隐藏。

图 3-119　水面 2 效果

⑤ 新建一影片剪辑元件，命名为“波纹”，利用刷子工具绘制图 3-120 所示图形。

⑥ 在影片剪辑的第 100 帧、200 帧分别建立关键帧，调整绘制形状的上下位置，分别建立传统补间动画，形成该形状上下移动的效果。

图 3-120　绘制的波纹形状

⑦ 回到场景，新建图层 3，重命名为“波纹”。把刚创建的“波纹”影片剪辑元件拖至舞台适当位置，调整其大小，如图 3-121 所示。

图 3-121　添加“波纹”影片剪辑元件

⑧ 选定“波纹”图层，右键单击，从快捷菜单中选择“遮罩层”，效果如图 3-122 所示。

图 3-122　设置遮罩效果

⑨ 测试动画，观察播放效果。此时可以看到画中水面出现涟漪荡漾的效果。

利用遮罩还可以制作很多效果，如彩色变幻的文字效果、百叶窗效果、放大镜效果等，在这不一一列举了。

任务七　制作滤镜动画——相册效果

任务完成效果

图 3-123　相册效果

任务描述

利用滤镜制作如图 3-123 所示的数码照片模糊渐变效果。

知识讲解

通过滤镜可以在舞台上为对象添加有趣的视觉效果。滤镜效果只适用于文本、影片剪辑和按钮中。应用滤镜后，可以随时改变其选项，或者重新调整滤镜顺序以组合出更多不一样的效果。

动画制作

① 运行 Flash ，建立一个新的 Flash 影片。

② 在舞台右边的属性栏中设置文档大小与舞台背景色。这里设置大小为 800px×533px，舞台为黑色，如图 3-124 所示。

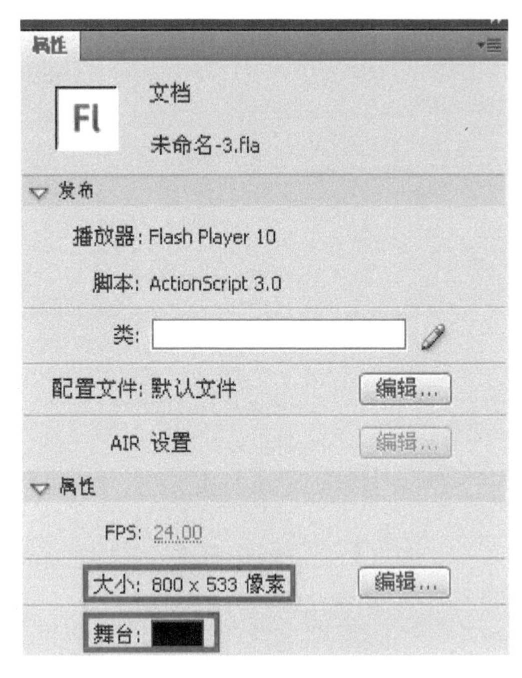

图 3-124　设置文档属性

③ 执行菜单【文件】|【导入】|【导入到库】命令，选择需要导入的素材，如图 3-125 所示。

图 3-125　导入素材到库

④ 执行菜单【插入】|【新建元件】，名称为“动画 1”，类型为“影片剪辑”，如图 3-126 所示。

图 3-126　创建新元件

⑤ 在“动画 1”影片剪辑中，把“任务七素材 1”从“库”中拖拽进舞台中，并右键单击舞台的图片，选择“转换为元件”，如图 3-127 所示。把舞台的图片转换为影片剪辑，名称为“图片 1”，如图 3-128 所示。

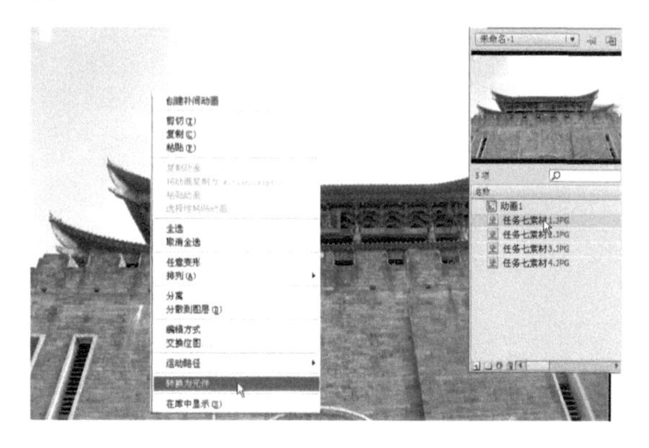

图 3-127　把图片转换为影片剪辑元件

⑥ 在时间轴面板“图层 1”第 40 帧、60 帧插入关键帧，并在 1 ~ 39 帧的任意位置右键单击，选择“创建传统补间”，如图 3-129 所示。

图 3-128　“转换为元件”对话框

⑦ 单击时间轴面板“图层 1”的第 1 帧，再单击舞台的图片，选择属性面板中样式为“Alpha”，并将“Alpha”改为 0%。在下方的滤镜面板中新建“模糊”滤镜，设置模糊 X、模糊 Y 均为 135px，品质为低，如图 3-130 所示。影片剪辑元件“动画 1”效果制作完毕。

⑧ 根据上面的方法制作“动画 2”“动画 3”“动画 4”，这里不再重复列举。制作完毕后，回到场景 1 中，选择时间轴的第一帧，把库中“动画 1”拉进舞台中。

⑨ 在第 61 帧插入“空白关键帧”，把库中“动画 2”拉进舞台中，调整“动画 2”影片剪辑到舞台的中间位置。

⑩ 在第 121 帧插入“空白关键帧”，把库中“动画 3”拉进舞台中，调整“动画 3”影片剪辑到舞台的中间位置。

⑪ 在第 181 帧插入“空白关键帧”，把库中“动画 4”拉进舞台中，调整“动画 4”影片剪辑到舞台的中间位置，在 240 帧插入帧。整个动画时间轴如图 3-134 所示。

⑫ 测试动画，观察播放效果。

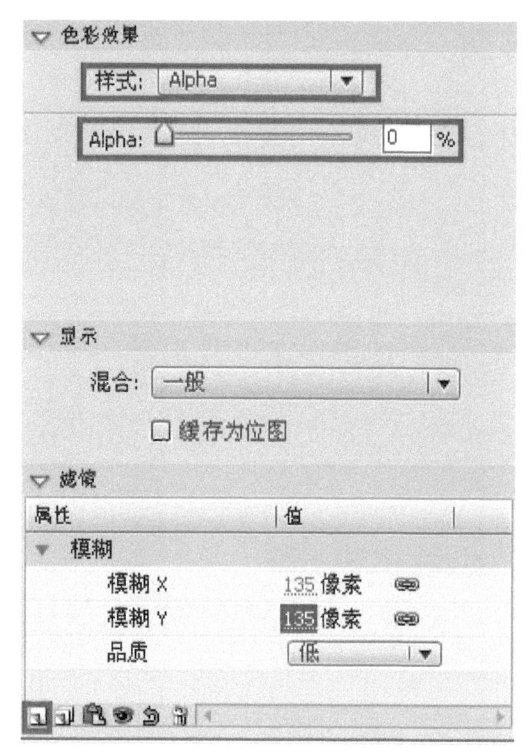

图 3-130　添加滤镜效果

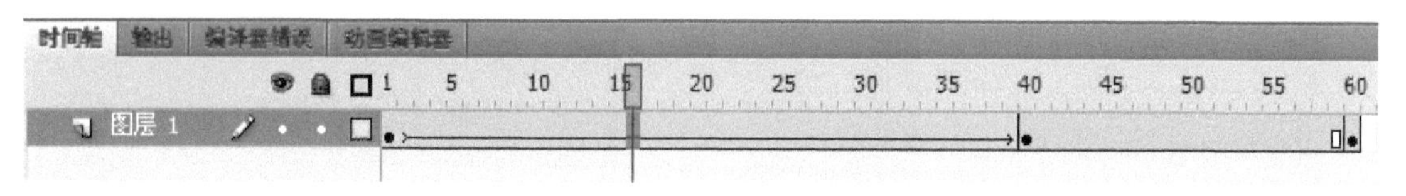

图 3-129　创建传统补间

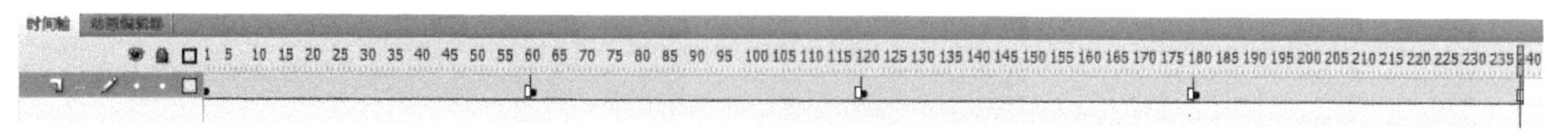

图 3-131　相册动画时间轴

任务八　制作反向运动姿势动画——摆动的尾巴

任务完成效果

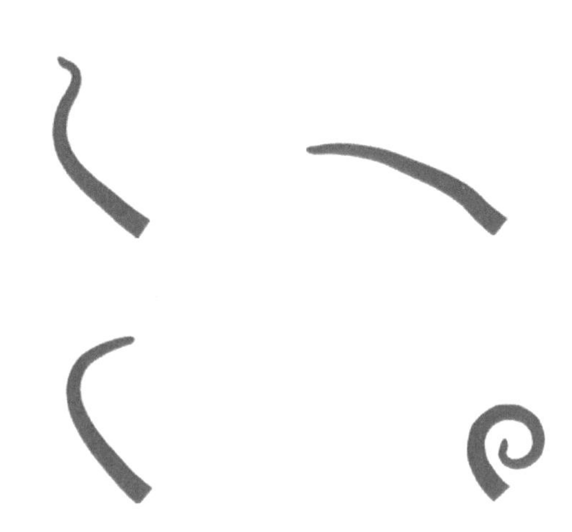

图 3-132　摆动的尾巴动画效果

任务描述

使用骨骼工具制作如图 3-132 所示摆动的尾巴动画效果。

知识讲解

一、骨骼工具

Flash CS6 中提供了一个新的工具——骨骼工具。有了骨骼工具的 Flash 可以像 3D 软件一样，为动画角色添加上骨骼，可以很轻松地制作各种反向运动姿势动画。

骨骼工具只能应用于使用 Action Script3.0 脚本的 Flash 影片中。

二、反向运动

反向运动（inverse kinematics，IK）是一种对一个对象或彼此相关的一组对象进行动画处理的方法。简单说，就是将一组动画元素以父子关系连接起来，在移动父物体时子物体会跟随移动；在移动子物体时也会在一定程度上影响父物体。通过反向运动，可以更加轻松地创建自然的运动。例如创建人物动画，如胳膊、腿和面部表情等。如图 3-133 所示为添加 IK 骨骼的人物形状，图 3-134 所示为添加骨骼的元件。

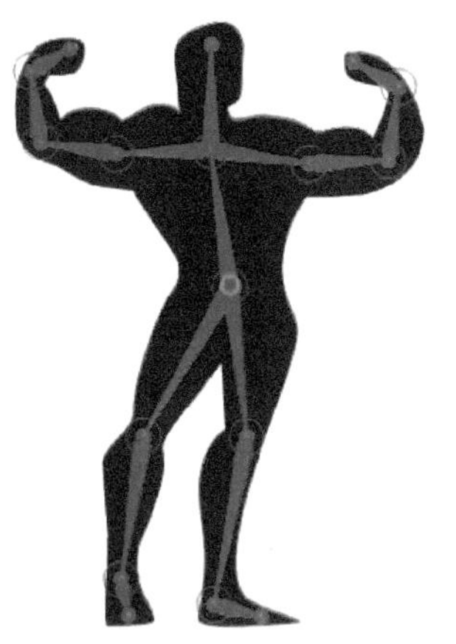

图 3-133　添加 IK 骨骼的人物形状

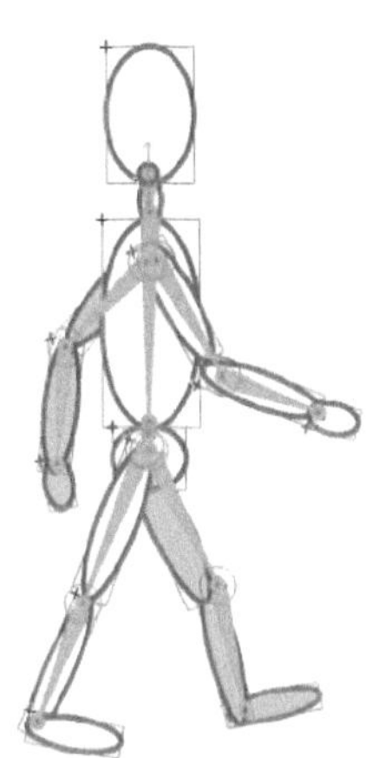

图 3-134　添加骨骼的元件

Flash 有两个专门处理 IK 的工具，分别是骨骼工具和绑定工具。使用骨骼工具可以向元件实例和形状添加骨骼；使用绑定工具可以调整形状对象的各个骨骼和控制点之间的关系。

在 Flash 中可以按两种方式使用 IK。第一种方式是通过添加将每个实例与其他实例连接在一起的骨骼，用关节连接一系列的元件实例；第二种方式是向形状对象的内部添加骨架。

在向元件实例或形状添加骨骼时，Flash 将实例或形状以及关联的骨架移动到时间轴中的新图层。此新图层称为姿势图层。每个姿势图层只能包含一个骨架及其关联的实例或形状。

1．为实例添加骨骼

骨骼允许元件实例链一起移动。例如，可能具有一组影片剪辑，其中的每个影片剪辑都表示人体的不同部分。通过将躯干、上臂、下臂和手链接在一起，可以创建逼真移动的胳膊。还可以创建一个分支骨架以包括两个胳膊、两条腿和头。

如在影片中已创建好了一个影片剪辑元件，把它拖入舞台，复制多个，如图 3-135 所示。

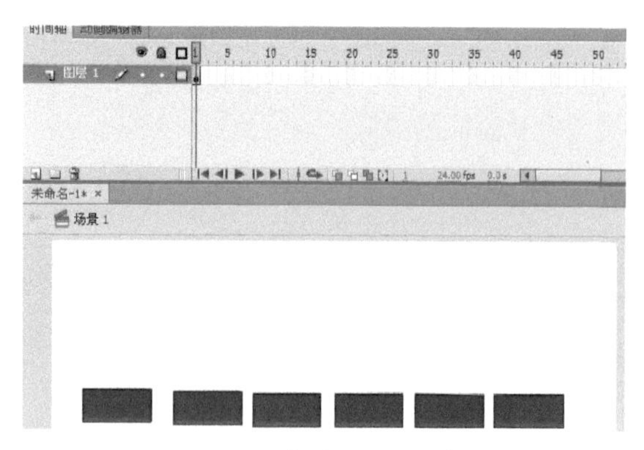

图 3-135　舞台上的元件实例

选择骨骼工具，为这些元件实例添加骨骼。用鼠标拖动至每一个实例，在拖动时，将显示骨骼。释放鼠标后，在两个元件实例之间将显示实心的骨骼。每个骨骼都具有头部、圆端和尾部（尖端），如图 3-136 所示。当图层的实例全部填上骨骼后，该图层的实例被移动到了自动添加的“骨架 -1”层（也就是姿势图层）了。

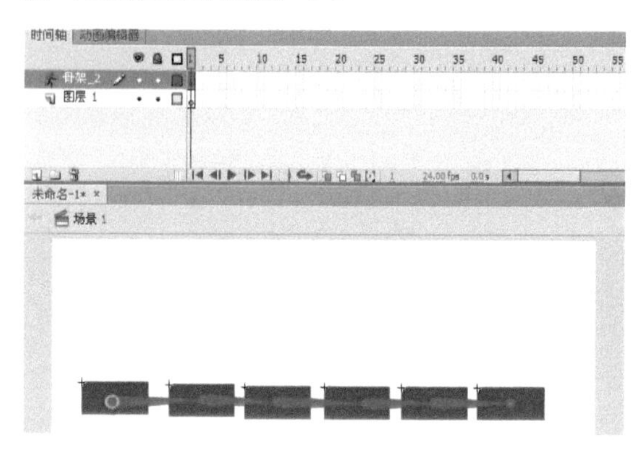

图 3-136　为实例添加骨骼

可以在姿势层的第 50 帧处单击右键，从弹出的快捷菜单中选择“插入姿势”，如图 3-137 所示。

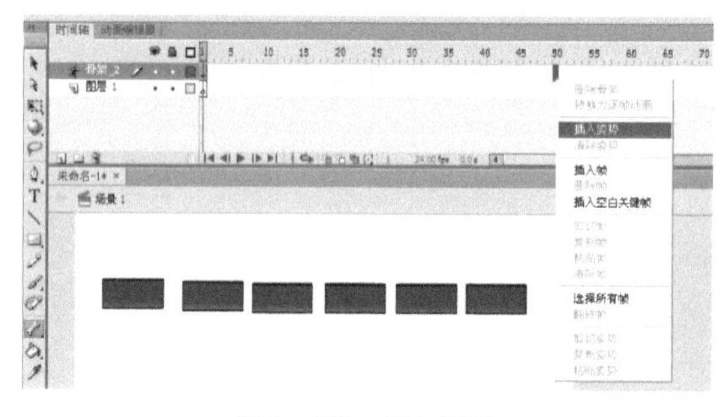

图 3-137　插入姿势

软件将自动建立一个 IK 反向运动姿势动画，在时间轴上以草绿色显示，同时在第 50 帧处建立了一个关于姿势的关键帧。利用选择工具调整各个关节连接的实例位置，观察各个实例之间的位置关系，如图 3-138 所示。

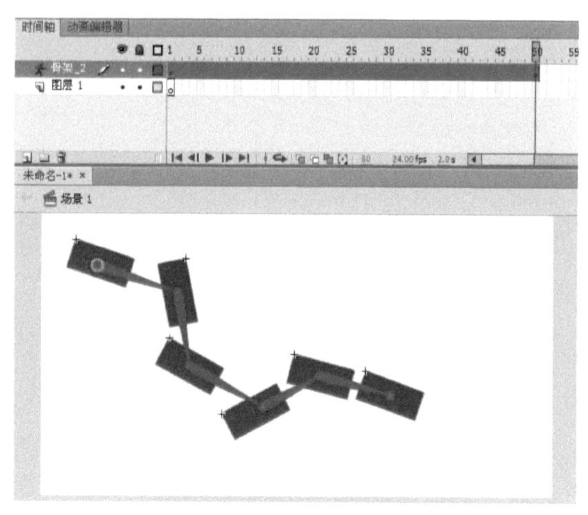

图 3-138　改变姿势

测试动画效果，可以继续添加姿势，以获取更多的动画效果。

骨骼链称为骨架。在父子层次结构中，骨架中的骨骼彼此相连。骨架可以是线性的或分支的。源于同一骨骼的骨架分支称为同级。骨骼之间的连接点称为关节。如图 3-139 所示就是一个带有分支的骨架。

创建 IK 骨架后，可以在骨架中拖动骨骼或元件实例以重新定位实例。拖动骨骼会移动其关联的实例，但不允许它相对于其骨骼旋转。拖动实例允许它移动以及相对于其骨骼旋转。拖动分支中间的实例可导致父级骨骼通过连接旋转而相连。子级骨骼在移动时没有连接旋转。

创建骨架且其所有的关联元件实例都移动到姿势图层后，仍可以将新实例从其他图层添加到骨架。在将新骨骼拖动到新实例后，Flash 会将该实例移动到骨架的姿势图层。

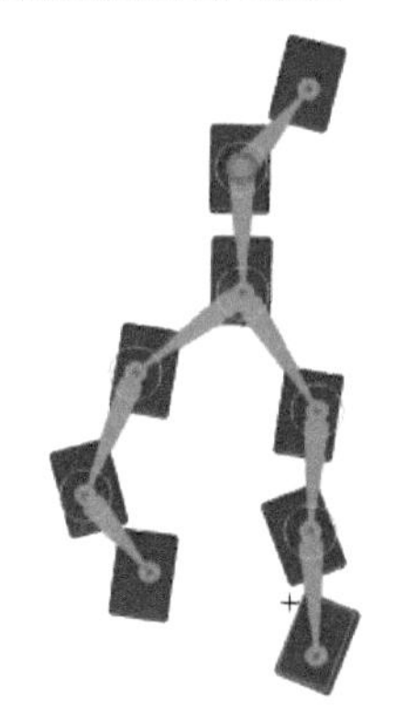

图 3-139　带有分支的骨架

2. 为形状添加骨骼

可以在合并绘制模式或对象绘制模式中创建形状。通过骨骼，可以移动形状的各个部分并对其进行动画处理，而无需绘制形状的不同版本或创建补间形状。例如，可以向简单的蛇图形添加骨骼，以使蛇逼真地移动和弯曲。

可以向单个形状或一组形状添加骨骼。在任一情况下，在添加第一个骨骼之前必须选择所有形状。在将骨骼添加到所选内容后，Flash 将所有的形状和骨骼转换为 IK 形状对象，并将该对象移动到新的姿势图层。

① 绘制如图 3-140 所示的形状。

图 3-140 绘制形状

② 选定所有形状，选择骨骼工具。使用骨骼工具，在形状内单击并拖动到形状内的其他位置。在拖动时，将显示骨骼。释放鼠标后，在单击的点和释放鼠标的点之间将显示一个实心骨骼，如图 3-141 所示。

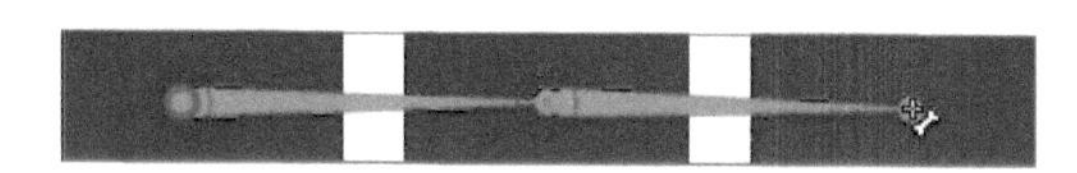

图 3-141 为多个形状添加骨骼

该形状变为 IK 形状后，就无法再向其添加新笔触。仍可以向形状的现有笔触添加控制点或从中删除控制点。IK 形状具有自己的注册点、变形点和边框。在某个形状转换为 IK 形状后，它无法再与 IK 形状外的其他形状合并。

③ 在新形成的“骨架 -1”层的第 50 帧右键单击，选择“插入姿势”，就会创建一个关于形状的骨骼动画。在第 50 帧处调整骨骼，改变形状，如图 3-142 所示。

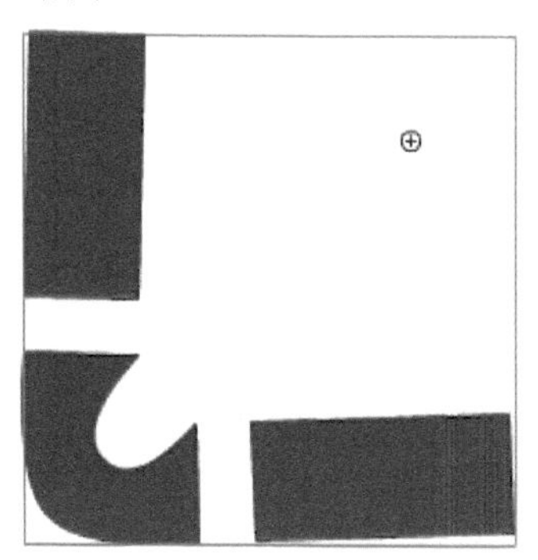

图 3-142 调整骨骼

④ 在第 100 帧处右键单击，选择“插入姿势”，继续改变形状，此时改为第 1 帧的形状。

⑤ 测试动画，观察播放效果。

三、编辑 IK 骨架和对象

创建骨骼后，可以使用多种方法编辑它们。可以重新定位骨骼及其关联的对象，在对象内移动骨骼、更改骨骼的长度、删除骨骼以及编辑包含骨骼的对象。

只能在第一个帧（骨架在时间轴中的显示位置）中仅包含初始姿势的姿势图层中编辑 IK 骨架。在姿势图层的后续帧中重新定位骨架后，无法对骨骼结构进行更改。若要编辑骨架，请在时间轴中删除位于骨架的第一个帧之后的任何附加姿势。

如果只是重新定位骨架以达到动画处理目的，则可以在姿势图层的任何帧中进行位置更改。Flash 将该帧转换为姿势帧。

1. 选择骨骼和关联的对象

●若要选择单个骨骼，请使用选取工具单击该骨骼。属性检查器中将显示骨骼属性。也可以通过按住 Shift 单击来选择多个骨骼。

●若要将所选内容移动到相邻骨骼，请在属性检查器中单击“父级”“子级”或“下一个 / 上一个同级”按钮。

●若要选择骨架中的所有骨骼，请双击某个骨骼。属性检查器中将显示所有骨骼的属性。

●若要选择整个骨架并显示骨架的属性及其姿势图层，请单击姿势图层中包含骨架的帧。

●若要选择 IK 形状，请单击该形状。属性检查器中将显示 IK 形状属性。

●若要选择连接到骨骼的元件实例，请单击该实例。属性检查器中将显示实例属性。

2. 重新定位骨骼和关联的对象

●若要重新定位线性骨架，请拖动骨架中的任何骨骼。如果骨架已连接到元件实例，则还可以拖动实例。这样，还可以相对于其骨骼旋转实例。

●若要重新定位骨架的某个分支，请拖动该分支中的任何骨骼。该分支中的所有骨骼都将移动。骨架的其他分支中的骨骼不会移动。

●若要将某个骨骼与其子级骨骼一起旋转而不移动父级骨骼，请按住 Shift 并拖动该骨骼。

●若要将某个 IK 形状移动到舞台上的新位置，请在属性检查器中选择该形状并更改其 X 和 Y 属性。

3. 删除骨骼

●若要删除单个骨骼及其所有子级，请单击

该骨骼并按 Delete 键。通过按住 Shift 单击每个骨骼可以选择要删除的多个骨骼。

●若要从某个 IK 形状或元件骨架中删除所有骨骼，请选择该形状或该骨架中的任何元件实例，然后选择【修改】|【分离】。IK 形状将还原为正常形状。

4. 相对于关联的形状或元件移动骨骼

●若要移动 IK 形状内骨骼任一端的位置，请使用部分选取工具拖动骨骼的一端。

●若要移动元件实例内骨骼连接、头部或尾部的位置，请使用“变形”面板（【窗口】|【变形】）移动实例的变形点。骨骼将随变形点移动。

●若要移动单个元件实例而不移动任何其他链接的实例，请按住 Alt 拖动该实例，或者使用任意变形工具拖动它。连接到实例的骨骼将变长或变短，以适应实例的新位置。

5. 编辑 IK 形状

使用部分选取工具，可以在 IK 形状中添加、删除和编辑轮廓的控制点。

●若要移动骨骼的位置而不更改 IK 形状，请拖动骨骼的端点。

●若要显示 IK 形状边界的控制点，请单击形状的笔触。

●若要移动控制点，请拖动该控制点。

●若要添加新的控制点，请单击笔触上没有任何控制点的部分。也可以使用工具面板中的添加锚点工具。

●若要删除现有的控制点，请通过单击来选择它，然后按 Delete 键。也可以使用工具面板中的删除锚点工具。

四、将骨骼绑定到形状点

根据 IK 形状的配置，可能会发现在移动骨架时形状的笔触并不按令人满意的方式扭曲。

默认情况下，形状的控制点连接到离它们最近的骨骼。使用绑定工具，可以编辑单个骨骼和形状控制点之间的连接。这样，就可以控制在每个骨骼移动时笔触扭曲的方式以获得更满意的结果。可以将多个控制点绑定到一个骨骼，以及将多个骨骼绑定到一个控制点。使用绑定工具单击控制点或骨骼，将显示骨骼和控制点之间的连接。然后可以按各种方式更改连接。

●若要加亮显示已连接到骨骼的控制点，请使用绑定工具单击该骨骼。已连接的点以黄色加亮显示，而选定的骨骼以红色加亮显示。仅连接到一个骨骼的控制点显示为方形。连接到多个骨骼的控制点显示为三角形。

●若要向选定的骨骼添加控制点，请按住 Shift 单击未加亮显示的控制点。也可以通过按住 Shift 拖动来选择要添加到选定骨骼的多个控制点。

●若要从骨骼中删除控制点，请按住 Ctrl 单击以黄色加亮显示的控制点。也可以通过按住 Ctrl 拖动来删除选定骨骼中的多个控制点。

●若要加亮显示已连接到控制点的骨骼，请使用绑定工具单击该控制点。已连接的骨骼以黄色加亮显示，而选定的控制点以红色加亮显示。

●若要向选定的控制点添加其他骨骼，请按住 Shift 单击骨骼。

●若要从选定的控制点中删除骨骼，请按住 Ctrl 单击以黄色加亮显示的骨骼。

五、调整 IK 运动约束

若要创建 IK 骨架的更多逼真运动，可以控制特定骨骼的运动自由度。例如，可以约束作为胳膊一部分的两个骨骼，以便肘部无法按错误的方向弯曲。

默认情况下，创建骨骼时会为每个 IK 骨骼分配固定的长度。骨骼可以围绕其父连接以及沿 X 和 Y 轴旋转，但是它们无法以要求更改其父级骨骼长度的方式移动。

可以启用、禁用和约束骨骼的旋转及其沿 X 或 Y 轴的运动。默认情况下，启用骨骼旋转，而禁用 X 和 Y 轴运动。启用 X 或 Y 轴运动时，骨骼可以不限度数地沿 X 或 Y 轴移动，而且父级骨骼的长度将随之改变以适应运动。

也可以限制骨骼的运动速度，在骨骼中创建粗细效果。

选定一个或多个骨骼时，可以在属性检查器中设置这些属性，如图 3-143 所示。

六、向 IK 动画添加缓动

使用姿势向 IK 骨架添加动画时，可以调整帧中围绕每个姿势的动画的速度。通过调整速度，可以创建更为逼真的运动。控制姿势帧附近运动的加速度称为缓动。

例如，在移动胳膊时，运动开始和结束时胳膊会加速和减速。通过在时间轴中向 IK 姿势图层添加缓动，可以在每个姿势帧前后使骨架加速或减速。

向姿势图层中的帧添加缓动的操作如下。

① 单击姿势图层中两个姿势帧之间的帧。

应用缓动时，它会影响选定帧左侧和右侧的

姿势帧之间的帧。如果选择某个姿势帧，则缓动将影响图层中选定的姿势和下一个姿势之间的帧。

② 在属性检查器中，从“缓动”菜单中选择缓动类型，如图 3-144 所示。

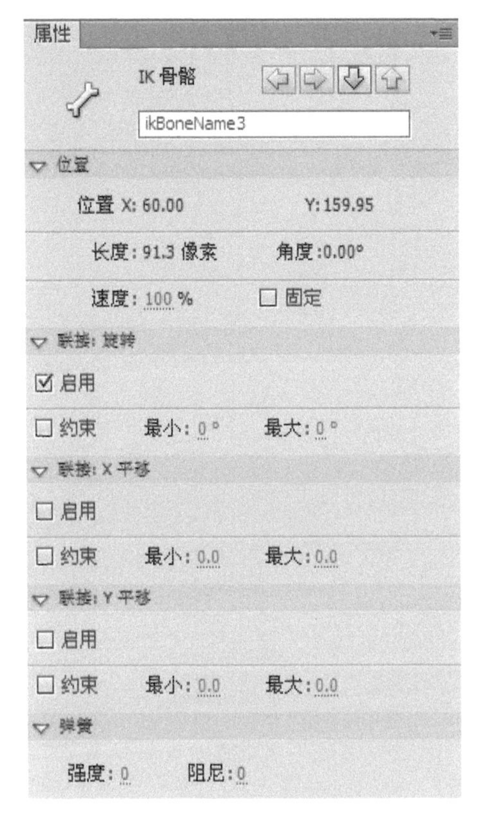

图 3-143　调整 IK 运动约束

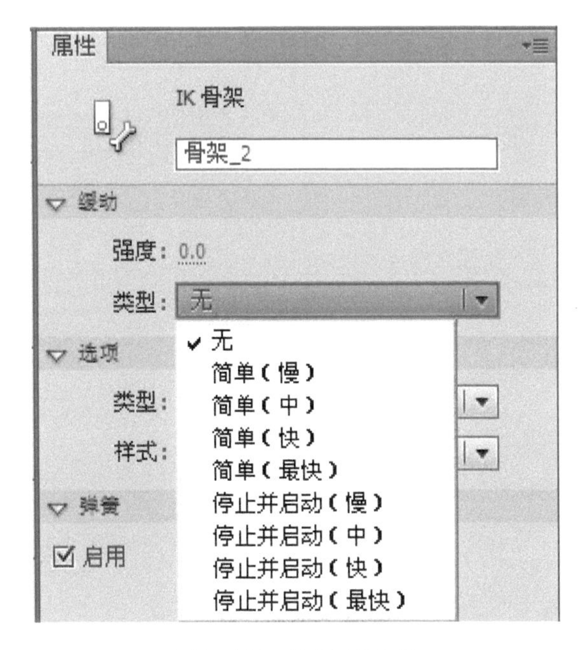

图 3-144　缓动属性设置

可用的缓动包括四个简单缓动和四个停止并启动缓动。

“简单缓动”将降低紧邻上一个姿势帧之后的帧中运动的加速度或紧邻下一个姿势帧之前的帧中运动的加速度。缓动的强度属性可控制哪些帧将进行缓动以及缓动的影响程度。

“停止并启动缓动”减缓紧邻之前姿势帧后面的帧以及紧邻图层中下一个姿势帧之前的帧中的运动。

这两种类型的缓动都具有“慢”“中”“快”和“最快”形式。“慢”形式的效果最不明显，而“最快”形式的效果最明显。

在使用补间动画时，这些相同的缓动类型在动画编辑器中是可用的。在时间轴中选定补间动画时，可以在动画编辑器中查看每种类型的缓动的曲线。

③ 在属性检查器中，为缓动强度输入一个值。

默认强度是 0，即表示无缓动。最大值是 100，它表示对下一个姿势帧之前的帧应用最明显的缓动效果。最小值是 -100，它表示对上一个姿势帧之后的帧应用最明显的缓动效果。

测试动画，观察播放效果。

动画制作

① 新建一个 Flash（ActionScript 3.0）文档。

② 单击工具栏中的“矩形工具”在图层 1 舞台上绘制一个如图 3-145 所示的矩形。

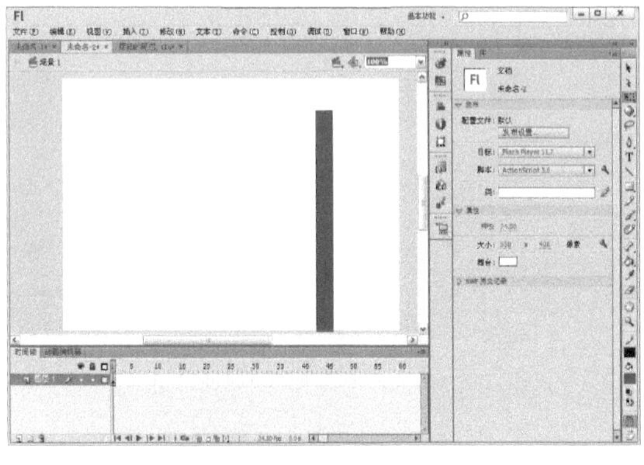

图 3-145　绘制矩形

③ 使用部分选择工具（快捷键 A），把矩形一端变细，做成尾巴的样子，如图 3-146 所示。

④ 选择骨骼工具（快捷键 X），从尾巴的底部开始，在形状内部点击并向上拖拽，创建根骨骼，同时，Flash 也会自动创建骨骼图层，并把形状图

形转到骨骼图层中。如图 3-147 所示。

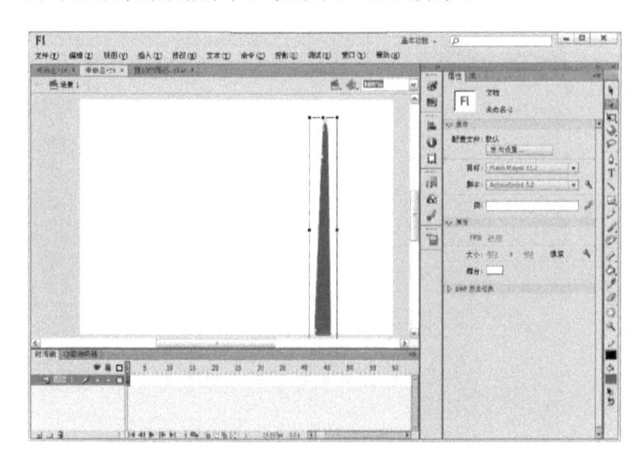

图 3-146 修饰形状

⑤ 继续向上创建骨骼，骨骼要一个接一个首尾相连，并且骨骼的长度逐渐减短，这样越到尾部关节会越多，符合动物的尾巴结构。创建出来的摆动效果会更好，如图 3-148 所示。

⑥ 单击“选择工具”，拖动尾部的最后一根骨骼，把尾部拖成弯曲状，如图 3-149 所示。

⑦ 单击“骨架_1”图层，在第 40 帧上插入帧，选中第 10 帧，把尾巴拉到新的位置上，如图 3-150 所示。

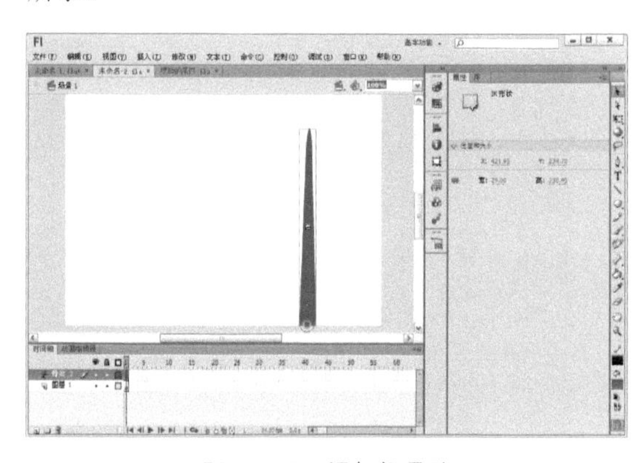

图 3-147 添加根骨骼

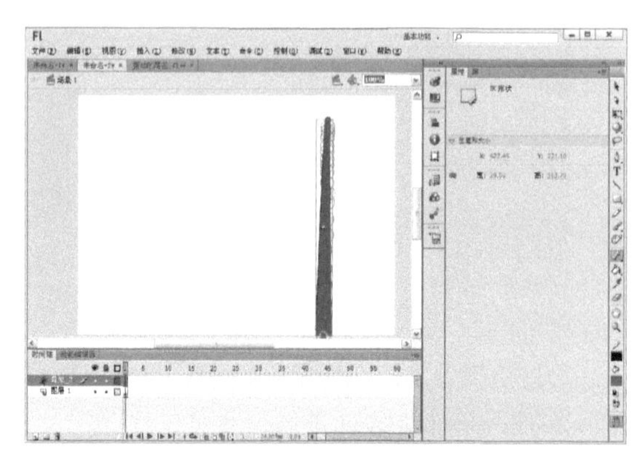

图 3-148 添加骨骼

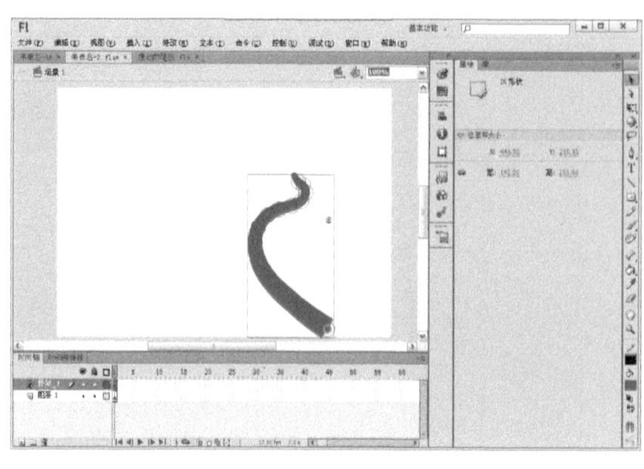

图 3-149 改变尾巴形状

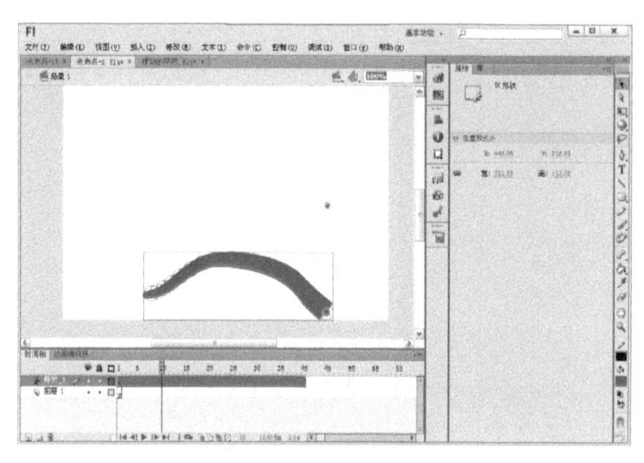

图 3-150 插入姿势

⑧ 选中第 20 帧，再次把尾巴拉到新的位置上，形成一个摆动的动作，如图 3-151 所示。

⑨ 选中第 40 帧，继续把尾巴拉到新的位置，如图 3-152 所示。

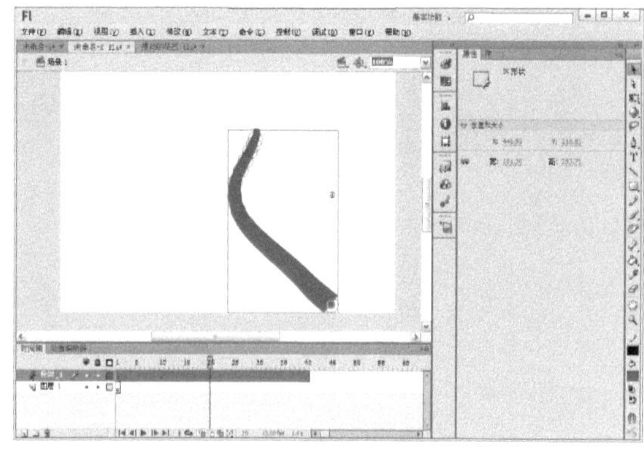

图 3-151 插入新姿势

⑩ 按 Ctrl+Enter 键测试影片，观看影片动画效果。

至此，摆动的尾巴动画就制作完成。

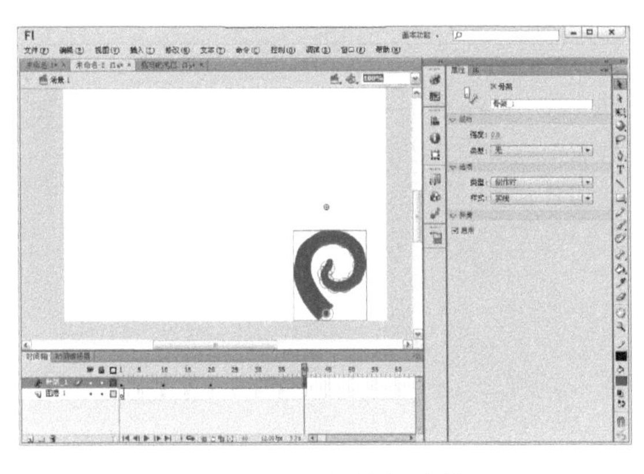

图 3-152 继续插入姿势

拓展练习

1. 制作一个火苗效果的逐帧动画。
2. 制作一个角色走路的逐帧动画。
3. 制作一个毛笔写字的动画效果。
4. 制作一个雪花飞舞的效果。
5. 制作一个百叶窗效果的动画。
6. 制作一个放大镜效果动画。
7. 打开“给形状添加骨骼.fla”文件，给人物添加骨骼，使他能做简单动作。
8. 制作一个网页广告动画，要求画面能体现产品特色，简洁明快。
9. 制作一个电子贺卡，要求主题鲜明，画面能很好地表达内容，适当运用声音效果。

Unit 4

单元四 制作多媒体教学课件

Flash 动画制作

在 Flash CS6 中，要制作出具有交互功能的动画作品，就需要借助软件中的动作面板为不同的对象添加 ActionScript 脚本语句。ActionScript 是 Flash 中内嵌的脚本语句，使用 ActionScript 可以轻松实现对动画播放进度的控制，也可以设置动画中各元件的动态效果，从而制作出交互效果非常丰富的动画作品。本单元将通过介绍多媒体教学课件的制作过程来具体说明 ActionScript 脚本语句的使用。

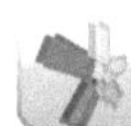 任务一 ActionScript 概述

ActionScript 自面世以来，不断地发展与完善，随着每一个 Flash 新版本的发布，都会有更多的元素加入到语句中，Flash CS6 具有极大的兼容性，它同时兼容了 ActionScript2.0、ActionScript3.0 和早期其他版本的脚本语句，这些语句为制作完美的交互动画提供了良好的平台。其中被大家广泛使用的 ActionScript2.0 和 ActionScript3.0 两者的主要特点如下。

● ActionScript2.0 提供了强大编程功能，为制作人员提供了一个较为严谨的编程语言，该语句方便开发和调试。ActionScript 2.0 提倡可复用、可伸缩、可维护的可靠程序结构。它通过为用户提供全程的编码辅助和调试信息，从而缩短开发时间。ActionScript2.0 脚本语句有两种：帧脚本语句和事件脚本语句。帧脚本位于关键帧中，当播放到语句所在的帧时即被执行。事件脚本需要有事件触发才可以执行，如鼠标事件、键盘事件、数据下载完成的事件等。

● ActionScript3.0 诞生于 Flash CS3 版本，它是一种功能强大的、面向对象的编程语言。该版本语言支持类型安全，代码清楚、易于维护。该语句性能良好，可以用来编写执行有效、响应快速的复杂程序。ActionScript 3.0 使 ActionScript 2.0 的功能更加正式化。ActionScript 3.0 主要由两个部分组成：核心语言和 Flash Player API。核心语言定义编程语言的基本构建块，如语句、表达式、条件、循环和类型。Flash Player API 是由代表 Flash Player 特定功能并提供对 Flash Player 特定功能的访问的类组成的。ActionScript 3.0 的突出优点还在于可以极大地加快开发速度。

简而言之，ActionScript2.0 简单易学，容易掌握，灵活性好，语法严谨规范；ActionScript3.0 语句性能良好，运行速度较快，但需具备一定的语言基础，并需不断深入学习和研究。

在 Flash CS6 中，提供了人性化的设计理念，在脚本语言的开发方面给用户提供了一个自由选择的空间，在实际应用时，大家应根据制作

需要进行选择，如果制作较为复杂的动画，则可以选择语句更为丰富、语法功能更为规范和严谨的ActionScript3.0。但在制作小型的交互式的动画时，ActionScript 2.0语句也比较实用。

ActionScript 2.0和ActionScript 3.0虽然在脚本语句表达形式上有着一定的区别，但两者在基本的语法上还是存在着一些相通之处。不过随着新版本的不断升级，用户对ActionScript 3.0的使用频率越来越高，因此，本单元在介绍ActionScript语言的基本规则时，将会稍稍偏重ActionScript3.0语句，接下来为大家介绍ActionScript的基本语法知识。

一、变量与常量

ActionScript脚本语言作为“语言”的一类，它同其他编程语言C、VB等一样，都包含有基本语法规则，比如变量的命名规则。任何一类程序语言都是由简单的基本语句组成，基本语句又都是由定义关键字、变量、运算符和标点符号等组成。

所谓的变量就是程序语句中可以变化的量，它的值是不固定的。变量会根据用户的不同设置以及各种不断变换的操作而改变自身的值。变量存储于计算机的内存中，在程序被执行时，系统将会根据变量名去访问和调用内存中的数据。变量由用户根据实际需要进行定义，初次定义变量时，一般会设置变量的初始值，变量的值在程序运行的过程中会发生不断变化，因此，程序在不同的时间即使使用的是同一个变量，但得到的值却可能是不一样的。

1. 变量的命名规则

用户在使用变量时需对变量进行定义并为其赋初始值。定义变量的格式为：

```
var 变量名：数据类型；
变量名＝值；
```

例如：

```
var i:int;
i=1;
```

在上述格式中，var为定义变量的关键字，定义变量时，必须用关键字var进行声明。变量名，是用户根据实际需要所使用的符号，数据类型是指用户定义的变量对象是属于什么类型的数据，例如整型或字符型等。

用户在定义变量时，也可不定义变量的数据类型，因为，用户所给变量赋的值的类型就是变量的类型，系统也会根据用户所赋数值的类型自动判断变量所属的数据类型。因此上述语句也简化为：

```
var i=1;
```

系统在读取该语句时，会根据数值“1”的类型而自动判断变量i的数据类型，即变量i为整型变量。

在程序编写时，如果需要同时声明多个变量，则可以使用逗号运算符（,）将各变量分隔开来，从而在一行代码语句中同时声明多个变量。

例如：

```
var a:int = 10, b:int = 20, c:int = 30;
```

该语句既同时定义了多个变量，也注明了变量的数据类型，同时也为每一个变量进行赋值。

变量是脚本语句中不可缺少的部分，正确地命名变量名是编写ActionScript脚本语句的基础，用户一定要掌握正确的变量名的命名方法，在进行变量名的命名时，用户应该遵循以下规则。

① 变量必须是一个标识符。标识符是变量、属性、对象、函数或方法的名称。标识符的第一个字符必须是字母、下划线（_）或美元符号（$）。其后的字符可以是数字、字母、下划线或美元符号。

② 变量名不易太长，系统限制在255个字符范围之内。

③ 变量不能使用ActionScript语句中的关键字作为变量的名称。

④ 变量在其作用域内必须是唯一的。

⑤ 对变量进行命名时，要尽量做到名称简单且易于理解与识别。

2. 常量的使用

顾名思义，常量就是程序在执行过程中数值始终不变的对象，常量是存储在计算机内存单元中的只读数据。

在ActionScript3.0中，常数一般分为三种类型：数值型、字符串型和逻辑型。

① 数值型常量：程序语句中某一属性的具体参数值。如：

```
setProperty(aa,_alpha,70)；
```

该语句中的“70”即为数值型常量。

② 字符串型常量：由字符组成，每一组字符串用双引号括起来。

③ 逻辑型常量：条件语句中，如果条件成立则用1或true表示，如果不成立，则用0或是false表示。

在ActionScript语句中，用户在声明常量时要使用 const 关键字。

```
Const constName:DataType=Value;
```

其中，constName 是常量的名称，DataType 表示常量的数据类型，Value 是常量的具体数值。

二、数据类型

数据类型就是变量所存储信息的种类，用户可以通过语句实现变量在不同的数据类型之间进行转换。

1. 常见数据类型

在 ActionScript 语句中数据类型具体有以下几种类型。

①数值型（Number）：数值型数据是一种最常用的数据类型之一，它用于存储和表示数字，数值型数据是一种双精度浮点数，包括整数、无符号整数和浮点数。数值型数据可以使用数学运算符加（+）、减（-）、乘（*）、除（/）、递增（++）、递减（--）和 Flash 内置函数中的 Math 对象进行数值的处理。

②整型(int)：整型数据是一组介于 -2147483648 和 2147483647 之间的整数。可以使用数字运算符进行数值处理。

③字符串型（String）：字符串类型的数据主要存储字符对象，字符包括字母、数字和标点符号等。在程序编写时，字符串要放在双引号中。使用“+”可以将多个字符串进行连接和合并。字符串中的空格也是字符串的一部分。

④无符号整型（Unit）：无符号整形数据的取值范围为 0 ～ 4294967295，是一个 32 位无符号整数。

⑤布尔型（Boolean）：布尔型数据只有“真(true)”和“假(false)”两个值。

⑥空值和未定义数据类型：空值和未定义数据是两种不同的类型，空值是已经给变量赋值，而所赋的值就是空值。未定义数据类型表示的是变量没有被赋任何数值。

⑦ Object 数据类型：Object 数据类型是 ActionScript 中所有类定义的基类。

⑧ *（无类型）：无类型变量只有一个值 undefined。无类型数据用于用户无法确定变量类型时，便使用 * 来表示当前所定义的变量的类型未知。

2. 数据类型的转换

在 ActionScript 语句中，当类型不相同的两个数进行运算的时候，需要将两个运算数的类型进行统一。如果要将对象转换为另一种数据类型，需要使用小括号将原来的对象名括起来，然后在它前面再加上新的数据类型的名称。

例如：将一个布尔值转换为一个整数：

```
var a:Boolean = true;
var b:int = int(a);
trace(b);
```

执行上述语句后，系统的输出结果为 1，即为整型数值，而并非布尔值。

三、ActionScript 语法规则

所谓语法，是指将元素组合在一起产生意义的方式。只有遵守脚本的语法规则，才能编写出可正确运行的脚本，下面详细介绍动作脚本的语法规则。

1. 区分大小写

在 ActionScript 语句中，用户在输入语句代码时严格意义上不区分大小写，但关键字一定要区分大小写。例如下面两个语句在执行时，系统将前者视为错误语句不执行，后者则为正确书写效果。

```
gotoandplay(2);
gotoAndPlay(2);
```

为了降低语句的出错率，用户在编写语句代码时遵守一定的大小写约定则是一个良好的编写习惯，无论是阅读还是编辑都更容易区分和理解。因此，建议大家养成区分大小写的编写习惯，尤其是关键字没有正确使用大小写时，脚本将会因出错而无法正确运行。

2. 分号（；）

在 ActionScript 中，一条语句书写完成后以分号（；）作为结尾。例如：

```
var a=1;
```

3. 大括号（{}）

大括号（{}）用于语言的程序控制，动作脚本中的事件处理函数、类定义和函数用大括号组合在一起形成块，位于一个大括号内的所有语句都被称为是一个语句块，并当作是一个语句来执行。例如：

```
on(release){
gotoAndStop(10);
}
```

4. 点（.）记号

在动作脚本中，点号用于指示对象或影片剪辑相关的属性或方法，也可以用于标识指向影片剪辑或变量的目标路径。一个点语法表达式为：

对象名 . 对象属性或方法。举例如下：

```
js._visible=true;
```

该语名意义即为“将 js 这一影片剪辑元件的显示属性设置为真”。

5. 引号（""）

要引用或是合并字符串与数值时，需要为字符串添加引号。如：

```
TheString="The total count is: "+et
```

意思为将 et 变量保存的值添加到字符串“The total count is:”的末尾，如果 et 保存的值为 10，则最后所得字符串的值为 The total count is:10。

6. 小括号（()）

小括号又名圆括号，在 ActionScript 语句中，小括号的作用有两个。

① 小括号可以改变数学运算的优先级别，括号内的数学运算优先于括号外的数学运算。

② 小括号可定义和调用函数。在定义和调用函数时，函数的参数使用小括号括起来。其中小括号内容也可以为空，表明没有任何参数可传递。例如：

```
gotoAndStop(10);
Stop();
```

7. 冒号（:）

冒号主要用于表明用户所定义的变量的数据类型。例如：

```
var i:number;
```

该语句就是用“var”关键字设置变量“i”的数据类型为“number(数值型)”。

8. 注释脚本

为了方便他人对所编写脚本的理解，建议在动作脚本中使用注释。ActionScript 使用字符“//”引导一行注释语句，举例如下：

```
// 定义一个 num 属于 Number 类型
Var num:Number;
```

注释语句不影响导出文件的大小，使用注释语句可以提高程序的可读性。

四、ActionScript 常用语句介绍

1. if 语句

if 语句主要应用于一些需要判断条件的场合。当 if 中的条件成立时，执行大括号中的语句，执行完毕后，再继续执行大括号后面的语句；如果条件不成立，则跳出 if 语句，直接执行大括号后面的语句。其语法格式为：

```
if(条件表达式){
语句 1;
语句 2;
……;
}
```

例如：

```
if(i<=10)
{
    gotoAndPlay(2);
}
```

上述语句含义为：如果变量 i 满足条件“i<=10”，则从当前位置开始跳转到时间轴第 2 帧，并从第二帧继续向后播放。

2. if……else 语句

与 if 语句相比来讲，如果满足条件，则执行 if 后面大括号内的语句，如果不满足条件，则执行 else 后面大括号内的语句。其语法格式为：

```
if(条件){
语句 1;
语句 2;
……;
}else{
语句 1;
语句 2;
……;
}
```

例如：

```
if(score>=80)
{
trace("过关");
}
else
{
trace ("重玩!");
}
```

上述语句执行时，先判断“score”变量是否满足 if 后面小括号中的条件，如果“score”满足条件“>=80”，则输出信息为“过关”，否则输出信息“重玩！”。

3. if……else if 语句

如果在一段程序中，需要判断的条件超过两个时，则需要使用 if……else if 语句。该语句是 if……else 语句的扩展，允许用户列举出更多的可能性，系统通过判断更多的条件，控制更复杂的分支，最终输出更多的结果。该语句书写格

式要求如下：

```
if(条件表达式1)
{
语句1；
}
else if （条件表达式2)
{
语句2；
}
……
else if(条件表达式n)
{
语句n；
}
else{
语句n+1;
}
```

例如：

```
if(score>=85)
{
trace("优秀")；
}
else if(score>=75)
{
trace("良好");
}
else if(score>=60)
{
trace("及格");
}
else
{
trace("不及格");
}
```

上述语句通过用“score”变量值与各个小括号中的表达式进行比较，满足哪一个条件表达式，就输出该条件表达式所对应的大括号中的信息。

4. switch……case 语句

前面所介绍的 if 语句主要根据条件表达式的不同，然后输出相应表达式所对应的语句，而 switch 语句则是同一个条件表达式前提下，有多个可执行的程序代码。

switch 语句通过对条件表达式进行求值并使用计算结果来确定要执行的分支语句。

使用 switch 语句时，代码单元组以 case 开头，以 break 语句结尾。switch 语句的书写格式：

```
switch(表达式)
{
case 1：
语句1；
break;
case 2:
语句2；
break;
……
default;
语句n
break;
}
```

例如：输出某班学生成绩的不同等级

```
switch(score)
{
case 1:
trace("优秀");
break;
case 2:
trace("良好");
break;
case 3:
trace("中等");
break;
case 4:
trace("不合格");
break;
default:
trace("无");
break;
}
```

5. while 语句

while 语句可在满足某条件的情况下反复执行某一条或一段程序。使用 while 语句时，系统会先计算条件表达式，如果表达式为真的情况下，就执行大括号中的语句，执行完大括号中的语句后，系统会再次对条件表达式进行判断，如果为真，则反复执行大括号中的语句，一直到条件表达式不成立时停止执行。其语法格式为：

```
while(条件){
语句；
}
```

例如：

```
var a:int=0;
while(a<=3)
{
trace(a);
a++;
}
```

执行该语句的输出结果为：

0

1

2

3

6. do……while 语句

do……while 语句与 while 语句一样可以创建一个循环，不同的是 while 语句要首先判断条件是否成立，然后再执行后面的语句，而 do……while 语句则会先执行一次语句，然后再根据 while 后面的条件是否成立而决定能否继续执行 do 后面大括号中的语句。其语法格式为：

```
do{
语句；
}
while(条件)
```

例如：

```
var a:int=1;
do
{
trace(a);
a++;
}while(a<=3);
```

执行该语句的最终输出结果则为：

1

2

3

7. for 语句

for 语句也可以创建循环。在执行时，for 语句会先给出一个初始化的表达式 1，然后再给出一个条件表达式，如果初始值满足条件表达式，则执行大括号中的语句，然后再根据表达式 2 修改变量值，如果仍然满足条件表达式，则继续执行大括号中的语句，否则，跳出这个循环。其语法格式为：

```
for(初始表达式 1，条件表达式，表达式 2){
语句 1；
语句 2；
……；
}
```

例如：

```
for(a=0;a<=3;a++)
{
    gotoAndPlay(2);
}
```

该语句的含义是：定义 a 的初始值为 0 的整型变量，当 a 满足小于等于 3 的条件时，系统就从时间轴的当前位置反复跳转到第 2 帧并继续向后播放。

8. for…in 语句

for…in 语句可以帮助用户实现一些随机变化的效果，在使用 for…in 语句时，系统可以随机循环访问某个对象属性或是遍历数组中的元素。for…in 语句格式要求如下：

```
for （变量 in 对象 / 数组）
{
……
执行语句；
}
```

例如：

（1）for…in 语句循环访问对象属性：

```
var aa:Object={x:1,y:2,z:3};
for(var i:String in aa)
{
trace(i+"="+aa[i]);
}
```

执行上述语句，则输出结果为：

```
//z=3
//y=2
//x=1
```

（2）for…in 语句遍历数组中的元素：

```
var aa:Array=["春","夏","秋","冬"];
for(var i:String in aa)
{
trace (aa[i]);
}
```

执行上述语句，则输出结果为：

```
//春
//夏
//秋
//冬
```

五、ActionScript 常用命令介绍

1. play 语句

play 语句使动画文件从指定的位置进行播放。

该语句通常用于控制影片剪辑，可以直接添加在影片剪辑元件或帧中，对指定的影片剪辑元件和动画进行控制。play 语句没有参数，其格式为 play()。

2. stop 语句

stop 语句用于停止当前正在播放的文件，可以直接添加在影片剪辑元件或帧上，对指定的影片剪辑元件和动画进行控制。stop 语句没有参数，其格式为 stop()。

3. goto 语句

goto 语句是无条件跳转语句，它不受任何条件的约束，可跳转到任何地方。在 ActionScript 中，goto 有两种形式：gotoAndPlay 和 gotoAndStop。

gotoAndPlay 是用来控制动画跳转到一个特定的场景或帧上并同时开始播放，其语法格式为：gotoAndPlay("场景", 帧)。

gotoAndStop 是用来控制动画跳转到一个特定的场景或帧上并立即停止播放，其语法格式为：gotoAndStop("场景", 帧)。

4. stopAllSounds 语句

stopAllSounds 语句用于停止所有正在播放的声音，使用于声音按钮上，该语句没有参数，其语法格式为：stopAllSounds ()。

5. getURL 语句

getURL 语句用来设置超级链接，其格式为：getURL(url, 窗口，方法)。这三个参数的意义分别如下。

① url：将来链接打开的地址。

② 窗口：设置链接的内容将以什么窗口形式打开，它有如下四种形式。

_self：在同一窗口中打开链接内容；

_blank：在新窗口中打开链接内容；

_parent：在父一级窗口中打开链接内容；

_top：在最上层窗口中打开链接内容。

③ 方法：用来设置是否传送变量以及传送方式。

6. _root 语句

_root 语句用来指定主场景中的实例或变量，其格式为：_root. 实例名（变量名）。

7. fscommand 语句

fscommand 语句可以用于控制播放器，是为适应外界条件的一种语句，其格式为：fscommand(命令，参数)。如 fscommand(fullscreen, true) 意为：将播放器以全屏模式显示。

8. tell 目标语句

tell 目标语句用于告知目标对象，其格式为 tell（目标）。

9. startDrag 和 stopDrag 语句

startDrag 和 stopDrag 是用来控制拖动对象的语句，前者用来拖动指定的对象，后者用于结束对指定对象的拖动。其格式为：startDrag("实例名")。

10. setProperty 和 getProperty 语句

setProperty 语句是用于设置对象的属性，而 getProperty 语句则用于获取对象的属性，其两者书写格式为：setProperty/getProperty（"对象名"，属性）。

11. loadMovie 和 unloadMovie 语句

该两个语句分别用于加载和卸载电影文件。

loadMovie 的书写格式为：loadMovie（url, 目标，方法）。

unloadMovie 书写格式则为：unloadMovie（目标）。

六、认识动作面板

前面学习了 ActionScript 语句的基本语法规则，以及常用语句和命令的编写要求与方法，那么在 Flash CS6 中，ActionScript 语句的编辑环境是在何处呢？那就是动作面板，动作面板就是 ActionScript 脚本语句在 flash 中的编写环境。

在 flash CS6 中，动作面板的打开方式有以下两种。

① 菜单：选择【窗口】|【动作】命令。

② 快捷键：按 F9 键。

打开后，动作面板如图 4-1 所示。

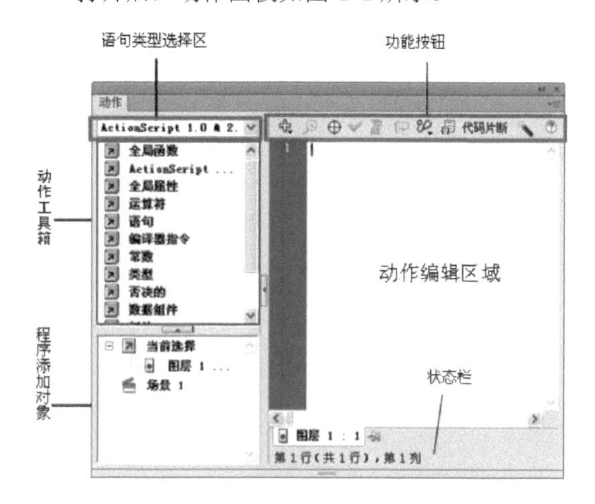

图 4-1 ActionScript 2.0 动作面板

在 Flash CS6 版本中有一个脚本语句类型的选择区，在这区域中，用户可以选择合适的语句类型，如图 4-1 所示为“ActionScript1.0&2.0”类型。如果选择“ActionScript3.0”，则动作面板为如图 4-2 所示。

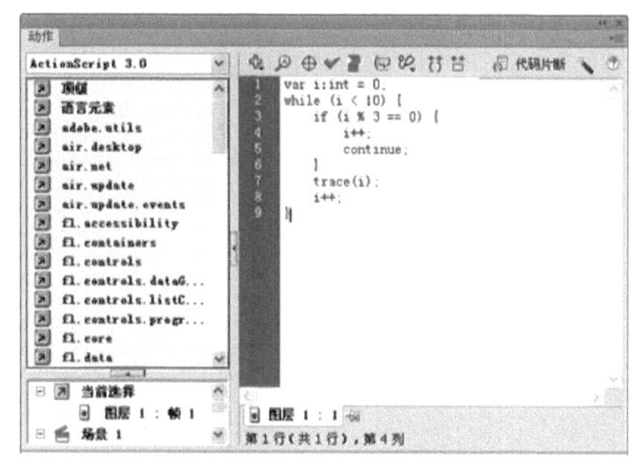

图 4-2　ActionScript 3.0 动作面板

与 ActionScript1.0&2.0 不同之处就在于语句列表发生了变化，变为全部面向对象的语句。但其他的语法规则有相通之处。下面就动作面板中的功能按钮做一介绍。

：折叠 / 展开动作面板。

：单击该按钮可以弹出下拉菜单，在弹出的下拉菜单中，可以选择需要添加的脚本语句。

：单击该按钮，将会弹出“查找替换”对话框。

：单击该按钮可以设置“插入目标路径”的绝对和相对性。

：自动检查编写的代码是否正确。

：将选定语句自动套用格式。

：设置输入关键字时是否显示代码提示。

：在脚本中插入或删除断点。

：将脚本语句折叠或展开显示。

：是否应用块注释。

：单击该按钮可以改变动作面板的显示外观。如图 4-3 所示为 ActionScript2.0 与 ActionScript3.0 脚本助手窗口显示效果。

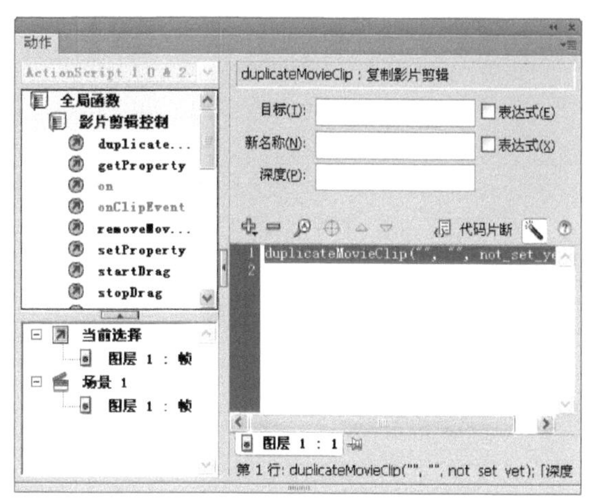

(a)ActionScript2.0

（b）ActionScript3.0

图 4-3　ActionScript2.0 和 ActionScript3.0 脚本助手窗口显示效果

七、ActionScript 语句使用对象

在 Flash 动画制作中，ActionScript3.0 是一个完全标准的面向对象的编程（Object-Oriented Programming,OOP）语言。它以对象为基本单元来进行代码划分，组织程序代码。相对于其他的语言，OOP 更简单易学。ActionScript3.0 面向对象编程中最重要的概念就是“对象”。对象，指的是具有某种特定功能的程序代码。它具体可以指一件事、一个实体、一个名词，一个具有自己的特定标识的东西。任何一个对象都有其属性。以人为例，人有身高、体重、性别、血型、年龄等，这些都反映了人作为一个社会存在所共有的特性。把这些特性反映到编程语言中，这些特性就是属性，用来反映某一个对象的共有特点。对象是抽象的概念，在 ActionScript 3.0 中，要想把抽象的对象变为具体可用的实例，则必须使用类。使用类来存储对象可保存的数据类型，及对象可表现的行为信息。要在应用程序开发中使用对象，就必须要准备好一个类，准备类的过程就好像制作元件一样，制作好后，以后随时可以拿出来使用。ActionScript 2.0 语句则是非完全面向对象，它的使用主要有三处，即按钮、帧和影片剪辑这三

个对象中。

根据ActionScript版本的不同，ActionScript脚本语句使用的位置也有所不同，ActionScript 2.0与ActionScript3.0版本的语句都可以添加在时间线上，其添加的具体位置主要在关键帧或空白关键帧上。带有语句命令的帧最好独立放在一个图层，这样便于后期查看与维护。将语句添加在帧上，则可以使播放滑块在沿时间线播放时产生交互动作。如果希望用户参与，实现人机交互，则应将语句添加到按钮或影片剪辑元件上。

ActionScrpit脚本语句添加在具体对象时，需要交互和控制的对象都需要一一添加代码，这样无形中增加编写代码的工作量，同时代码的重复使用率也大大降低。新版本ActionScript 3.0的出现就解决了这一问题，在ActionScript 3.0中，允许用户在新建时新建一个“ActionScript 3.0 类”文件，用户编写好的类程序文件像动画元件一样，可以重复使用并可以修改，使用ActionScript 类文件时只需在动画文件的属性面板做相应设置即可。

下面分别介绍脚本语句的具体添加方法。

1. 语句添加到帧

使用ActionScript 2.0或ActionScript3.0版本的语句进行脚本编写时，可以将语句添加到帧上，其目的就是为了让动画播放到某一特定关键帧时按预先设定好的语句命令来自动执行。为帧添加语句时，所选的帧应为关键帧或空白关键帧，凡是添加了动作语句的帧，在帧图标上方都会有一个“a”的标志。

在ActionScript 2.0中，为帧添加语句后，不会触发鼠标或键盘事件。但是，在ActionScript 3.0中，如果希望通过按钮响应用户的操作的话，语句不能加在按钮对象本身，但是可以给按钮起名后，通过给按钮所在的帧添加命令，然后在命令中引用按钮的名称，即可调用按钮。在后续的内容中会再次强调这一操作。

为帧添加语句的具体方法如下。

① 确认已正确选择要添加语句的关键帧或空白关键帧。

② 打开动作面板，在脚本编辑区输入或直接从动作列表框中选择相关语句即可。

例如：制作动画片头时，在用户发出指令前，要求所有动画都停止在第一帧，直到用户给出下一个指令后再播放，此时，“停止”命令就需要加在时间轴的第一帧：

```
stop();
```

2. 语句添加到按钮

ActionScript 2.0允许为按钮添加动作语句，ActionScript 3.0不能直接在按钮上添加语句，但可以通过帧上的语句来触发某一个按钮的动作，触发按钮动作是为了使其具有交互功能，这是制作交互式动画最常用的一种方式。触发按钮的事件有多种操作，可以是鼠标的相关动作如单击鼠标、双击鼠标、释放鼠标、鼠标指针滑过及拖动鼠标等，也可以是键盘的相关操作，例如按下某一按键来触发按钮事件。

使用ActionScript 2.0给按钮设置动作，就必须先指定按钮的触发事件，然后再选择需要执行的命令，以达到当满足触发条件时，就可以执行相应命令的目的。

对于同一个按钮元件，在场景中应用时，每个实例都可以有自己的动作语句，相互之间并无影响。

为按钮添加动作语句的具体方法如下。

① 首先创建按钮元件，并为按钮元件命名（注：这里是按钮元件的名称）。

② 将已经制作好的按钮元件拖动到某一场景或影片剪辑元件中的合适位置，此时按钮元件即成为一个实例。

③ 选择场景或影片剪辑元件中按钮实例，打开动作面板，在脚本编辑区输入或从动作列表中调入相关语句即可。

④ 在为按钮添加动作语句时必须遵守这样的语法格式：

```
on(触发事件){
语句1；
语句2；
……；
}
```

其中“触发事件”即为鼠标或键盘的操作。“语句”则为满足触发的事件后将要执行的动作。常用按钮触发事件有以下8种。

● press：将鼠标指针移动到按钮上，并按下鼠标左键后触发指定动作。

● release：单击按钮并释放鼠标之后触发指定动作。

● releaseOutside：单击按钮并将鼠标移动到按钮之外时释放后触发指定动作。

● rollOver：鼠针指针由按钮外移动到按钮内时触发指定动作。

● rollOut：鼠标指针由按钮内移动到按钮外时触发指定动作。

● dragOver：鼠标指针移动到按钮上，按住鼠标左键不放，将鼠标指针移出按钮范围，然后再回到按钮之上时触发指定动作。

● dragOut：在按钮上按住鼠标左键，并由按钮上移到按钮之外时触发指定动作。

● keyPress：按下键盘上的某个按键即可触发指定的动作。

例如：当用户单击“下一题”按钮时，希望进入到时间轴的第2帧并停止在第2帧。此时，用户选择“下一题”按钮，然后打开动作面板，输入如下语句：

```
on (press) {
gotoAndStop(2) ;
}
```

3. 语句添加到影片剪辑

影片剪辑元件像场景一样，有自己独立的时间线，可以像一个独立的场景动画一样设置动画效果或是相关动作，同时也可将自身作为一个元件嵌套到别的影片剪辑元件或是场景中，并可以再次使用动作语句来加以控制。影片剪辑元件嵌套在别的影片剪辑元件或场景中时，只占一个帧的位置，但却可以播放出原影片剪辑元件中的动画效果。每一个影片剪辑元件都有自己的名称。为影片剪辑元件添加动作语句时也像按钮元件一样，先要指定一个触发条件，当满足了触发条件时，就会执行相应的语句命令。

使用 ActionScript 2.0 为影片剪辑元件添加动作语句的具体方法如下。

① 新建一个影片剪辑元件，进入影片剪辑元件的编辑状态，像设置其他动画一样在影片剪辑元件中对帧和图层进行操作，制作出一个动画效果。

② 将影片剪辑元件拖动到场景或是其他影片剪辑元件中，只占一个帧的位置。

③ 选择影片剪辑元件，在属性面板中为其定义一个实例名称，然后打开动作面板，在脚本编辑区域输入或直接从语句列表中调用相关命令。

④ 为影片剪辑元件添加动作语句，必须按照以下格式：

```
onClipEvent(触发事件){
语句1；
语句2；
……；
}
```

其中的“触发事件”主要有以下9种形式。

● load：当影片剪辑元件载入到场景时才触发指定语句动作。

● unload：当影片剪辑元件从场景中卸载时才触发指定语句动作。

● enterFrame：当影片剪辑元件进入到某时间线的每一帧都触发指定的语句动作。

● mouseDown：当按下鼠标左键时才触发指定语句动作。

● mouseMove：当鼠标指针在场景中移动时才触发指定语句动作。

● mouseUp：当鼠标左键按下又弹起时才触发指定语句动作。

● keyDown：按下键盘上某一按键时才触发指定语句动作。

● keyUp：释放键盘上某一按键时才触发指定语句动作。

● data：当影片剪辑实体使用到“loadVariable”和“loadMovie”动作接收到数据变量时才触发指定的语句动作。

例如：要使影片剪辑元件里的动画以相反的方向运动，直到影片剪辑的时间轴回到第1帧，prevFrame命令不再起作用，影片剪辑元件停止播放为止。此时，用户首先把影片剪辑元件拖动放到主场景的指定位置，选择该元件，打开动作面板，输入如下语句即可。

```
onClipEvent (enterFrame) {
prevFrame();
}
```

4. 新建一个 ActionScprit 3.0 类文件

添加到对象的 ActionScript 脚本语句不能方便地被重复使用，为了提高脚本语句的使用率，在 Flash CS6 中，用户可以新建一个类文件，便于用户重复使用和修改。具体操作方法如下。

①打开 Flash CS6，选择新建“ActionScript 3.0类”文件，打开如图4-4所示效果。

②在弹出的如图4-5所示“创建 ActionScript 3.0 类”对话框中输入类的名称。

③在打开的扩展名为“main.as”的脚本类文件中按使用目的输入相关代码语句，效果如图4-6所示。

图 4-4　新建文件窗口

图 4-5　“创建 ActionScript 3.0 类”对话框

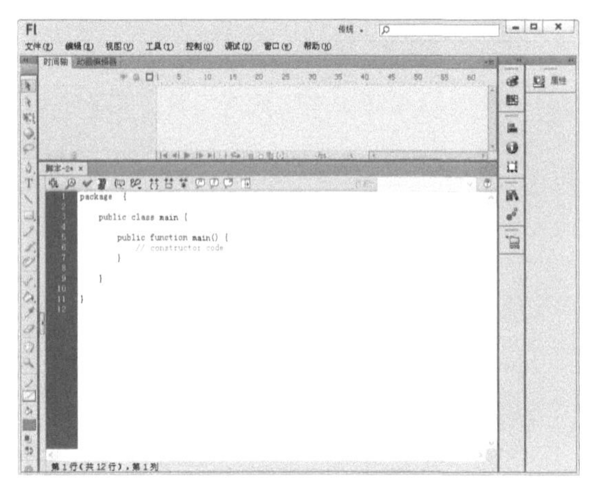

图 4-6　脚本文件编写窗口

任务二　作品创意策划书

总体构想：随着信息技术的飞速发展，知识传授的方式发生根本性的变革，无论是从虚拟网络世界还是到现实社会中，知识的传授都已经进入了数字化的时代，而传授数字化知识广泛使用到的载体就是多媒体教学课件，它以其自身画面生动形象、交互性好、用户自主选择性强等优点被绝大多数人所认可。在众多制作多媒体教学课件的软件中，Flash 凭借自身的多重优点成为大家的首选。它具有强大的图形编辑和动画创作功能，同时它也是一个很好的多媒体开发工具，它简单易学，界面人性化，制作效果丰富，软件功能强大，文件易存储。利用 Flash 的强大功能，大家可以放飞思绪，大胆创新，制作出可以想象出来的任何动画效果。因此，我们将借助 Flash 的强大功能和突出优点制作一个精彩实用的多媒体教学课件。在本课件制作过程中，为了帮助大家理解 ActionScript 2.0 语句与 ActionScript 3.0 语句的区别，在案例制作过程中，不同场景分别使用这两种脚本语句，以此来帮助大家对两个版本的脚本语句有一个直观的认知，大家在练习的过程中，注意掌握方法，认知差异，以求为今后的学习实践中打下一个良好的基础。

课件名称：《计算机文化基础》多媒体教学课件

课件内容：简单介绍计算机基础知识

制作软件：Flash CS6

制作目的：本课件属于“辅助型”教学课件，主要是辅助教师课堂讲授或学生课后学习时使用。本课件充分模拟了多媒体教学课件的主要制作流程，重点在于介绍多媒体课件的制作方法，教学内容的选择较为简单，具体学习时，大家可以根据实际内容的多少做适当的增减，但方法都是相同的。通过本章的学习，希望大家在理解的基础上举一反三，变化出更加丰富精彩的多媒体课件动画交互效果。

场景设计：本课件主要由四个部分组成，即片头、讲授、操作和片尾。

素材准备：一套完善的教学内容，包括讲授知识和练习题目等文字素材的准备，简洁明快的背景图片，各类按钮图片的准备。

课件流程：课件由动态画面引入，通过按钮选择是否进入课程的学习，选择继续学习，再进入课堂讲授的内容。如果选择退出，则直接进入片尾部分。进入课堂讲授后，通过认真学习本节课内容，学生可以选择进行操作练习，学习完成后可以选择退出本课件。

课件特色：课件以辅助教学为主，因此，内容选择重点突出，简洁明了。界面美观大方，背景界面色彩明朗，字体大小适中。交互功能良好，便于教师课堂教学使用。另外，为了提高课堂教学质量，教学课件制作了操作的环节，促进师生互动。

任务三　场景设计

多媒体教学课件开发与制作目的是为了高效传播知识。因此，多媒体教学课件的使用主要有两个方面，一是辅助讲解者进行讲授，二是为了帮助学习者自主学习。因此，无论从哪个角度来讲，在制作多媒体教学课件时，最大的一个特点就是突出交互功能，这样才能实现良好的人机交互，达到高效传播知识的目的。除了具有良好的交互性，内容与画面的设计也十分重要，下面具体讲述如何进行多媒体教学课件的场景设计。

一、场景内容设计

多媒体教学课件的最终目的就是为了高效地传播知识，因此，在进行教学课件内容的选择时一定要科学、严谨。首先就是仔细分析所制作的多媒体教学课件属于哪个学科体系，在制作时尽量体现这个学科的特点。其次，确定课件内容，所要制作的多媒体教学课件在选择内容时要注意，既能保证选择教学内容的完整性与多样性，又能将枯燥的知识生动化，还可以体现出选来制作多媒体教学课件的软件的特点。再次，教学课件内容的合理编排，教学内容在制作场景中的布局，教学内容出现的先后顺序等都是这一部分所要认真设计的内容。

二、场景交互功能设计

在制作多媒体课件的教学场景时，为了提高教学课件的实用性和趣味性，教学内容的选择形式多种多样，在实际制作时，不同的教学内容将被分别安排在不同的场景中，如何将这些独立的场景文件有机地联系在一起呢，这个问题就成为评价教学课件的交互性能是否良好的一个衡量标准。因此，在制作多媒体教学课件时一定要注意人性化的交互功能的实现。

三、场景界面设计

多媒体教学课件能否被用户接受和喜爱的第一点在于课件外观界面是否美观。教学课件在进行界面设计时除了要保证画面的美观，还要考虑到实际教学的需要，不能只追求画面的美观，但却与教学内容不匹配，这将会起事倍功半的效果。因此，多媒体教学课件场景界面的设计重在画面与内容的协调和统一。

任务四　素材准备

素材是多媒体教学课件的基本组成元素，是制作出优秀多媒体教学课件的先决条件。多媒体教学课件的素材需要事先准备，如需要准备文字、图像、声音、动画、影像等原始素材，而对于采集或制作的原始素材往往还需要进一步处理和加工。获取多媒体教学课件素材途径有多种方式，具体介绍如下。

一、文字素材准备

多媒体教学课件中文字素材的准备主要有键盘录入、扫描输入、语音输入和网上下载等多种方法。

二、图像素材准备

图像是人类获得信息的重要来源，也是多媒体课件中最常用的素材，是一种最直观的教学信息载体。多媒体教学课件制作中需要的图像可以从多种渠道获得。例如，软件绘制、图像素材光盘、网上下载、从计算机屏幕上直接截屏、利用扫描仪或数码相机采集等。

三、声音素材准备

声音素材又分为两类：语音和乐音。在多媒体教学课件中语音文件多是教学内容的配音，获得这类素材的方法可以使用 windows 系统自带的录音机进行录制，也可以使用一些专业的声音处理软件如 CoolEdit、GoldWave 等。而乐音多作为背景音乐，这类声音文件的获得多从网上下载一些轻音乐或经典钢琴曲等。使用乐音文件时，建议选择 MP3 格式文件，这样可以减小文件占用的存储空间。

四、动画素材准备

在多媒体教学课件中使用动画素材可以提高作品的趣味性。动画素材的获取方法也有多种，如专业动画软件制作、网上下载、动画素材光盘获取等。

五、视频素材准备

视频可以更直观呈现信息。视频素材的使用多是引用已有视频文件，使用相应的视频处理软件截取其中片断作为教学内容的辅助说明。

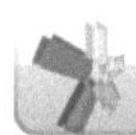

任务五　动画制作

交互式多媒体教学课件的制作过程中除了要清楚表达讲授知识、界面美观大方外，最重要的地方在于突出交互功能，要想用户之所想，使得用户在使用时可以自由选择课件内容，轻松实现人机交互。因此，《计算机文化基础》多媒体教学课件也是主要突出这一特点。

该教学课件主要分为五个场景，为了帮助大家清楚了解制作教学课件的流程，将课件分成了四个场景，这样做的目的是使大家在学习时即能够有一个清晰的学习思路，又能进行分项练习，易于掌握。下面就这四个部分的具体制作步骤做一详细介绍。

片头制作

① 打开 Flash CS6，选择新建“ActionScript 3.0”文件，打开属性面板如图 4-7 所示，自定义设置舞台大小，将舞台背景设置为黑色。

图 4-7　新建“ActionScript 3.0”文件属性面板

② 双击“图层 1”将其改名为“背景”图层，选择【文件】|【导入】|【导入到库】，将事先准备好的背景素材导入到库面板中备用。

③ 选择库面板中的“背景图”图片，将其拖动到“场景 1”中的“背景”图层的第 1 帧，选择背景图片将其转化为“图形”元件，选择该图形元件，将其移动到舞台的下方。效果如图 4-8 所示。

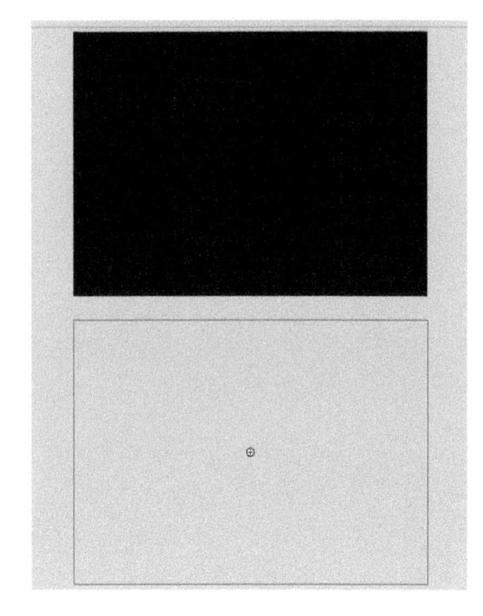

图 4-8　将图形元件移至舞台下方效果

④ 打开属性面板，从“色彩效果——样式”的下拉列表中选择“Alpha”，将其参数值设置为 0。具体设置如图 4-9 所示。

图 4-9　在元件属性面板中设置 Alpha 参数值

⑤ 在第 30 帧处按 F6 插入关键帧，选择背景图片向上移动到舞台位置并与舞台对齐，使用同样的方式修改该对象的“alpha”值为 17%。

⑥ 选择第 50 帧，按 F6 插入一个关键帧，在 50 帧处选择舞台中的背景图片，在属性面板中修改“alpha”的属性值为 100%。

⑦ 分别在 1 ～ 30 帧和 30 ～ 50 帧之间单击鼠标右键，选择“创建传统补间”命令。

⑧ 新建“标题”图层，在该图层第 50 帧处按 F6 插入关键帧，使用工具箱中的“文字工具”输入标题文字“计算机文化基础”，使用工具箱中的“任意变形”调整文字的大小，并放在舞台下方合适位置。设置效果如图 4-10 所示。

图 4-10　使用“任意变形”工具将文字缩小并放置于舞台下方

⑨ 在“标题”图层的第 70 帧按 F6 插入关键帧，将文字从舞台下方向上移动到适当位置，在 50 ～ 70 帧之间创建传统补间。

⑩ 在“标题”图层的第 90 帧按 F6 插入关键帧，使用“任意变形”工具将文字适当放大放于舞台中央。在 70 ～ 90 帧之间创建传统补间。设置如图 4-11 所示。

图 4-11　使用“任意变形”工具适当缩放文字并调整位置于舞台中央

⑪ 在“标题”图层 100 帧处将文字进一步放大，并在 90 ～ 100 帧之间创建传统补间。

⑫ 选择【插入】|【新建元件】，新建一个“按钮”元件，确定后，进入到此按钮元件的编辑窗口，在“图层 1”的“弹起帧”，使用矩形工具分别绘制两个无边框的白色矩形，然后使用“选择”工具对其进行简单的变形后加以拼接，制作出箭头形状的按钮图案。效果如图 4-12 所示。

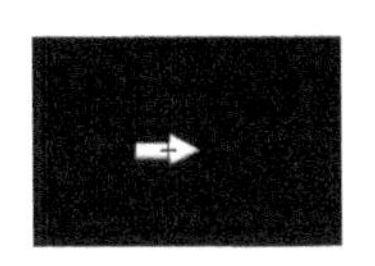

图 4-12　完成后的箭头按钮效果图

⑬ 在“点击帧”单击鼠标右键，选择“插入关键帧”命令。然后使用“钢笔”工具在依据原来箭头形状的内部描出箭头轮廓，完成后为内部箭头填充深灰色。

⑭ 单击舞台上方的“场景 1”，回到场景舞台的编辑窗口。

⑮ 新建一普通图层，命名为“按钮”。在第 100 帧处按 F6 插入关键帧，其目的是希望用户在运行多媒体课件时单击该按钮即可以进入到课程学习页面。

⑯ 刚刚制作好的按钮已经存放在“库”面板中，打开库面板，将按钮元件拖动到“场景 1”中“按钮”图层的第 100 帧处。

⑰ 新建一个图层，命名为“加载”，选择【插入】|【新建元件】菜单，新建一个名为“jz”的空影片剪辑元件。

⑱ 返回到场景中，从库面板中将“jz”元件拖动到“加载”图层第一帧的左上角。并在“加载”图层的第 100 帧处，单击鼠标右键，选择【插入】|【插入帧】命令。

⑲ 选择场景左上角空的“jz”实例，打开属性面板，在属性面板中为其起个实例名，名称为：jiazai_mc（此对象为后期实现页面跳转而加载新页面时使用）。

⑳ 新建一个普通图层，命名为“动作”，该图层不需要放置任何内容，只在第

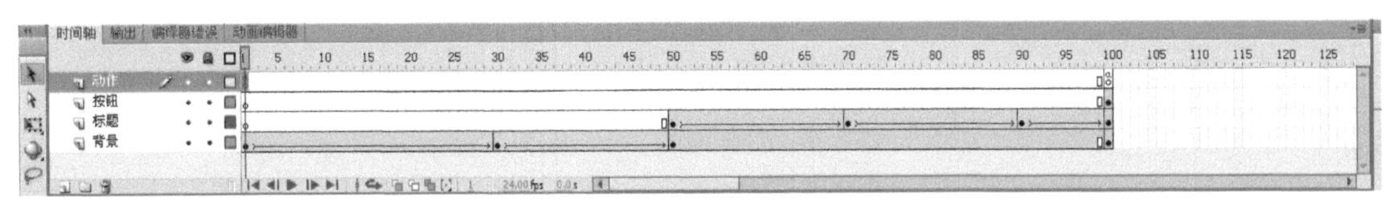

图 4-13　“片头”时间线

一个空白关键帧处添加语句命令“fscommand ("fullscreen","true")；”，意为动画载入时，将自动进入全屏播放。

㉑ 在“动作”图层的第 100 帧处，单击鼠标右键，选择【插入】|【插入帧】命令。

㉒ 在“动作”图层的第 100 帧处插入了一个空白关键帧，选择“窗口”——“动作”，打开动作面板，输入“stop();”。

㉓ 致辞，初步完成第一场景——片头动画的制作，注意文件的保存，保存后按 Ctrl+Enter 组合键导出 SWF 格式。该影片最终的时间线如图 4-13 所示，场景效果如图 4-14 所示。

图 4-14 “片头”场景效果

课堂讲授制作

① 选择【文件】|【新建】命令，新建一个“ActionScript 3.0 文件”，即打开一个新的文件窗口，下面开始制作“课堂讲授”场景。

② 新建“背景”图层，在背景图层中导入一两幅背景图片，或自己绘制一个背景图片，具体制作方法参考“片头”动画背景的操作方法进行制作，完成后，锁定背景图层。

③ 新建“标题”图层，参照背景图片的设计效果，在适当的位置录入多媒体课件的标题“计算机病毒与防治”，选择标题文字，选择【修改】|【转换为元件】，将标题文字转为“影片剪辑”元件，如图 4-15 所示。

④ 选中舞台中的“计算机病毒与防治”影片剪辑元件，选择【窗口】|【动画预设】，打开“动画预设”面板，在“默认预设”选项中选择一种预设的动画效果，本例选择的是“从底部模糊飞入”。在 100 帧处，单击鼠标右键，选择【插入】|【插入帧】命令。具体设置如图 4-16 所示。

图 4-15 将标题文字转换为“影片剪辑”元件

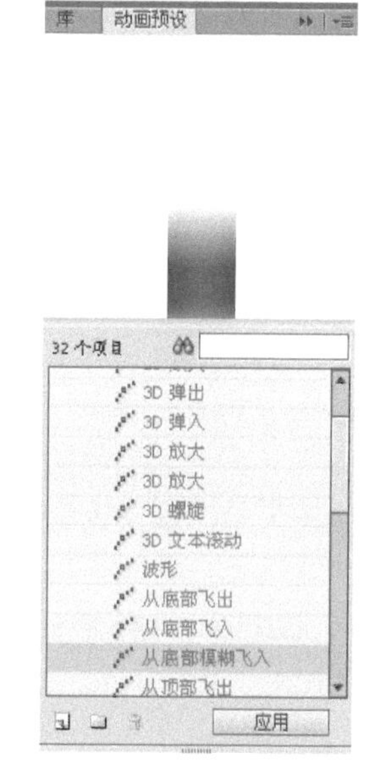

图 4-16 “动画预设”面板

⑤ 新建“正文”图层，使用文字工具输入相关文字信息，并按照第 ④ 步的方法为其添加动画效果，并在 100 帧处插入普通帧。注意“正文”和“标题”出现的先后顺序，“标题”出现后等待几秒再出现“正文”，因此，时间轴的具体设置如图 4-17 所示。

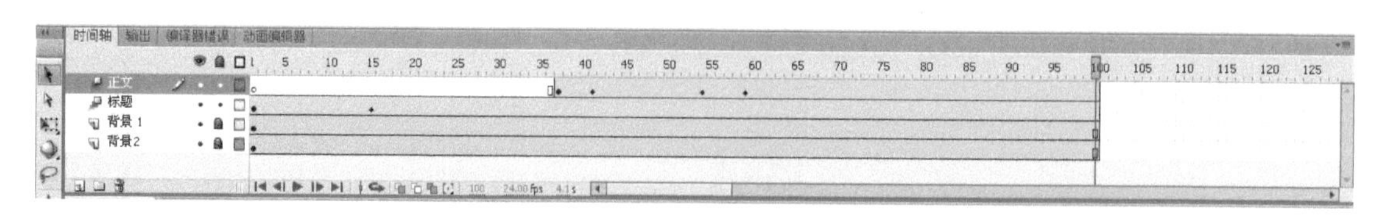

图 4-17 “正文”与“标题”的时间轴效果

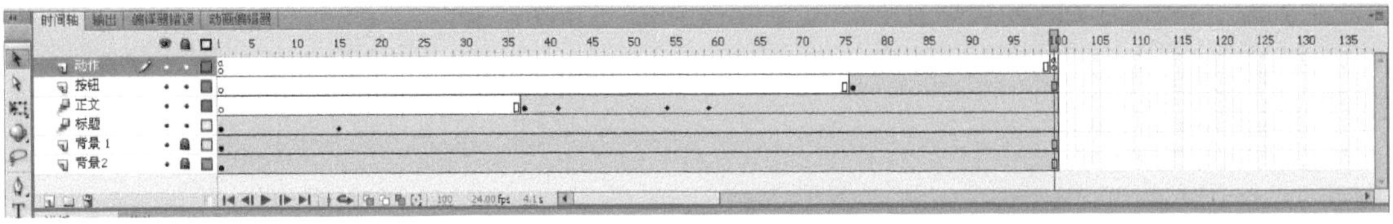

图 4-18 “课堂讲授”时间线

⑥ 按照与“片头”同样的方式继续制作“按钮”和“动作”图层，也可以从“片头.fla”文件中将这两个图层复制粘贴到当前位置。

⑦ “讲授”部分的内容基本制作完毕，注意保存文件名为“讲授”并导出为 SWF 格式文件。

⑧ “讲授”制作完成后的时间线如图 4-18 所示，场景效果如图 4-19 所示。

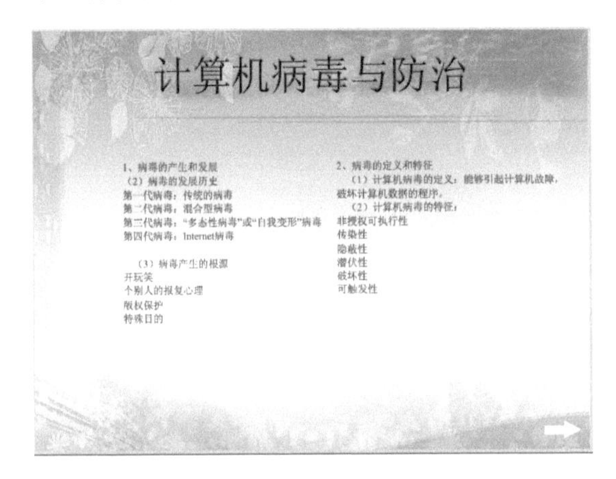

图 4-19 “课堂讲授”场景效果

操作练习

① 选择【文件】|【新建】命令，新建一个“ActionScript 2.0 文件”，即打开一个新的文件窗口，下面开始制作选择题场景。

② 选择【插入】|【新建元件】，新建一个图形元件，命令为“按钮”。在该元件中的弹起使用矩形工具绘制一个小矩形，任意填充颜色，再点击帧插入一扩展帧。

③ 插入一个“选项 ABCD”影片剪辑元件。在第 1 帧处输入“stop();”语句，在第 2 帧输入答案“A”字母，第 3 帧输入“B”，第 4 帧输入“C”，第 5 帧输入“D”。

④ 再插入一个“对错”的影片剪辑元件，在第 1 帧处输入“stop();”语句，在第二帧处输入一个“√”符号，在第三帧处输入“×”的符号。

⑤ 插入一个名为“提交”的按钮元件，效果自定义。

⑥ 插入一个名为“返回”的按钮元件，效果自定义。

⑦ 回到场景编辑窗口，将“图层 1”改名为“背景”，在该图层中，将处理好的背景插入进来。

⑧ 新建一个“题目”图层，在该图层第 1 帧处输入相关的选择题题目和相关选项，然后在第 2 帧单击鼠标右键，选择【插入】|【插入帧】。最后将图层属性设置为“锁定”状态，以免后期操作时选择错误。

⑨ 新建一个图层，图层命名为“按钮”图层，在“按钮”图层的第 1 帧处，将已经做好的“按钮”元件拖动到第 1 题的选项“A 应用软件”处。同样的方法，为每一个题目的每个选项上都拖动一个透明的隐形“按钮”元件。

⑩ 选择第一个选择题的“A 应用软件”选项上的隐形按钮，我们希望在单击 A 选项上的隐形按钮时能达到这样一个目的：单击 A 选项，在题目画线处可以显示出目前选择的答案，同时，在系统内部又能判断出 A 选项的对与错，判断出最终的结果，进行统计是否能够得分。因此，选择题目 1 的 A 选项上的隐形按钮，打开动作面板，在脚本编辑区域输入这样的语句：

```
on (release) {
da=0;
with(t1) {
gotoAndStop(2) ;
}
}
```

⑪ 同样道理，因为第一题的 B 和 D 选项也是错误的，除了在画线处与 A 选项显示符号不同外，其他语句和 A 选项一致，所以在 B 选项的隐形按钮选中的状态下，应该添加的动作语句为：

```
on (release) {
da=0;
with(t1) {
gotoAndStop(3) ;
}
```

```
}
```

D 选项的语句为：

```
on (release) {
da=0;
with(t1) {
gotoAndStop(5) ;
}
}
```

⑫ 因为第一题 C 选项是正确选项，所以 C 选项上隐形按钮应该添加的语句为：

```
on (release) {
da=1;
with(t1) {
gotoAndStop(4) ;
}
}
```

⑬ 第二题的做法类似，先要明确正确答案是哪个选项，然后再添加相应的动作语句。

⑭ 新建一个“答案层”图层，在该图层的第 1 帧处，将前几步中已经做好的“选项 ABCD”和“答案”两个影片剪辑元件分 2 次分别拖动到两个选择题目的括号内，并在属性面板中为实例命名：第一题的“选项 ABCD”元件命名为“t1”，“答案”实例命名为“d1”；第二题的“选项 ABCD”元件的实例命名为“t2”，“答案”的实例名称为“d2”。第 1 帧添加语句“stop();”，第 2 帧插入一个普通帧。

⑮ 新建一个“提交”图层，在第一帧处插入关键帧，使用库中的“提交答案”按钮，制作一个命名为“提交”的按钮，选择按钮元件，为其添加如下代码：

```
on (release)
{
gotoAndStop(2)
}
```

⑯ 在“提交”图层的第二帧处，插入空白关键帧，同样制作一个“返回”按钮，选择该按钮时添加如下代码：

```
on (release) {
with(t1) {
gotoAndStop(1) ;
}
with(d1) {
gotoAndStop(1) ;
}
with(t2) {
gotoAndStop(1) ;
}
with(d2) {
gotoAndStop(1) ;
}
}
```

⑰ 新建一个“代码”图层，分别在第一和第二帧加入如下代码：

第一帧语句为：

```
stop();
```

第二帧语句为：

```
if (da==1) {
with(d1) {
gotoAndStop(2) ;
}
} else {
with(d1) {
gotoAndStop(3) ;
}
}
if (db==1) {
with(d2) {
gotoAndStop(2) ;
}
} else {
with(d2) {
gotoAndStop(3) ;
}
}
```

⑱ 按照与片头和讲授同样的方式制作“箭头按钮”和“全屏命令”。

⑲ 操作练习场景的制作到此完毕。最终时间线如图 4-20 所示，场景效果如图 4-21 所示。

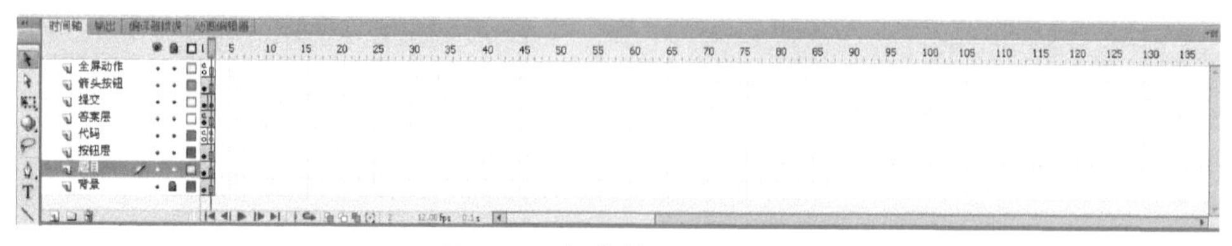

图 4-20“操作练习”时间线

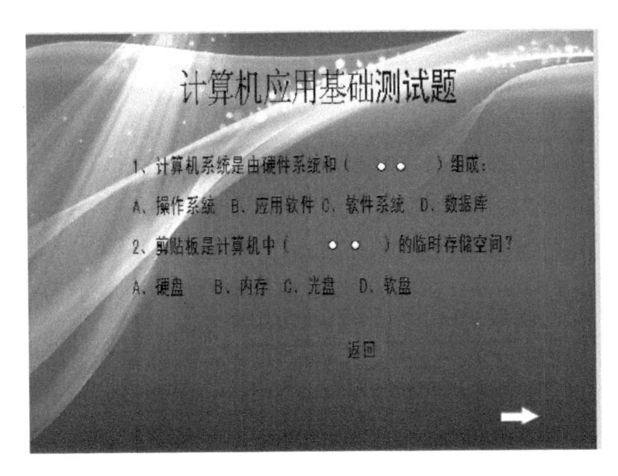

图 4-21 “操作练习”场景效果

片尾制作

片尾部分主要是为了注明关于多媒体课件制作的相关信息，如作者姓名、制作日期等信息，只需要做一个简单的补间动画就可以了，在此不再赘述。

这里主要说明最终退出动画效果的制作。

在制作好的动画文件中新建一个图层，在该图层与相对应的图层最后一帧的位置上加入这样的语句“fscommand("quit", "");”，即可轻松实现动画退出设计。

注意：“fscommand("quit", "");”语句应在保存输出后，对输出的SWF文件进行测试方可看到效果，在编辑状态下测试无法正确展示语句的执行效果。

场景合成

① 打开“片头.fla”文件，因为该文件在创建时选择的是“ActionScript 3.0”文件，在选择场景中的按钮添加语句代码时会弹出如图 4-22 所示效果，在 ActionScript 3.0 中，代码无法直接放置到对象上，前面已经强调了这一特点，这是与 ActionScript 2.0 区别较大的地方。在 ActionScript 3.0 中的操作应该是先给按钮命名，然后给其所在帧添加语句代码，以此来调用对应名称的按钮。

② 选择场景中的箭头按钮，打开“属性”面板，在实例名称处输入按钮名称，在此用“下一页”三个汉字的声母将按钮命名为“xyy”。操作如图 4-23 所示。

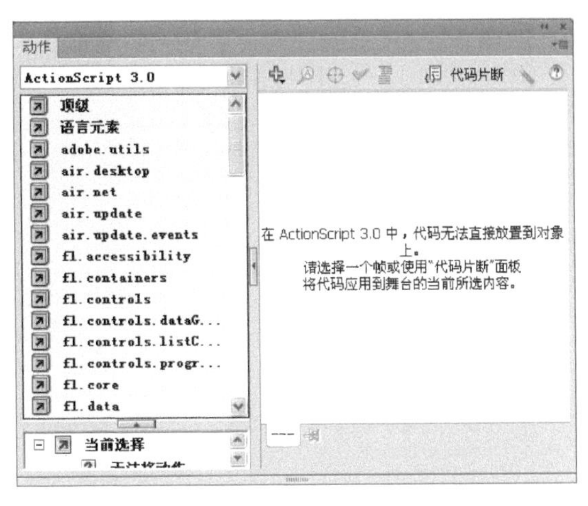

图 4-22 选择场景中的按钮对象添加语句的动作窗口提示效果

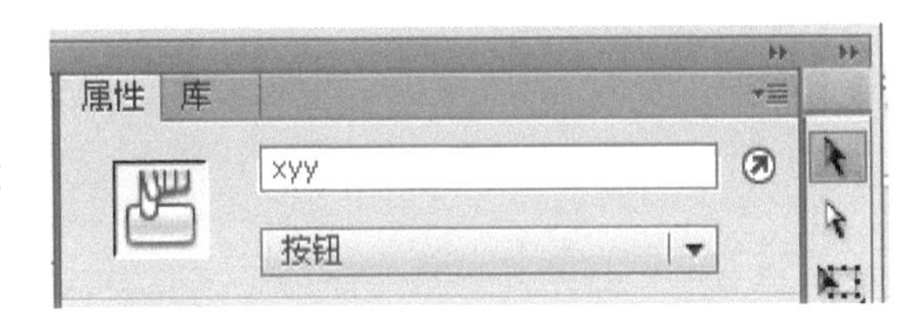

图 4-23 在属性面板中为按钮实例命名

③ 单击场景空白位置，打开“属性”面板，在发布一项中将脚本类型选为“ActionSript 2.0”。

④ 选择“按钮”图层的第 100 帧（即按钮所放的帧），选择【窗口】|【动作】，打开动作面板，在动作面板中输入如下语句：

```
Object(_root).xyy.onRelease = function()
{
    loadMovie("讲授.swf",jiazai_mc)
}
```

⑤ 保存测试即可发现按钮已经实现了跳转。

⑥ 同样的方式，打开“讲授.fla”文件，首先在属性面板设置脚本语句类型同上，然后使用同样的方式先为该页面按钮命名为“xxyy”，然后在按钮所在的帧位置上添加类似代码即可。注意保存测试效果。具体代码如下：

```
_root.jiazai_mc.xxyy.onRelease = function()
{
loadMovieNum("操作.swf",0)
}
```

⑦ 打开“操作.fla”文件，该文件在新建时选择的是“ActionScript 2.0”文件，因此，上

述代码在该文件中使用时会提示错误信息。使用 ActionScript 2.0 脚本时，语句可以直接添加到按钮对象上。选择箭头按钮，打开动作面板，在面板中输入如下语句即可，注意保存测试效果。

```
on (release) {
    loadMovieNum("片尾.swf",0)
}
```

⑧ 整体调试、运行。

测试与发布

制作完成的 Flash 动画最终目的都是为了发布成影片或导出成其他不同格式，以供其他不同应用程序进行处理和使用，因此，动画文件的大小，直接关系到其载入和播放时间的长短，为了获得良好的播放质量，在制作过程中要注意对动画的优化处理，以达到减少文件存储空间的目的。下面分别介绍一下动画的优化、测试、发布与导出。

一、动画的优化

在 Flash 软件中，动画在输出前会有一个自动的优化过程，但是为了获得最优的播放质量，用户在制作过程中，还是需要注意对动画的优化处理，以缩小动画文件大小。优化动画的主要方法如下。

●在动画中多次使用的对象，应尽量将其转化为元件。

●创建动画时，尽量使用软件的基本动画类型——补间动画，这相比逐帧动画来讲，占用的空间资源要少得多。

●尽量少使用特殊线条，如点画线。因为与实线相比，特殊线条占用空间更多。使用铅笔则比刷子绘制线条占用的空间要小。

●使用音频文件时，尽可能使用 MP3 格式文件。

●尽量减少使用位图文件，使用时尽可能将其作为静态的背景图片。

●尽量少使用渐变色和透明度，这会影响动画回放的速度。

二、动画的测试

动画制作完成后，准备输出前，为了保证动画的最终输出时的效果，需要对动画的整个流程进行测试。

1. 测试场景动画

对于在场景中的动画，可以通过以下菜单或快捷键进行测试。

●菜单：【控制】|【播放】

●快捷键：Enter

2. 帧动作测试

●菜单：【控制】|【启用简单帧动作】

●快捷键：Ctrl+Alt+F

3. 按钮动作测试

●菜单：【控制】|【启用简单按钮】

●快捷键：Ctrl+Alt+B

4. 影片剪辑元件的测试

●菜单：【控制】|【测试影片】

●快捷键：Ctrl+Enter

三、动画的发布

制作完成后的 Flash 动画为了能够在适应在不同的环境下进行播放，就需要对动画进行发布，发布可以创建除了 SWF 以外的其他多种格式，在发布前，需要对动画进行“发布设置”。发布动画的具体步骤如下。

① 选择【文件】|【发布设置】，打开如图 4-24 所示对话框。

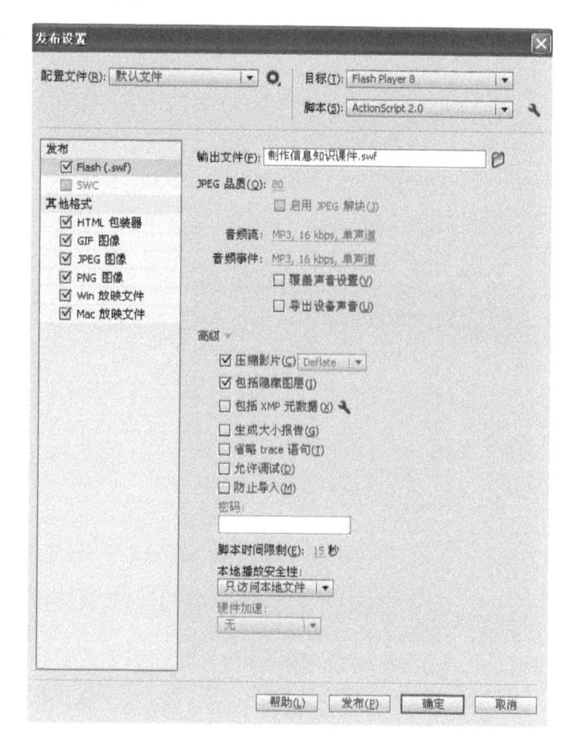

图 4-24　发布设置对话框中的格式选项卡

在“发布设置”对话框中，进行如下设置。

●“配置文件”选项：在“配置文件”的下拉列表中设置一个发布文件类型。

●“格式”列表：在“格式”列表中设置将发布文件的格式及文件的命名，如图4-24所示，当前选择发布文件的格式类型为“Flash(.swf)”文件。

●目标：发布时，需要选择一种播放器版本，在“目标”右侧的下拉列表里，就提供多种不同播放器版本供大家选择。

●脚本：发布时选择发布目标文件所使用的脚本语句的版本。

●输出文件文本框：在每一种格式类型的后面都有一个文本框，该文本框中显示默认状态下文件发布的位置或发布文件的新文件名称。

●选择发布目标按钮：重新设置发布文件的位置。默认状态下，将发布的文件与源文件放在同一个目录下。

② 如果选择发布文件格式“类型”为“flash(.swf)”，则可以继续在图4-24所示对话中进行设置。

● JPEG品质：设置对位图图像进行JPEG压缩时的压缩值，压缩值越大，进行压缩就越少，位图被保留信息越多；相反，压缩值越小，压缩就越大，位图被保留的信息越少。

●压缩影片：对发布的动画文件进行压缩，减少文件占用的资源空间，加快文件的传输速度。

●包括隐藏图层：输出时是否显示隐藏图层。

●包括 XMP 元数据：默认情况下，将在“文件信息”对话框中导出输入的所有元数据。单击“修改 XMP 元数据”按钮打开此对话框可以查看元数据。

●生成大小报告：在发布影片时，自动产生一个关于影片大小描述的文本文件。

●省略跟踪动作（省略trace语句）：在文件发布时忽略动作语句使用到的所有trace动作。

●允许调试：从调试动画环境中访问调试平台

●防止导入：选择该选项后，SWF文件将不能被导入到其他的flash文件中进入修改，其目的是为了对文件进行保护。

●密码：“密码”文本框在选择“允许调试”后可以使用。其目的是防止别人通过网络调试并修改文件。

③ 如果选择发布文件格式“类型”为“HTML(.html)”，对话框则会另外显示“HTML”选项卡，如图4-25所示，在该选项卡进行相关参数设置。

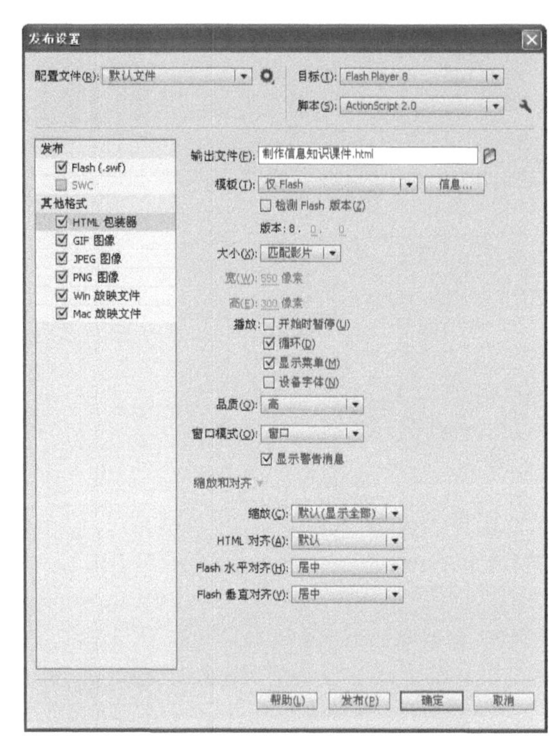

图4-25 发布设置对话框中HTML选项卡

●模板：设置HTML文件使用的模板。

●检测Flash版本：检测文件制作版本。

●大小：设置插入到HTML文件中的动画文件的大小。

●播放：“开始时暂停”——打开HTML文件时动画先处于停止状态；“显示菜单”——生成的HTML中，单击鼠标右键会弹出动画的控制菜单；“循环”——循环播放动画；“设备字体”——将消锯齿的系统字体替换为没有安装在用户系统上的字体。

●品质：设置画面的显示质量等级。

●窗口模式：设置用户在浏览器上播放动画的方式，不同的窗口模式影片的播放速度不同。

●显示警告消息：设置是否显示Flash的出错信息报告。

●缩放：设置动画缩放的相关属性。

● HTML对齐：确定动画在浏览器窗口中的播放位置。

● Flash水平对齐：设置Flash动画在窗口中水平方向的相对位置。

● Flash 垂直对齐：设置Flash动画在窗口中垂直方向的相对位置。

④ 如果选择发布文件格式“类型”为“GIF图像(.gif)”，对话框则会另外显示“GIF”选项卡，

如图 4-26 所示，在该选项卡进行相关参数设置。

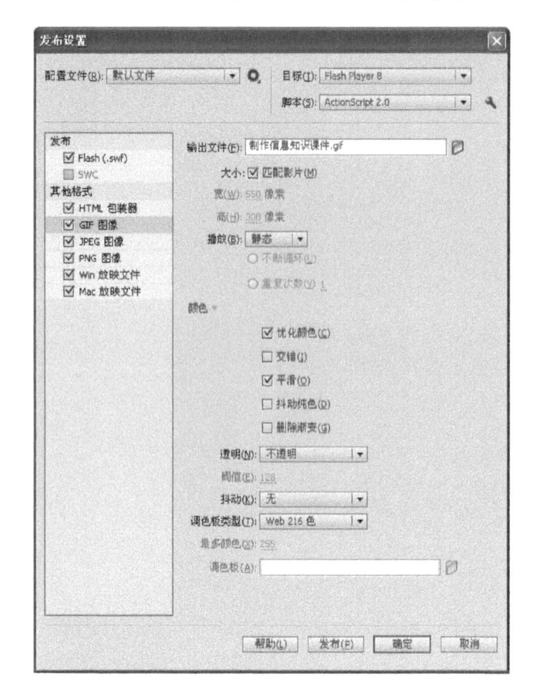

图 4-26　发布设置对话框中 GIF 选项卡

●大小：设置输出图像的大小。

●播放：设置创建图像的类型——动态或静态。

●颜色：设置 GIF 图像的显示属性。

●透明：设置文件背景的透明度及转换为 GIF 文件后的透明度。

●抖动：改善文件的颜色质量。

●调色板类型：定义文件使用的调色板。

●最多颜色：设置 GIF 图像的颜色数量。

⑤ 如果选择发布文件格式“类型”为“JPEG 图像(.jpg)”，对话框则会另外显示“JPEG”选项卡，如图 4-27 所示，在该选项卡进行相关参数设置。

●大小：设置图像文件大小。

●品质：品质的高低决定了生成文件的大小。

●渐进：逐渐显示 JPEG 图像。在网络较慢的情况下较多使用。

⑥ 如果选择发布文件格式“类型”为“PNG 图像 (.png)”，对话框则会另外显示“PNG”选项卡，如图 4-28 所示，在该选项卡进行相关参数设置。

●大小：设置输出图像文件的大小。

●位深度：设置创建图像时使用的像素倍数和颜色数。

●选项：设置输出图像的显示属性。

●抖动：改善文件的颜色质量。

●调色板类型：定义文件使用的调色板。

●最多颜色：设置 GIF 图像的颜色数量。

●滤镜选项：选择一种过滤方法，使得文件的压缩性更好。

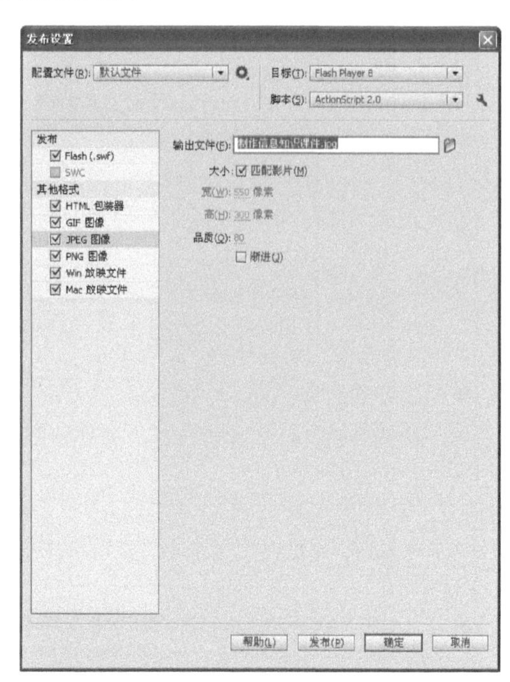

图 4-27　发布设置对话框中 JPEG 选项卡

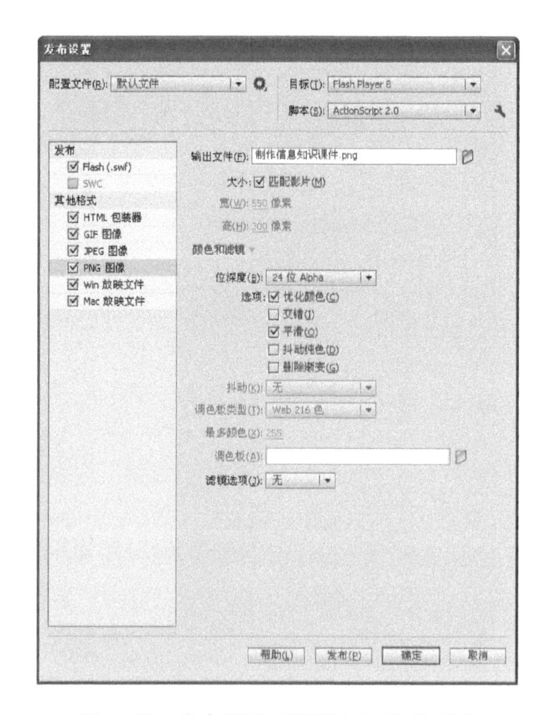

图 4-28　发布设置对话框中 PNG 选项卡

⑦ 如果选择发布文件格式“类型”为“Win 放映文件”，系统则输出一个“.exe”可执行文件，

如图 4-29 所示，在该选项卡进行相关参数设置。

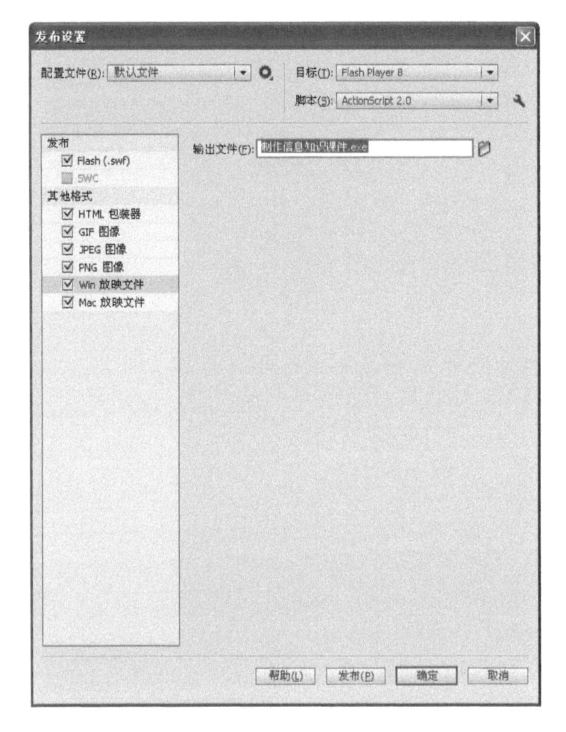

图 4-29　发布设置对话框中“Win 放映文件”选项卡

⑧ 如果选择发布文件格式“类型”为“Mac 放映文件”，系统则输出一个“.app”可执行文件，如图 4-30 所示，在该选项卡进行相关参数设置。

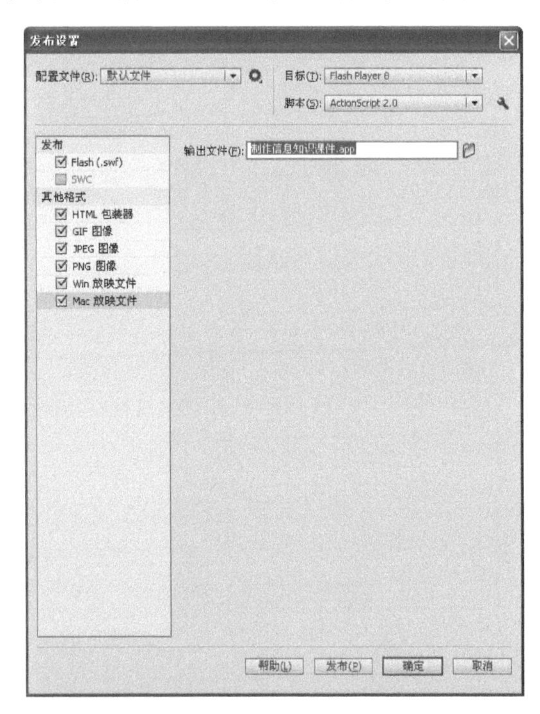

图 4-30　发布设置对话框中“Mac 放映文件”选项卡

四、动画文件的导出

“导出”可以使用用户根据实际需要将动画输出为多种不同的文件类型，如在 Flash 中可以导出动画、视频、音频、矢量图和位图等多种文件。

① 导出动画的方法。

●选择【文件】|【导出】|【导出影片】命令，弹出如图 4-31 所示对话框。

图 4-31　导出影片对话框

●在打开的对话框中，设置文件的导出类型、文件名和导出文件的存储路径。

●单击“保存”，将文件导出为设定格式。

●在“导出”对话框中进行相关属性设置。导出文件类型不同，对话框的参数也不同。

② 导出为 AVI 文件，则弹出如图 4-32 所示对话框。

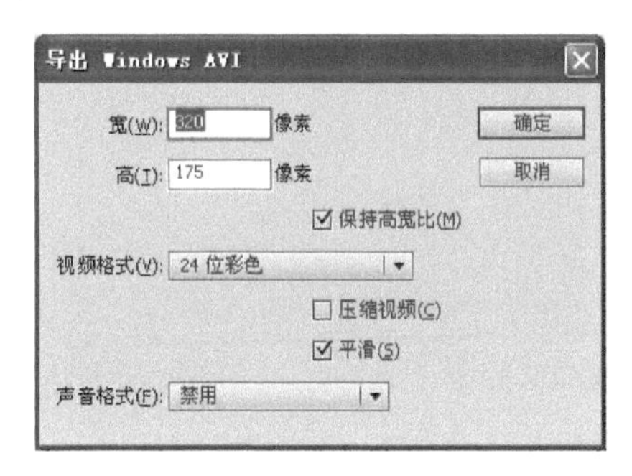

图 4-32　导出为 AVI 文件对话框

●宽高：以像素为单位，设置视频文件的大小。

●视频格式：设置视频文件的颜色深度。

●压缩视频：对导出视频文件压缩属性设置。

●平滑：改善输出文件的外观。

●声音格式：设置输出视频中声音文件的采样频率，频率高，声音质量好，同时文件占用空间大。

③ 导出为 GIF 动画文件时，则会弹出如图 4-33

所示对话框。

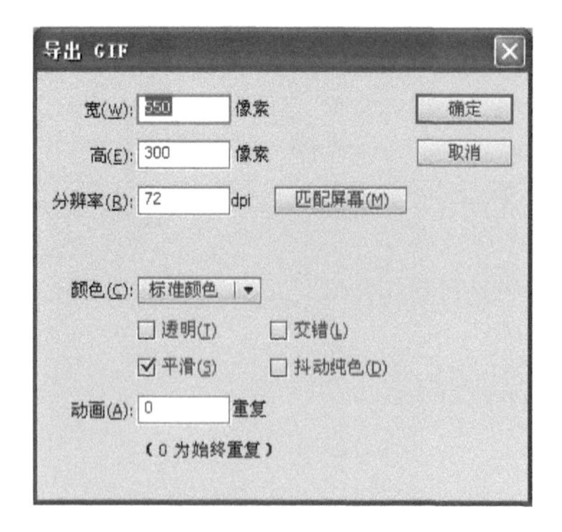

图 4-33　导出为 GIF 文件对话框

●宽、高：以像素为单位，设置视频文件的大小。

●分辨率：设置文件显示分辨率。

●颜色：设置图像的颜色数目。

●透明：制作透明动画。

●平滑：控制输出动画的平滑程序。

●交错：下载导出的文件时，在浏览器中逐步显示该文件。

●抖动纯色：将抖动应用于纯色和渐变色。

●动画重复：动画重复播放的次数。

④ 导出为 Windows WAV 文件时，则会弹出如图 4-34 所示对话框。

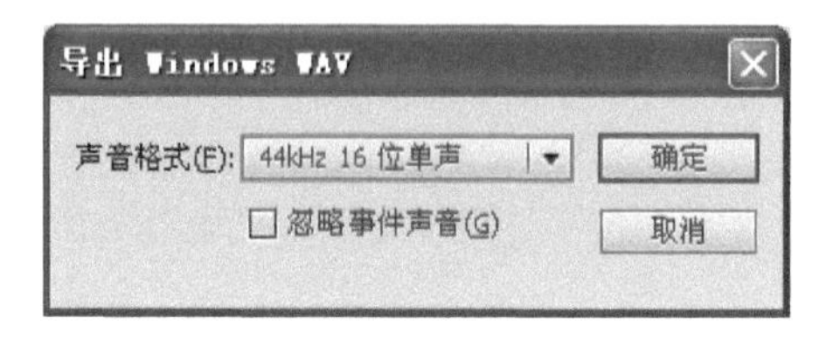

图 4-34　导出为 Windows WAV 文件对话框

●声音格式：设置输出声音的频率、位数及声道数。

●忽略事件声音：确认导出的声音为哪些类型。

⑤ 导出为 JPEG 文件时，则会弹出如图 4-35 所示对话框。

●宽、高：以像素为单位，设置视频文件的大小。

●分辨率：设置文件显示分辨率。

●品质：导出文件的质量

●选项：在 Web 浏览器中增量显示渐进式 JPEG 图像，使得用户可在低速网络连接上以较快的速度显示加载的图像，类似于 GIF 和 PNG 图像中的交错选项。

⑥ 导出为 PNG 图像序列文件时，则会弹出如图 4-36 所示对话框。

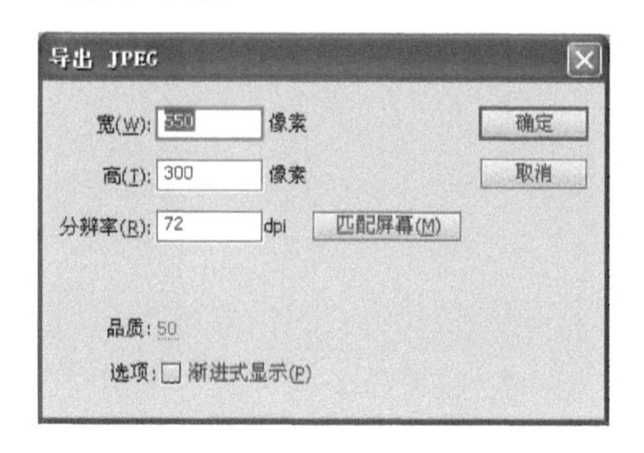

图 4-35　导出为 JPEG 文件对话框

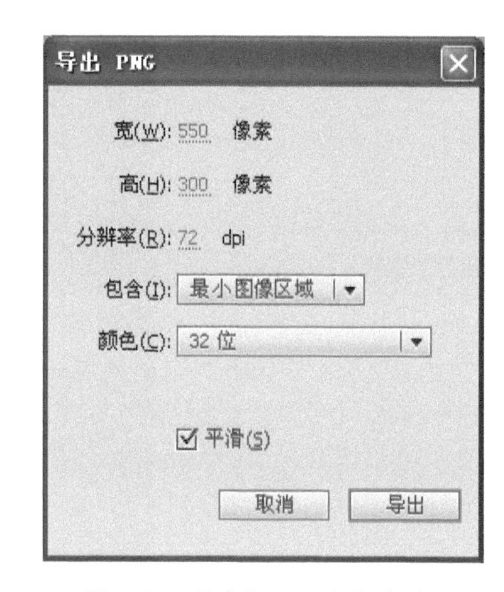

图 4-36　导出为 PNG 文件对话框

●宽、高：设置输出位置的大小，

●分辨率：设置图像显示分辨率属性。

●包含：导出的文件所显示的区域，是最小图像区域还是整个文档。

●颜色：设置导出位图图像的颜色位数。

●平滑：设置打开或关闭位图文件平滑边缘功能。

拓展练习

为自己制作的电子贺卡添加脚本，使之能实现人机交互。

单元五

制作三维动画主站片头动画

由于 Flash 使用向量运算（Vector Graphics）的方式，产生出来的影片占用存储空间较小，因此 Flash 片头越来越多地出现在电视和其他媒体中。Flash 制作的片头具有跨平台、流媒体、多种媒体整合和强大的互动性等特点，使它成为一个非常流行而且受到欢迎的技术。用 Flash 可以达到文本和图片都无法单独实现的视觉冲击力和良好的用户体验，并且易于网络流传。精美可爱的卡通设计，富有灵气的表现手法，方便的制作方法，低廉的制作成本是它的主要特点。

Flash 片头设计要求如下。

1．帧频率设定

Flash 片头一般用在网络、电视或多媒体光盘中。在网络上因受到传输速度的限制，其帧频率可以设定为 12fps；在电视或多媒体光盘中，因其质量要求较高，所以一般设定为 25fps。

2．剧情脚本的编写

首先创建文字剧本，文字剧本必须有一个灵动的节奏，这样才能使整个故事显得生机勃勃。分镜头剧本同样要求有一个好的镜头衔接的节奏。分镜头剧本中要求在保留文字剧本中所涉及的内容同时，更要求分镜头有镜头感。

3．动画的节奏和镜头的衔接

在电影中，导演和摄影师利用复杂多变的场面调度以及不同的景别变化，可以使影片剧情的叙述、人物思想的表达、人物关系的处理更具表现力，从而增强影片的艺术感染力。镜头与镜头之间可以采取直接跳帧、空帧、淡入淡出、叠画、叠印等形式。

河北省第一部三维动画长篇《豆丁的快乐日记》于 2010 年 5 月 11 日在央视银河剧场黄金时段播出，此实例是该动画片的网站开头动画。下面借此实例介绍片头动画的制作。

任务一　作品创意策划

作品设定初衷是放在网站首页，节奏比较缓，所以帧频率设定为 12fps；本片音乐选自动画片片头原音，节奏轻松，本片主线是一只代表原创的铅笔，整体动画非常流畅。

《豆丁的快乐日记》是一部风趣幽默、益智宜教、老少皆宜的动画片，这部片头动画也继承豆丁的风格，下面就是这部短片的创意构思。

① 随着笔头飞舞，渐渐出现黑白的豆丁等四个主人公的线稿和背景黑白图，接着人物和背景都填充颜色；

② 标志渐变出现，用笔轻轻点击标志，标志放大；

③ 笔写字动画，然后缩小到适当位置。

任务二　场景设计

本例的场景设计如图 5-1 所示。

图 5-1　动画场景

任务三　素材准备

片头的主题是《豆丁的快乐日记》，所以找一张豆丁的场景图作背景（图 5-2），一张主人公的合影(图 5-3)作主要元素，动画标志如图 5-4 所示，制作一支上面写有主题名称的笔（图 5-5），最后添加制作单位和合作单位收尾。

将背景和主角合影导入 Photoshop（PS），进行去色处理，处理成如图 5-6 和图 5-7 所示效果。

图 5-2　背景图

图 5-3　主人公合影

图 5-4　动画标志

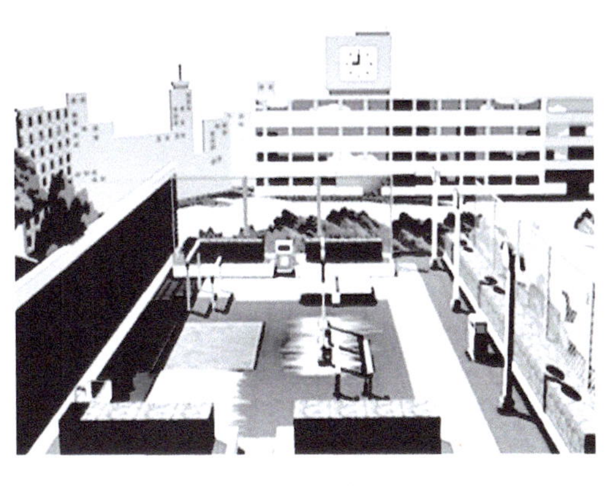

图 5-6　去色的场景图

图 5-5　绘制的笔

图 5-7　去色的角色图

任务四 动画制作

① 启动 Flash CS6，单击【文件】|【新建】命令，选择 Flash 文件（ActionScript 3.0），单击“确定”按钮，建立一个新文档。

② 进入文档编辑窗口，单击属性面板中的大小后面的“编辑”按钮，弹出“文档属性”对话框，设置尺寸为 800px×600px，背景颜色为白色，帧频率为 12fps，单击“确定”按钮，关闭对话框，完成文档属性的设置，如图 5-8 所示。

③ 选择【文件】|【导入】|【导入到库】命令将所有文件选中、导入，单击确定，可以单击 Ctrl+L 查看库面板。

④ 首先导入背景音乐。设置第一层为音乐层。

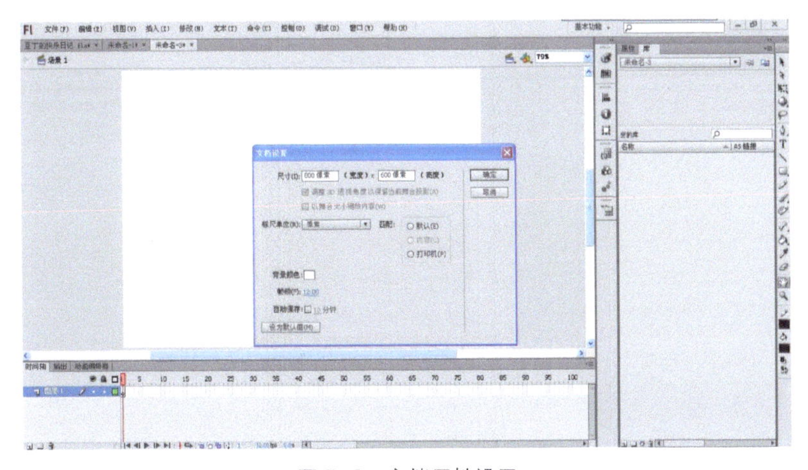

图 5-8　文档属性设置

从库中选择"动画主题歌.wav"拖至音乐层的第一帧。

⑤ 接下来要做画笔画出人物线稿的动画，利用遮罩图层的形状渐变和笔的跟随动画进行制作。步骤如下。

a. 制作起始帧，插入两个新图层，图层从下至上分别命名为黑白人、人物遮罩和笔（见图 5-9）。再将线稿人物放入"黑白人"图层，选定线稿人物图，调整其属性，设置位置属性为【X：200，Y：200】；将笔拖入笔图层，按 q 键选中中心点将其移到笔尖处，在人物遮罩图层绘制遮罩，如图 5-10 所示。

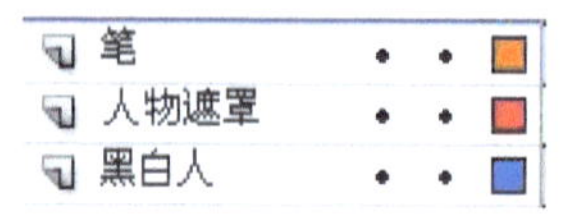

图 5-9　图层设置

图 5-10　绘制遮罩

b. 制作结束帧，在第 60 帧插入关键帧，将人物遮罩层的图形变形，到完全遮盖住黑白图形为止，右键单击时间轴第 1 帧插入形状补间，同时笔也跟着从左上移动到右下，在时间轴插入传统补间，如图 5-11 所示。

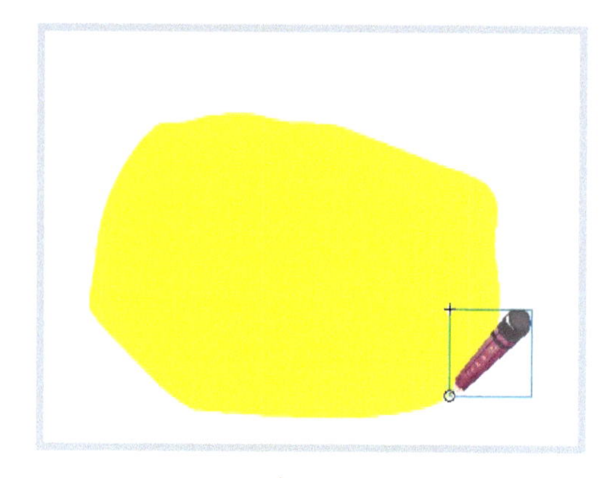

图 5-11　绘制完整的人物遮罩

c. 在人物遮罩层时间轴第 15、30、45 帧分别插入关键帧，用部分选取工具调节图形贝塞尔曲线，使图像依次显示四个人物；笔图层添加更多关键帧，画笔在显示过程中呈现上下涂抹状态，如图 5-12 所示。

d. 右键单击人物遮罩图层，选择【遮罩层】选项，如图 5-13 所示。

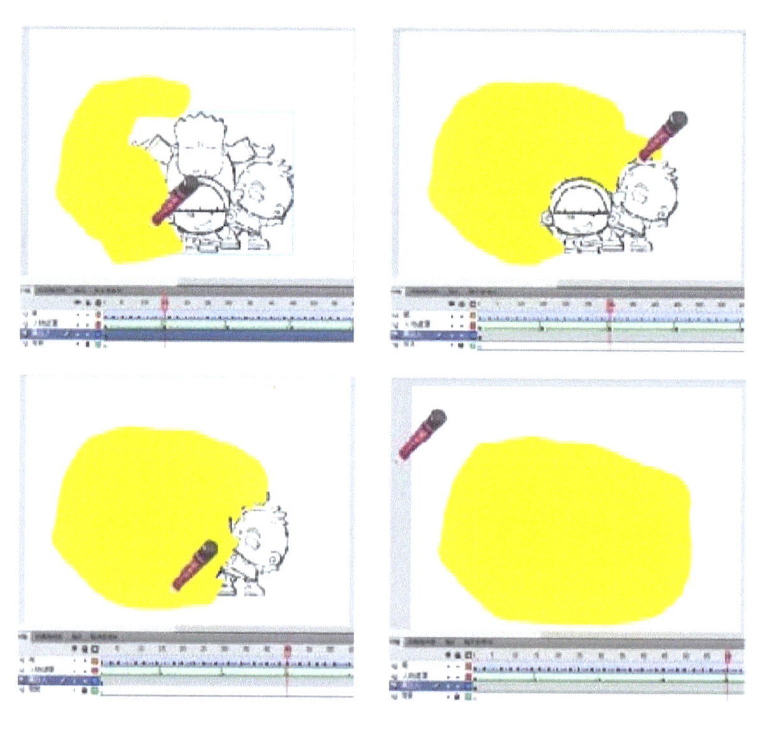

图 5-12　在各关键帧处修改遮罩形状及为笔添加关键帧

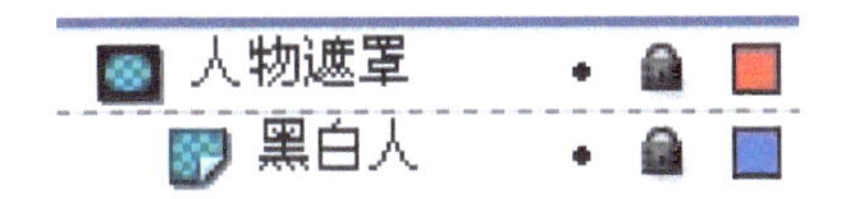

图 5-13 设置遮罩

e. 以此方法在 60 ～ 140 帧之间制作绘制背景的最后动画，最终效果如图 5-14 所示。

⑥ 接下来为黑白底稿上色。

首先在人物遮罩层上方新建图层，将图层命名为“四人”，在第 140 帧插入关键帧，将图片“豆丁的快乐日记 3”导入到舞台，单击右键，选择“转换为元件”，命名为“四人”，单击确定。设置位置属性为【X:200，Y:200】，和黑白线稿位置重合，调整元件“四人”Alpha 值为 0，在第 190 帧插入关键帧，调整元件“四人”Alpha 值为 100，创建传统关键帧。在 160 和 170 帧插入关键帧，调整 Alpha 值为 70 和 25。

图 5-14 绘制完黑白背景效果

然后以此方法制作背景上色动画，需注意动画中间部分背景和人物颜色变化时间应有些时间差。

⑦ 制作标志淡入动画。

在第 190 帧插入关键帧，将图片“豆丁的快乐日记 2”导入到舞台，单击右键，选择“转换为元件”，命名为“标志”，单击确定。设置位置大小属性分别为【X：105，Y：23】，【宽度：133，高度：133】，调整元件“标志”Alpha 值为 0，在第 210 帧插入关键帧，调整元件“标志”Alpha 值为 100，创建传统关键帧，设置传统补间。

⑧ 选中“笔”图层，在第 210、220、225、227 和 230 帧插入关键帧，移动“笔”元件位置，制作笔在第 220 帧定住，在第 225 帧单击标志，在第 227 帧回到第 220 帧的位置，在第 231 帧 Alpha 值为 0，添加传统关键帧。

⑨ 同时在“四人”“背景”和“标志”的第 227、244 帧插入关键帧，在第 244 帧设置“四人”和“背景”Alpha 值为 0，设置“标志”位置与大小属性分别为【X:259，Y:53】,【宽度:290，高度:290】，创建传统关键帧。

⑩ 制作笔写字动画，方法和制作手绘黑白人物线稿相似，请大家举一反三进行制作。

任务五　测试及发布

动画基本上完成了，按Ctrl+Enter测试。至此，整个片头制作完成，大家可以充分发挥自我的想象，去添加更精彩的内容。

任务六　知识拓展

声音是动画中的一个重要元素，它可以烘托动画的表现气氛、调动观众的情绪，使动画更具艺术表现力。

在 Flash 中加入声音可以极大地丰富动画的表现效果。Flash 提供了一个声音共享库，内置了多个声音效果，比较适合于制作按钮的声效。但是，在制作动画时往往需要各种各样的声效，这就需要导入声音文件，从而创建有声动画。这些声音不仅可以和动画同步播放，还可以独立于时间轴连续播放。也可以为按钮添加声音，从而使按钮更具有互动性。另外，通过为声音设置淡入淡出效果，可以创建更加优美的音效。

一、导入声音

在 Flash 中有两种类型的声音：事件声音和流式声音。事件声音必须在动画下载完后才可以播放，一旦开始播放，声音会自动播放直到结束为止，在此过程中不会受到动画播放的影响。该类声音常用于设置单击按钮时的音效或者用来表现动画中某些短暂的音效。音频流在前几帧下载了足够的数据后就开始播放，通过和时间轴同步可以使其更好地在网站上播放，可以边看边下载，此类声音较多地应用于动画的背景音乐。流式声音的播放与动画的播放保持同步，如果动画停了，那么声音也就消失。

Flash 主要支持的声音文件格式包括 wav、mp3、asnd、aiff 等，其中 mp3 是经常使用的一种格式。当将声音文件导入到 Flash 时，如果声音的记录格式不是 11kHz 的倍数，则会提示“导入时出现问题”，不能实现正确导入的操作，此时应利用其他声音编辑软件对该声音文件重新保存，使它的采样频率成为 11kHz 的整数倍数，这样就可以顺利导入到 Flash 中了。

声音文件的导入和位图的导入方法相同。

导入声音的操作步骤如下。

① 选择【文件】|【导入】|【导入到库】命令，打开“导入到库”对话框。

② 在打开的对话框中选择要导入的声音文件，选择“打开”按钮即可。

单击“打开”按钮后，整个导入声音文件的操作就结束了，选择【窗口】|【库】命令，打开库面板，就可以看到导入的声音文件已经出现在库中了，如图 5-15 所示。选择声音文件后，将在预览窗口内看到声音的波形。单击“播放”按钮后可以试听导入的声音文件的效果。

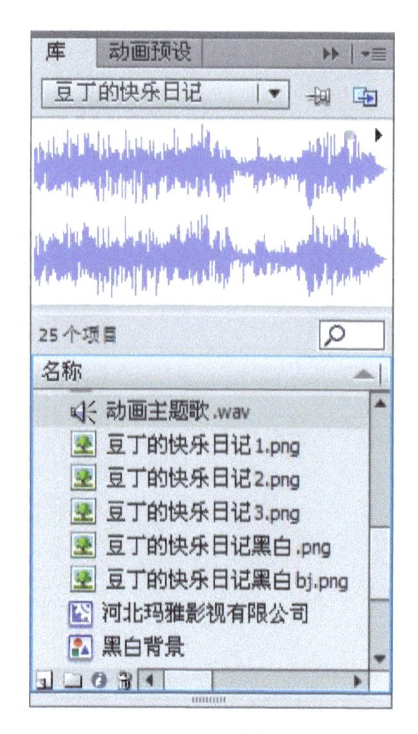

图 5-15　导入的声音文件

二、添加声音

1. 将声音添加到帧

声音文件导入到库后，可以将声音添加到帧，步骤如下。

① 创建一个新的图层。

② 在要添加声音的位置插入一个关键帧。

③ 打开属性面板，在其中的“声音”设置区域的“名称”下拉列表框中选择要添加的声音文件，如图 5-16 所示。

可以将多个声音放在一个图层上，或放在包含其他对象的图层上，但最好是放在一个单独的图层，每个图层作为一个独立的声道，播放 Flash 影片文件时会混合所有图层上的声音。还可以添加普通帧，将声音在时间轴上延长。

2. 可以通过属性面板设置声音的参数，对声音文件进行编辑。

在“同步”菜单中有如下选项：事件、开始、停止和数据流，如图 5-17 所示。

① 事件：会将声音和一个事件的发生过程同步起来。事件声音在显示其起始关键帧时开始播放，并独立于时间轴完整播放，即使 SWF 文件停止播放也会继续。当播放发布的 SWF 文件时，事件声音混合在一起。事件声音的一个示例就是当用户单击一个按钮时播放的声音。如果事件声音

正在播放，而声音再次被实例化（例如用户再次单击按钮），则第一个声音实例继续播放，另一个声音实例同时开始播放。

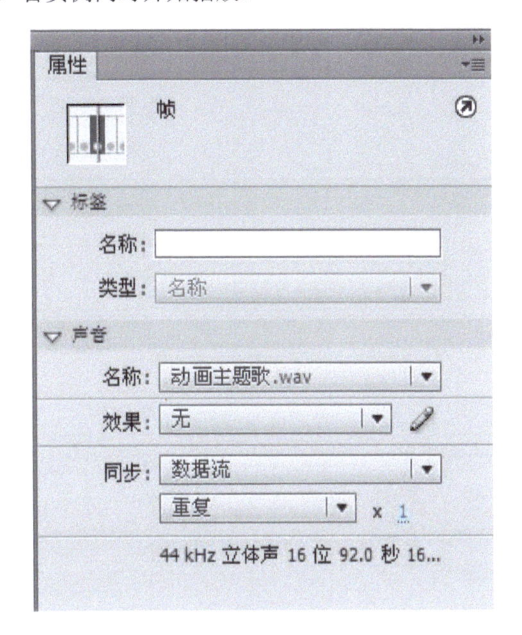

图 5-16　选择要添加的声音文件

② 开始：与事件选项的功能相近，但是如果声音已经在播放，则新的声音实例不会播放。

③ 停止：将使指定的声音静音。

④ 数据流：将同步声音，以便在 Web 站点上播放。Flash 强制动画和音频流同步。如果 Flash 不能足够快地绘制动画的帧，就跳过帧。与事件声音不同，音频流随着 SWF 文件的停止而停止。而且，音频流的播放时间也绝对不会比帧的播放时间长。当发布 SWF 文件时，音频流混合在一起。音频流的一个示例就是动画中一个人物的声音在多个帧中播放。

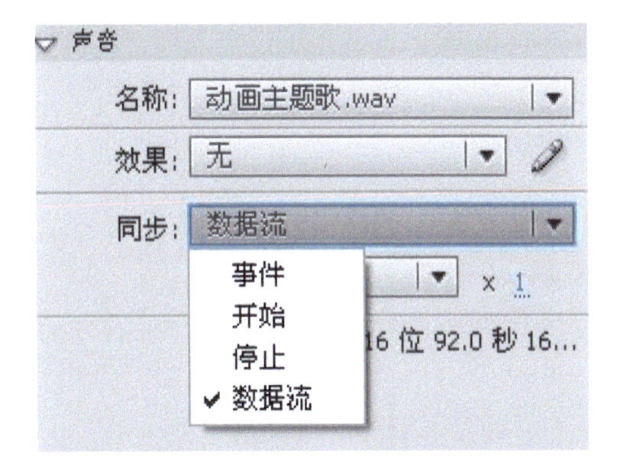

图 5-17　"同步"下拉列表

在"循环"下拉列表框内设置声音播放的循环方式，如图 5-18 所示。

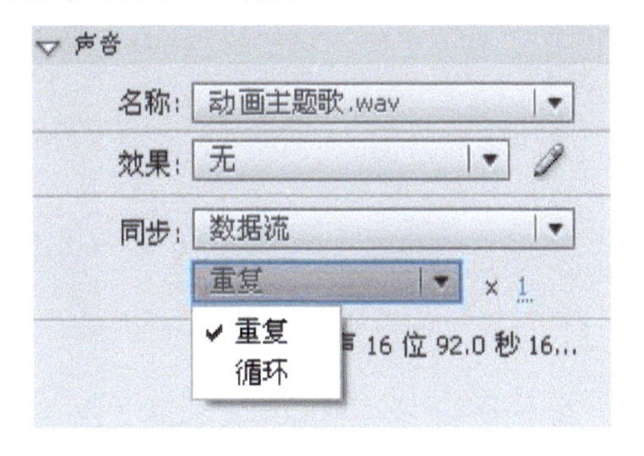

图 5-18　"循环"下拉列表

① 重复：在重复后的对话框中输入一个数值，以指定声音应循环的次数。

② 循环：连续重复播放声音。

在"效果"下拉列表框中有如下选项：左声道、右声道、向右淡出、向左淡出、淡入、淡出和自定义，如图 5-19 所示。

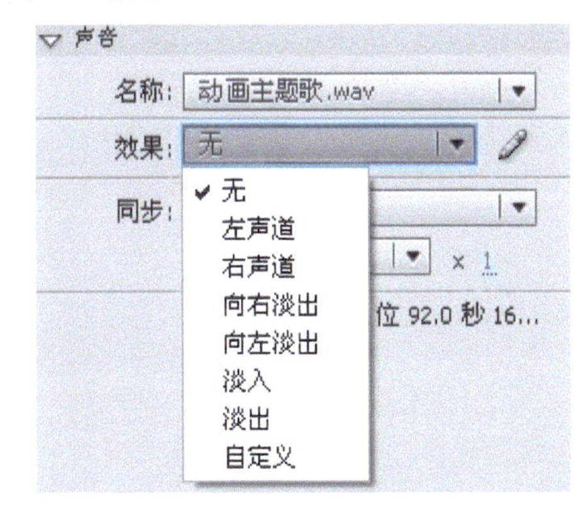

图 5-19　"效果"下拉列表

其中自定义允许使用"编辑封套"创建自定义的声音淡入淡出点。

选择自定义或者单击"编辑"按钮，弹出"编辑封套"对话框，如图 5-20 所示。

在对话框内出现两个波形图，分别是左、右两个声道的波形，这也是对声音进行编辑的基础。在左右声道之间是一条分隔线，分隔线上左、右两侧各有一个控制器，左面的为声音输入控制器，右面的为声音输出控制器，通过这两个控制器的操作，用户可以截取所需的声音片段。为了便于编辑声音，在"编辑封套"对话框的下方还包括 6 个按钮。其中"播放"和"停止"按钮是为了方便用户试听声音文件的，特别是截取声音、调节音量之后，试听是非常必要的一种手段。"放大""缩

小”按钮用于缩放声道波形，放大波形图时，可以观察到声音的每一个细节，缩小波形时，可以把握整个声音的波形。单击“秒显示”按钮时，声音波形的横坐标将以秒为单位显示播放的时间，单击“帧显示”按钮时，声音波形将以帧为单位显示播放的时间。

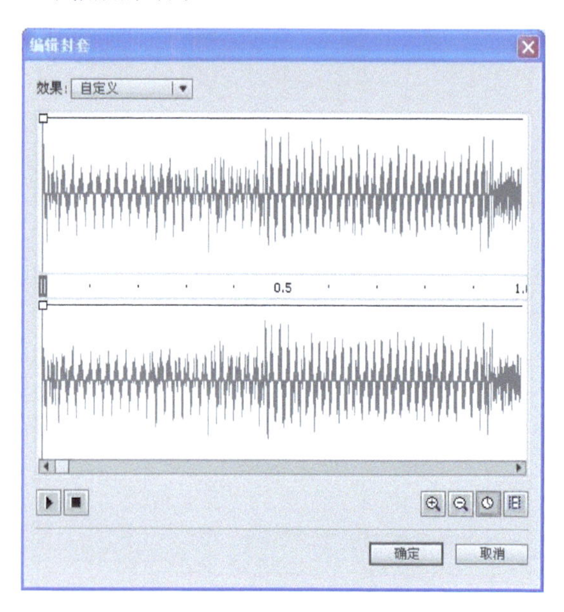

图 5-20 “编辑封套”对话框

3. 截取声音

① 在属性面板中单击“编辑”按钮，打开“编辑封套”对话框。

② 拖动分隔线左侧的声音输入控制器，确定声音片段的起点。

③ 拖动分隔线右侧的声音输出控制器，确定声音片段的终点。

4. 制作淡入淡出效果

在声道波形的上方有一条直线，是声音的音量线。在默认情况下，音量线是水平的，表示声音从开始到结束音量的大小都是相同的。在音量线上还有两个调节手柄，拖动手柄可调整音量线的形状，以达到调节音量的目的。音量线越高，表明此处声音越大，反之音量线越低说明该处的声音越小。

使用两个调节手柄控制声音文件的音量，只能做简单的淡入淡出效果，对于比较复杂的音量来说，调节手柄的数量还需进一步增强。添加调节手柄的方法非常简单，用户只需单击音量线就可以添加新的调节手柄，然后用鼠标按住调节手柄上下拖动就可以调节音量的大小。调节音量的手柄数量不是无限制地增加的，当用户试图添加多于 8 个的调节手柄时，Flash 将忽略用户对音量线的操作。需要删除调节手柄时，可直接将调节手柄拖离音量线。如图 5-21 所示。

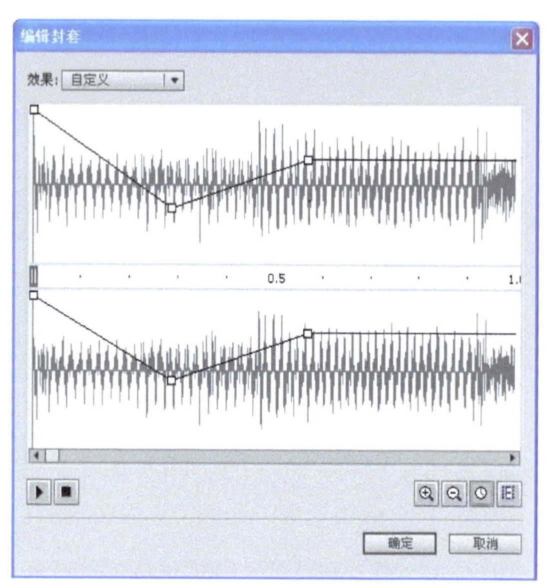

图 5-21 添加调节手柄

5. 给按钮添加声音

在 Flash 中可以方便地给按钮添加声音，从而增强交互性。

例如可以给一个按钮鼠标经过帧加一个声音，当用户鼠标滑过该按钮时，发出一种声音，也可以给“按下”帧加一个声音，使按钮按下时发出一种声音。

给按钮添加声音步骤如下。

① 新建一个按钮，如图 5-22 所示。

(a)指针弹起　(b)指针经过　(c)按下

图 5-22 按钮三个状态

该按钮指针弹起状态为一张位图，指针经过状态为一个 gif 动画，按下状态又是一张位图，稍作放大处理。

② 新建图层 2，在“指针经过”帧处添加空白关键帧，选择【文件】|【导入】|【导入到库】，导入素材中声音文件“Animal Dog Bark 26.wav”，从库中拖至舞台，声音属性为“事件”；在“按下”

帧处添加空白关键帧。

③ 把按钮元件拖至舞台，测试效果。

拓展练习

制作一个片头动画，要求合理利用音乐文件，画面紧凑，能体现片头特点。

Unit 6 单元六

制作 MV

Flash 动画制作

Flash MV 是现在网上十分流行的一种 Flash 应用，它以崭新的视听感受吸引了众多网民的关注，很多闪客都是凭借 Flash MV 一举成名的。制作一个风格独特的 Flash MV 也是很多朋友的梦想，本单元就是要引导大家制作一个 MV。

制作之前首先了解一下 Flash MV 的制作流程。

选择歌曲→解析歌曲→编写剧本→拟定初稿→准备素材→整合动画→调试发布。

下面将制作过程分解开来逐一分析。

一首好听的歌曲配上一段 Flash 动画，就构成了一个完成的 Flash MV。这是目前国内 Flash 界的主流。

1. 选择歌曲阶段

歌曲的选择，可视情况而定，完全是个人爱好。在选定歌曲后，就进入下一步。

2. 解析歌曲阶段

选择了一首歌曲，就要考虑到全局动画了，毕竟选择的歌曲和动画要做到内容一致，这样，才能准确地表达歌曲的意境。接下来，就是要将歌曲导入 Flash MV。选择【文件】|【导入】|【导入到库】，就会弹出导入文件的对话框。歌曲最常见的格式是 MP3 和 WAV 格式，这也是 Flash 所支持的声音文件格式。

如果要导入的歌曲不是 MP3 或 WAV 格式，或者是 MP3 格式但导入时提示出现错误，未导入，大家可以用第三方软件来解决这样的问题。例如可以使用 CoolEditor 或 SoudForge，这是两款专业的音乐编辑软件，可以利用它们进行格式转换或声音编辑。

在辑辑完歌曲后，就可以导入 Flash 了。在 Flash 中，也有编辑音乐的小功能，当然只是简单的调整。

在完成歌曲的解析后，就要进入下一步了。

3. 编写剧本和拟定初稿阶段

这一阶段是至关重要的，一部好的作品，之所以能吸引观众，就在于其中能够打动观众的情节。在写剧本时，一定要把握好歌曲的内容，设计出所要表达的思想，要用动画将歌曲的意境表达出来。你也许会为一个故事而苦心寻找合适的歌曲，也许会为一首动人的歌曲而费心去编故事，总之，动画和歌曲必须一致，这样，才能达到吸引观众、打动观众的目的。

在完成剧本后，就要拟定初稿，构思动画了。

4. 准备素材阶段

在编写完剧本及构思动画后，自然就要为其中的素材而奔波了。如果是图片展示型，可能需要准备大量的相关图片，而如果是手绘动画型，就得为主角狠下工夫，要赋予主角鲜明的个性及在整个动画中贯穿始终，还要绘制大量的场景以衬托全局。一般目前动画制作都以主角为矢量动画，而背景则采用处理后的像素图片的方式，这也是专业的动画制作模式。背景多在PhotoShop中绘制加工，再在Flash中进行变化上的处理。而主角则是在Flash中完成几乎全部动作（除了特殊需要而进行第三方软件的处理），这样，就是标准的模式了。

之后要做的就是将一段一段的小动画连贯整合成一个完整动画了。

5．整合动画阶段

将歌曲置入场景的一个图层中，并在属性面板里的“同步”一栏里选择“数据流”，就是将歌曲作为音乐流的意思，制作MV的话“数据流”是首选，因为MV的歌曲要与动画的进度紧凑结合。当然，在动画短片或其他一些动画中，如果对音乐与动画不要求紧凑，也可以选择“事件”。

之后就要将之前完成的一小段一小段的动画整合在场景中了。当然，这时候动画和音乐还不能完成协调，毕竟在做小段动画时没有对着音乐制作。接下来要做的，就是将动画做稍微的修改以配合音乐的进度了，这就视情况而定了。

在完成了全部动画制作后，就要考虑到在网上发布。这样，就必须在动画前加上一段网页进度条（LOADING）。如果在LOADING和动画之间加上一个播放按钮以控制歌曲的开始就更好了。

6．调试发布

在完成了一系列的制作后，作品就算是大功告成了，按Ctrl+Enter就可以看到最终效果了。

如果哪里有不妥之处，可以再做一些细节上的修正。

一部完整的动画就全部完成了。

接下来就借助一首《哈巴狗 》来开启我们的MV之路。

任务一　作品创意策划

本实例主要向读者介绍歌曲MV的制作，综合用到了Flash中的很多工具。作品设定初衷是面向儿童，节奏轻快，画面颜色鲜亮，帧频率设定为25fps。

《哈巴狗》是一首深受孩子们喜爱的歌曲，这首歌欢快、活泼。

一只哈巴狗，坐在大门口。
眼睛黑油油，想吃肉骨头。
一只哈巴狗，吃完肉骨头。
尾巴摇一摇，向我点点头。
一只哈巴狗，坐在大门口。
眼睛黑油油，想吃肉骨头。
一只哈巴狗，吃完肉骨头。
尾巴摇一摇，向我点点头。

下面是根据歌词制作的一个简单的剧本。

1. 片头部分，出现歌曲名和主角哈巴狗等。
2. 镜头移动，哈巴狗开始放大（伴随开头的音乐）。
3. 切换场景，哈巴狗位于镜头正中坐在它的小窝门口，再次切换镜头，镜头右移缩小（伴随第一句歌词）。
4. 镜头切近景到哈巴狗的窝（伴随第二句前半句）。
5. 镜头切回，哈巴狗眼睛变桃心，其头顶偏左的位置浮出包裹骨头的气泡（伴随第二句后半句）。
6. 切换特效背景，包裹骨头和小哈巴狗的气泡向上升起。
7. 切换镜头场景为大全景，哈巴狗吃肉骨头（伴随第三句前半句）。
8. 全景哈巴狗吃完肉骨头（伴随第三句后半句）。
9. 切近景，哈巴狗摇尾巴（伴随第四句前半句）。
10. 切哈巴狗点头特写（伴随第四句后半句）。
11. 插入特效背景，哈巴狗从中间渐入，然后哈巴狗向下移出变为肉骨头（伴随音乐）。
12. 切换另一特效背景，哈巴狗吃肉骨头，然后特写空盘（伴随音乐）。
13. 切换特效背景，包裹骨头和小哈巴狗的气泡向上升起，最后其中哈巴狗和肉骨头放大（伴随音乐）。
14. 切换背景，哈巴狗拿肉骨头，最后定格成照片（伴随音乐）。
15. 歌曲再唱一遍，重复先前的动画到包裹骨头和小哈巴狗的气泡向上升起（结束）。

任务二　场景设计

歌曲名为《哈巴狗》，背景定为家门口，并适当加一些房屋树木等，如图6-1所示。

（a）室外场景

（b）特效场景

图 6-1 《哈巴狗》场景

任务三 素材准备

制作这个MV之前，还要准备一些素材，除了设计的背景，还要准备其他一些图片素材和音乐素材。这些都可以从教材提供的素材中得到。下面就来看一下需要哪些素材。

除室外场景和特效场景之外，还要出现哈巴狗、肉骨头、狗餐盘、狗窝，再有一些辅助性图片悬浮气泡窗口、问号图片和小蘑菇等，如图6-2所示。

图6-2 《哈巴狗》素材

最后准备音乐《哈巴狗》。

准备好这些后就可以开始制作《哈巴狗》MV了。

任务四 动画制作

① 启动Flash CS6，选择新建ActionScript 3.0，新建影片文件。

② 进入文档编辑窗口，单击属性面板中的“大小”后面“编辑”按钮，弹出“文档属性”对话框，设置尺寸为800px×600px，背景颜色为白色，帧频率为25fps，单击“确定”按钮，关闭对话框，完成文档属性的设置，如图6-3所示。

③ 导入并设置背景音乐。

Flash CS6支持的音乐格式有WAV、MP3等。但由于音乐格式的文件一般比较大，所以大家在使用过程中一定要注意压缩。一般都选择MP3音乐，就是因为MP3是压缩效率很高的声音文件。如果音乐时间过长，可以将它进行裁切，Flash本身具有编辑声音文件的功能，比如可以设置左右声道、淡入淡出、裁剪等。

在图层1上双击鼠标左键，将图层1改名为“音乐”，单击【文件】|【导入】|【导入到库】，选定“哈巴狗.mp3”文件导入到库中。按下“Ctrl+L”，打开库窗口，将该音乐拖入到场景1中，将看到“音乐”层的第一帧，会出现一条线（一小段声波），将属性面板中的“同步”设置为“数据流”。将时间线下面的滚动条尽量向后拖动，在可以显示的最后一帧处按F5插入帧，这时时间线上出现一条波浪线，采取同样的方法，测试该音乐文件有多少帧。

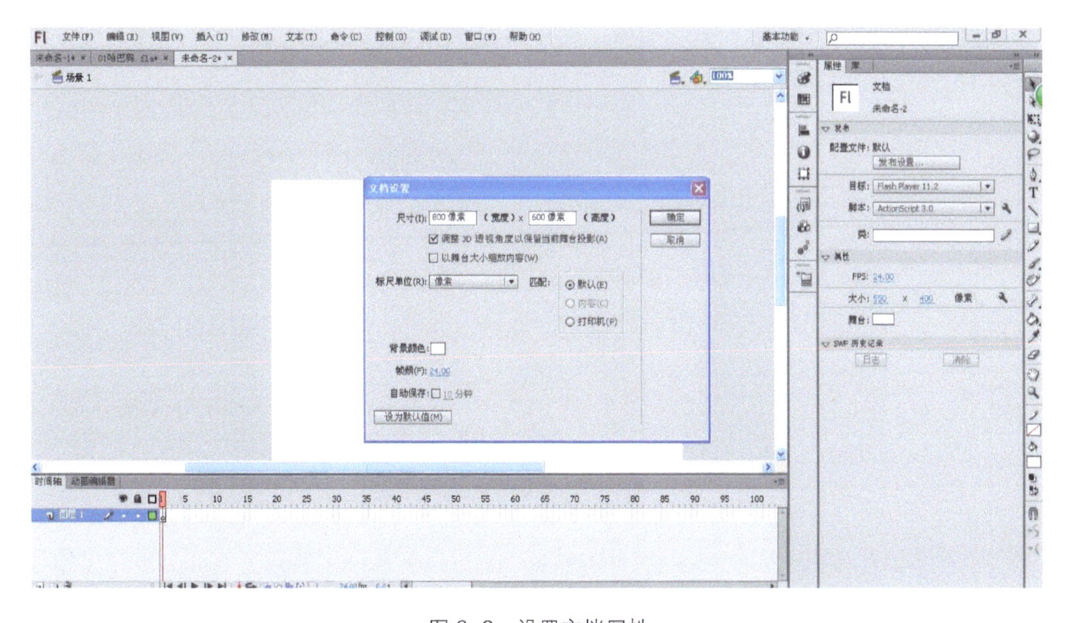

图6-3 设置文档属性

把帧数调整到和音频同样长。至此就完成了音乐文件的导入工作（如果有需要将音乐文件进行裁剪，可在声音的属性面板中单击“编辑”按钮，将右边的控制条拖动到适当位置即可。控制条后面的声音将不会被播放）。将制作好的音乐图层锁定，防止误操作。

单击【文件】|【保存】命令，将制作好的文件以“哈巴狗”命名保存。

④ 导入音乐完成后，接着就是输入歌词了，这是比较关键和繁琐的一步。下面详细介绍。

a. 单击“插入层”按钮，增加图层 2，双击鼠标左键将它改名为“歌词”，然后选择该层的第一帧，按回车键测试每一句歌词的位置。当听到第一句歌词出现时，按下回车键，使其停止，按右键在此插入一个空白关键帧，同时在属性面板中，给“帧”处加一个标签，防止遗忘。此时，点击插入空白帧处会有一个小红旗的标志。

b. 用同样的方法给每句歌词所在的位置插入空白关键帧，同时在属性面板中加入帧标签。

c. 找到每句歌词所在的位置后，就可以把歌词制作出来了。单击文本工具拉出文字框，将第一句歌词输入，调整到场景中的适当位置即可。

d. 接着在第二句歌词处添加，歌词内容更改成第二句歌词内容，场景中的位置不变。其他的相信你一定会触类旁通，顺利地制作出来的。好了，测试一下效果吧。

当然，你还可以试着在元件中做出诸如旋转文字、变形文字等特效，它会使你制作的 Flash 字幕产生生动而有趣的效果。

本例中歌词层命名为“字幕”，是把歌词、英文及歌词背景制作在一个图形元件“字幕”中放置在字幕层中的。

⑤ 新建图层并改名为背景层，将它拖至歌词层下方，点【插入】|【新建元件】，根据图 6-1 制作 MTV 背景，拖入场景 1，调整到适当位置。以此类推将第一部分将要出现的元素导入到库，并在场景 1 中放置到适当位置。

⑥ 新建图层命名为“哈巴狗”。新建元件命名为“哈巴狗 副本”，将元件放到里面制作哈巴狗摇尾巴，如图 6-4 所示。

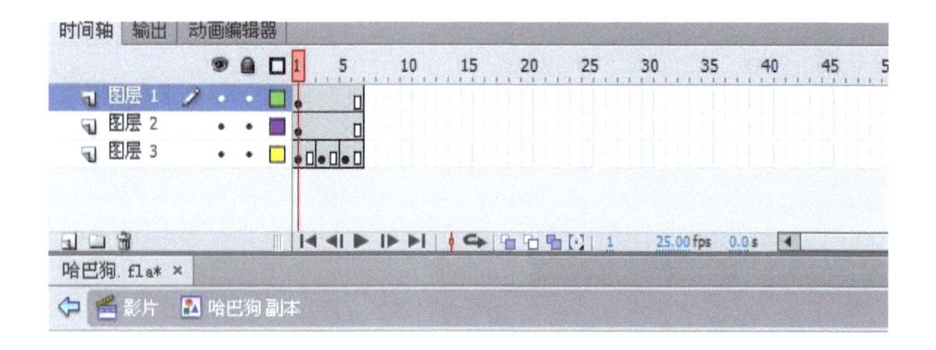

图 6-4　制作摇尾巴动画效果

⑦ 在“背景”层放入背景，“哈巴狗”层拖入哈巴狗摇尾巴的动画。新建图层，命名为“肉骨头”，在第60帧插入关键帧拖入带有“哈巴狗”标题的肉骨头的动画，如图6-5所示。

图6-5 引入标题

⑧ 新建图层，命名为“转场特效”，在第97帧插入空白关键帧，做一个舞台大小的白色矩形，其Alpha值属性设置为0%，在第102帧插入关键帧，Alpha值属性设置为100%，两帧之间加传统补间动画，做淡入白屏效果，如图6-6所示。

图6-6 淡入白屏效果

⑨ 在“背景”的第103、145帧添加关键帧，在第145帧将图形位置和大小调成如图6-7所示。在第103～145帧间添加传统补间动画。

位置和大小

X: 399.20 Y: 580.30

宽: 1780.50 高: 2288.40

103帧

位置和大小

X: 569.60 Y: 316.25

宽: 994.95 高: 1278.75

145帧

图6-7 属性设置

⑩ 在207帧添加空白关键帧，拖入“镜头移动fangzi”元件，在第278、347帧插入关键帧，分别调成适当大小、适当位置，如图6-8所示。

图6-8 制作镜头变化效果

⑪ 在第418帧插入空白关键帧，拖入“镜头移动骨头”元件如图6-9所示。

图6-9 拖入“镜头移动骨头”元件

⑫ 在第494帧插入空白关键帧，将“fangzi”“狗狗1”元件拖入舞台摆放到适当位置，在第557帧插入关键帧，调整元件大小和位置，将“狗狗1”元件替换为“狗狗2”元件。在“转场特效”层第557帧插入空白关键帧，拖入“？”元件，如图6-10所示。

⑬ 在背景的第628帧插入关键帧，调整到适当位置，将“cagou 副本”元件替换为“得意1”元件在第689帧插入关键帧，调整元件大小和位置，将“得意1”元件替换为“得意2”元件，如图6-11所示。

⑭ 在“背景”层第770帧拖入特效背景“闪”元件，在“哈巴狗”层第775帧拖入“哈巴狗4”

元件，如图 6-12 所示。

图 6-10　添加动画元件

图 6-11　替换元件

⑮ 接下来这一段就是第一遍唱完后中间的音乐部分，我们就不断替换特效背景，顺序和帧数可根据个人喜好自由安排，使动画效果更炫，如图 6-13 所示。

图 6-12　拖入“闪”元件

⑯ 到第 1332 帧时歌曲开始唱第二遍，可以把之前歌曲唱第一遍时做好的动画，直接复制帧，粘贴帧，这样就可以省略很多操作步骤，这样歌曲《哈巴狗》的 MV 就做完了。

图 6-13　场景的变化

 任务五　测试及发布

①MV 基本上完成了，按 Ctrl+Enter 测试后发现有很多地方是穿帮的，所以要做一个遮罩掩盖一下。设定舞台的大小，新建图层，画一个能够完全盖住整个舞台的矩形，并在中间删除舞台大小的矩形，如图 6-14 所示。

图 6-14　为动画加上遮罩

② 在第 2208 帧处添加关键帧，加入动作脚本“stop();”。

至此，整个 MV 制作完成，大家可以充分发挥自我想象，去添加更加精彩的内容。

 知识拓展

在 Flash 中除了可以导入图像和音频文件之外，还可以导入视频文件。Flash CS6 使用一种特殊的视频格式（*.flv）对视频进行渲染，因此在将视频文件导入到 Flash 中时，如果导入的视频文件不是 flv 或 f4v 格式，必须先用 Adobe Media Encoder 对视频进行编码转换。

在安装 Flash CS6 时，Adobe Media Encoder 已经同时安装，该编码转换工具支持大部分视频文件格式，包括 *.mov、*.avi、*.mpeg、*.dvi、*.wmv、*.3pg 和 *.mp4 等。

选择【文件】|【导入】|【导入视频】，打开“导入视频”对话框，如图 6-15 所示。

在对话框中首先选择“你的视频文件在哪里？”，如果视频文件就在本地计算机上，可直接选择“在您的计算机上”。有三个选项供用户导入视频时选择。

1. 使用播放组件加载外部视频

导入视频并创建 FLVPlayback 组件的实例以控制视频回放。将 Flash 文档作为 SWF 文件发布并将其上载到 Web 服务器时，还必须将视频文件上载到 Web 服务器或 Flash Media Server，并按照已上载视频文件的位置配置 FLVPlayback 组件。

选择该选项后，单击“浏览”按钮，找到要导入的视频文件后单击“下一步”按钮，打开图 6-16 所示的对话框。

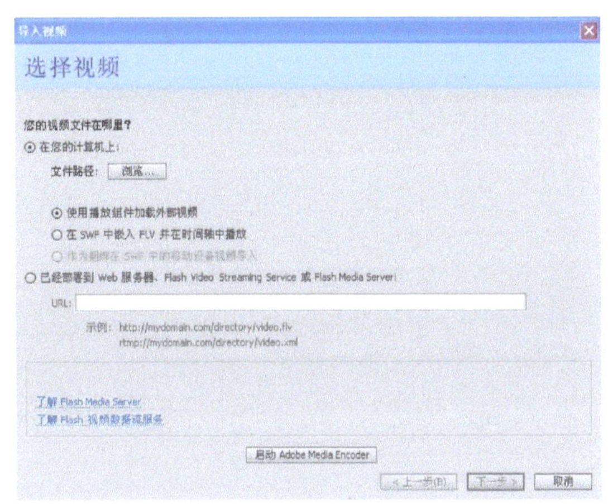

图 6-15　导入视频对话框

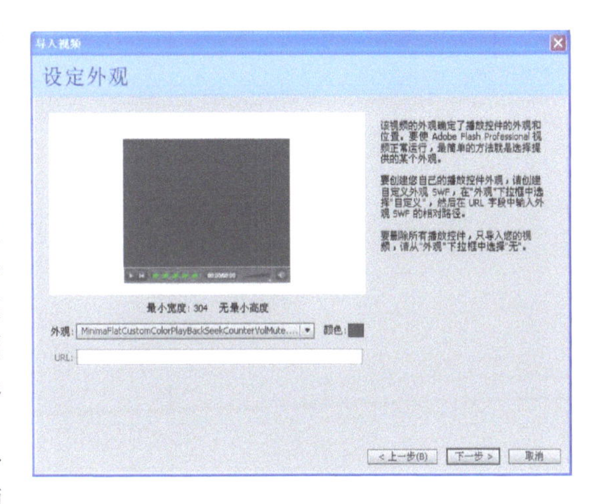

图 6-16　选择播放器外观

在此选择播放器外观，选择完毕后单击“下一步”，进入图 6-17 所示界面，提示完成视频的导入。

单击“完成”按钮，将完成视频的导入，此时，舞台上将出现导入视频的播放器，如图 6-18 所示。

导入的视频在舞台上只占 1 帧，测试影片，可以看到影片中播放的视频文件带有播放器，可

以通过播放器带有的控制按钮控制视频的播放。

2. 在 SWF 文件中嵌入 FLV 并在时间轴中播放

将 FLV 或 F4V 嵌入到 Flash 文档中。这样导入视频时，该视频放置于时间轴中可以看到时间轴上帧所表示的各个视频帧的位置。嵌入的 FLV 或 F4V 视频文件成为 Flash 文档的一部分。将视频文件嵌入到 Flash SWF 文件中会显著增加发布文件的大小，因此仅适合于小的视频文件。

选择该选项后，单击“浏览”按钮，找到要导入的视频文件后单击“下一步”按钮，打开图 6-19 所示的对话框。

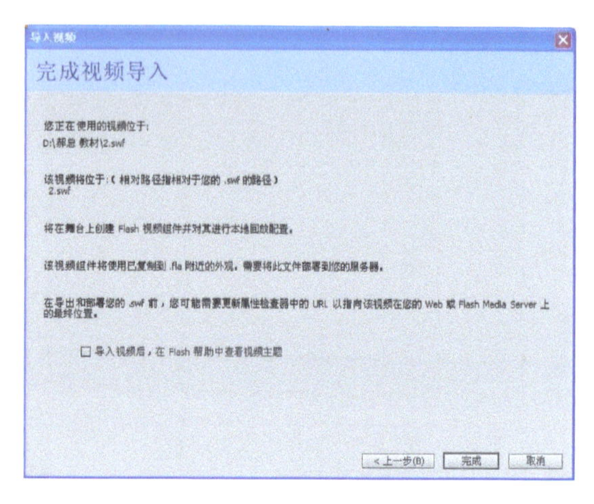

图 6-17　完成视频导入

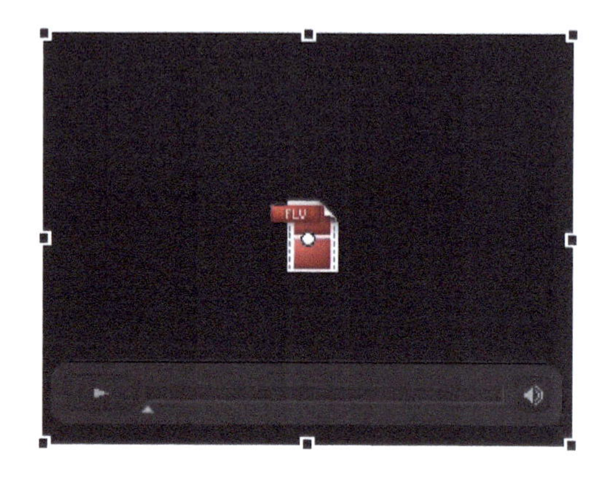

图 6-18　放置在舞台上的播放器

在对话框中选择用于将视频嵌入到 SWF 文件的元件类型。

（1）嵌入的视频　如果要使用在时间轴上线性播放的视频剪辑，那么最合适的方法就是将该视频导入到时间轴。

（2）影片剪辑　良好的习惯是将视频置于影片剪辑实例中，这样可以获得对内容的最大控制。视频的时间轴独立于主时间轴进行播放。不必为容纳该视频而将主时间轴扩展很多帧，这样做会导致难以使用 FLA 文件。

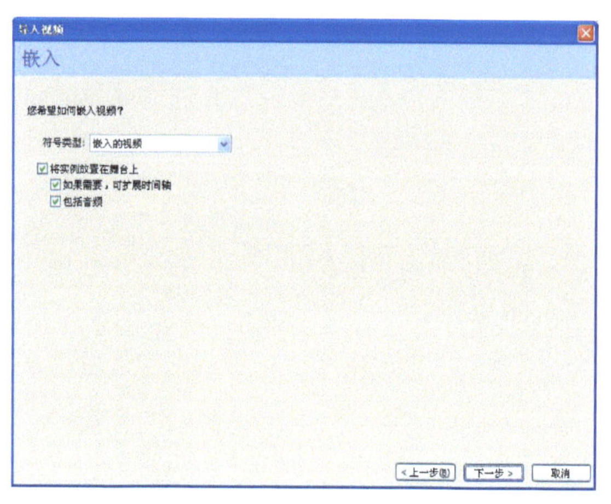

图 6-19　嵌入视频对话框

（3）图形　将视频剪辑嵌入为图形元件时，无法使用 ActionScript 与该视频进行交互。通常，图形元件用于静态图像以及用于创建一些绑定到主时间轴的可重用的动画片段。

选择元件类型后视频文件将导入到舞台（和时间轴）上或导入为库项目。

默认情况下，Flash 将导入的视频放在舞台上。若要仅导入到库中，请取消选中“将实例放置在舞台上”。

如果要创建一个简单的视频演示文稿（带有线性描述并且几乎没有交互），则接受默认设置并将视频导入舞台。若要创建更为动态的演示文稿，并且需要处理多个视频剪辑，或者需要使用 ActionScript 添加动态过渡或其他元素，请将视频导入到库中。影片剪辑放入库中后，通过将其转换为更容易用 ActionScript 进行控制的 MovieClip 对象，可以对其进行自定义。

默认情况下，Flash 会扩展时间轴，以适应要嵌入的视频剪辑的回放长度。

选择相应选项后单击“完成”按钮，视频导入向导将视频嵌入到 SWF 文件中。视频显示在舞台上还是库中取决于选择的嵌入选项。导入之后视频直接嵌入到舞台上。

如果嵌入的视频文件在外部编辑器中进行了编辑，则可以通过在库面板选中该视频文件，右键，选择“属性”，在打开的“视频属性”对话框中选择“更新”按钮，则可以实现视频文件的更新。

3. 作为捆绑在SWF文件中的移动设备视频导入

与在Flash文档中嵌入视频类似，将视频绑定到Flash Lite文档中以部署到移动设备。

拓展练习

制作一个Flash MV。要求主题鲜明，画面流畅，符合歌曲意境，镜头变换自然，有适合的转场效果。

Unit 7

单元七 制作动画短片

Flash 动画制作

本单元主要讲解动画短片的创作与制作，学生既能从动画制作的整体上把握现今动画片的各种表现形式，又能对各种动画片的制作方法与思路有一定的了解，从而指导其制作自己的短片实践，并为将来从事大规模动画（或商业动画）制作或与动画相关的其他行业打下良好的基础。

Flash 电视动画短片同电影电视一样，是用镜头来传情达意、表现故事情节的。常使用镜头的推、拉、摇、移、晃、跟等方式来叙事。下面以《短信通 X 先生版》为例进行介绍。

任务一　剧本编写

信息化时代来临，各种信息咨询传播的速度也越来越快捷，生活中经常会用到银行卡，银行也随之开展了一项方便快捷新的业务，个人存款账户手机短信通知业务（以下简称“短信通知业务”）。

短信通知业务是指中国银行股份有限公司（以下简称“中国银行”）以手机短信方式，通知客户在中国银行存款账户资金变动情况的金融服务。

本片就是以介绍宣传的形式对“短信通”业务内容制作的短片，故事内容如下。

客户 X 在 ATM 取款，取款后未退卡就急匆匆地走了，在 X 后面排队的 Y 等 X 走远后开始操作 ATM 盗取资金，X 先生在第一时间收到短信及时赶回，将 Y 抓个正着。银行短信通增强客户的风险预警功能，手机短信接收形式方便快捷、私密性好，及时了解个人账户的变动情况，随时掌控私人的财务信息，提高客户的资金风险防范功能。

任务二　角色设计

本片涉及的角色有主角 X 先生、Y 先生和警察，还有配角 ATM 机等，如图 7-1 所示。

任务三　场景设计

整个短片的环境定位在银行门口的 ATM 机，还有简单的室内场景，如图 7-2 所示。

任务四　素材准备

准备所有的图像素材和音频素材。本片所需所有素材都在附赠的素材文件里能够找到，同学们可以参考各素材自由发挥做出更具创意的作品。

根据提供的图片素材，在 Flash 中绘制元件。为了以后调动画方便，将人物的各个部分分开做成元件然后组合在一起，以制作 X 先生、警察和 Y

图 7-1　动画角色设计

图 7-2　动画场景设计

先生的动画元件为例说明。

在短片中有 X 先生正面和侧面的脸部(图 7-3)和他的服装（图 7-4)、警察服装（图 7-5)、Y 先生服装（图 7-6)。

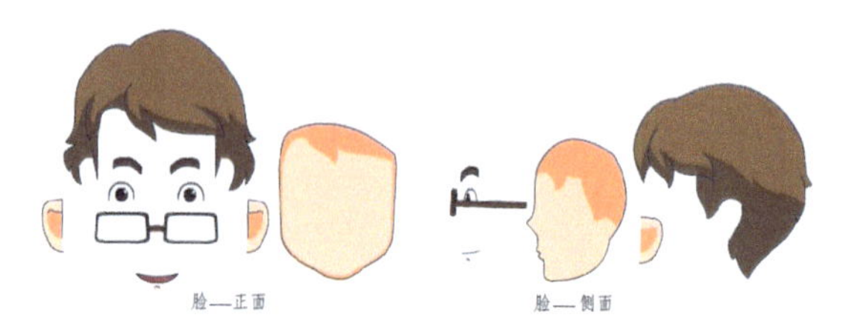

图 7-3　X 先生脸部

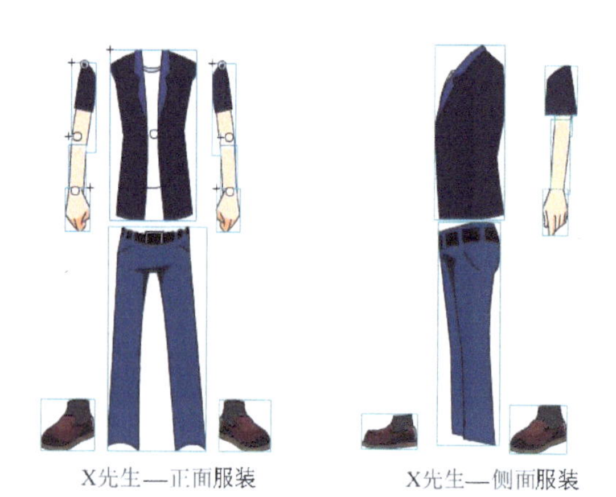

图 7-4　X 先生服装

图 7-5　警察服装

图 7-6　Y 先生服装

每个脸部或衣服都是由不同的元件组成，这样在做动画时更方便、更随意，并且能够重复利用，从而减少文件的大小。其他元件，依照此做法制作，元件具体制作方法在前几章节有所介绍，这里不多做重复。

任务五　动画制作

素材准备好后，开始将所有元件按剧本分镜头进行组合，制作动画。

① 打开 Flash CS6 并创建一个空白的 Flash 文档（ActionScript 3.0)，然后将其保存到指定的文件夹中。

② 修改文档属性，将影片的尺寸改为宽 720px、高 576px，帧频率为 25fps。

③ 执行【文件】|【导入】|【导入到库】命令，将本例素材文件夹下的所有声音文件和位图文件导入到影片的元件库中，便于后面制作时调用。

④ 新建图层 1 改名为“镜号”；图层 2 改名为“字幕”；图层 3 改名为“声音”，把声音文件依次放入合适位置；图层 4 改名为“框”，并将所有图层帧数延长到第 395 帧，在“框”图层绘图工作区中绘制出一个只显示舞台的黑框，如图 7-7 所示。

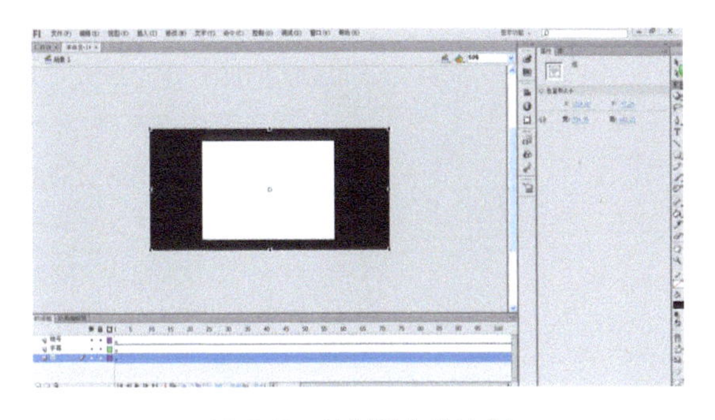

图 7-7　绘制黑色的边框

⑤ 锁定“框”图层，在其下方插入一个新的图层命名为“背景”图层，从元件库中将已经绘制好的楼宇元件拖入，其位置和大小如图 7-8 所示。

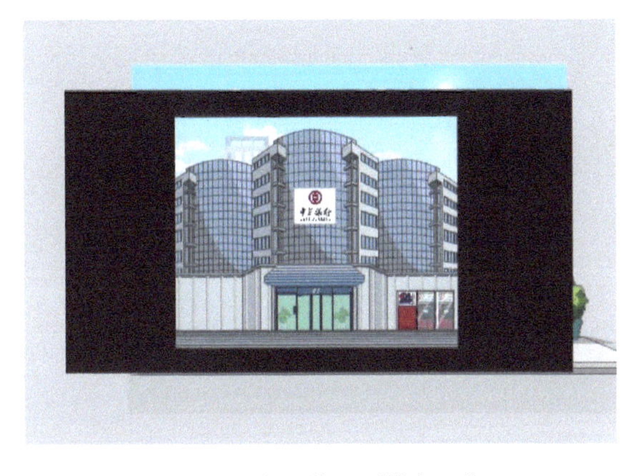

图 7-8　设置拖入到楼宇元件

⑥ 在“背景”图层第 17 帧插入关键帧。

⑦ 在第 51 帧插入关键帧，在第 17 帧和第 51 帧之间创建传统补间动画，在第 52 帧上设置楼宇元件位置和大小如图 7-9 所示。

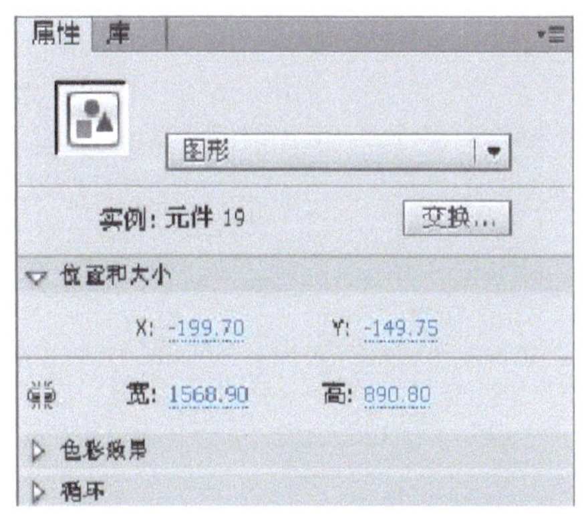

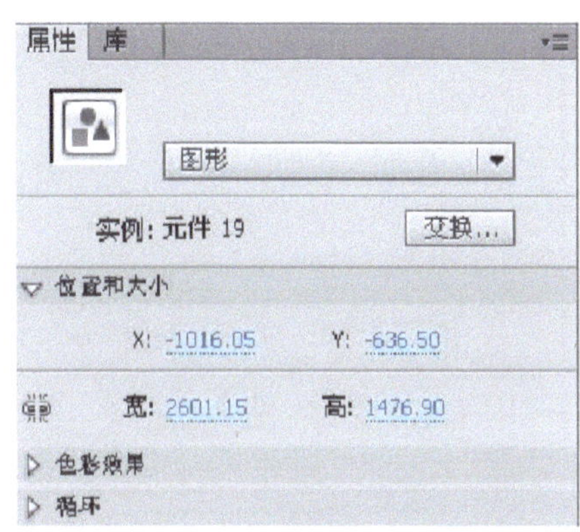

图 7-9　第 17 帧和第 51 帧的属性设置

⑧ 在第 57 帧插入关键帧，拖入银行 ATM 机正面场景。

⑨ 在“背景”层上新建一个图层，命名为“动画”层，在第 57 帧上插入空白关键帧，拖入主要角色 X 先生和 Y 先生，其位置安排是 X 先生取钱，Y 先生在其后排队，如图 7-10 所示。

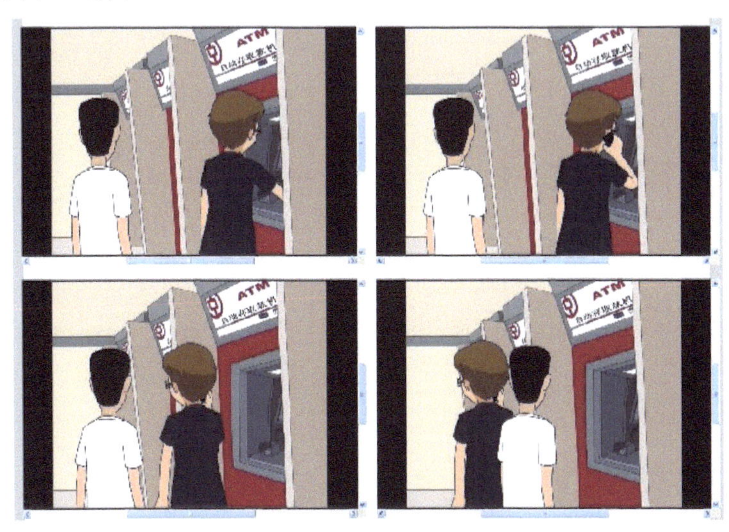

图 7-10　X 先生取钱离开画面

⑩ 在“背景”层上新建一个图层，命名为“前景”层，在第 57 帧上插入空白关键帧，拖入，ATM 机玻璃门场景，如图 7-11 所示。

⑪ 分别在“背景”层和“动画”层第 51 帧插入空白关键帧，在背景层拖入 ATM 机室内景，在动画层拖入 X 先生和 Y 先生取钱后有电话打进，接起电话往外走的动画元件，如图 7-10 所示。并将“背景”层和“动画”层延长至元件播放完成的第 174 帧。

图 7-11　ATM 机正面室内外结合景

⑫ 在“背景”层和“动画”层第 175 帧插入空白关键帧，分别拖入 ATM 机由内向外看的场景和 Y 先生正面元件，取近景如图 7-12 所示。

图 7-12　Y 先生正面

⑬ 在“动画”层第 194 帧插入关键帧，分别将 Y 先生的眉毛、眼睛、嘴巴，替换为吃惊的表情，绘制吃惊的眉毛、眼睛、嘴巴，都转换为元件，如图 7-13 所示。

⑭ 在第 195 ~ 239 帧插入插入关键帧，在第 195 ~ 239 帧之间制作 Y 先生左右张望的动画，随后换上窃喜的表情。

图 7-13　替换为吃惊的表情

⑮ 在“背景”层和“动画”层第 240 帧插入空白关键帧，“背景”层插入与 91 帧相同的场景，动画层做 Y 先生一只胳膊在取款机处微微晃动，表现其取钱的动作。

⑯ 在“背景”层第 275、306 帧插入室外景元件，第 306 帧沿水平线向右拖动，两帧之间做传统补间动画。

⑰ 在“动画”层第 275 帧插入空白关键帧，插入 X 先生正侧的原地循环走，将此帧延长到 306 帧。

图 7-14　X 先生离开画面

⑱ 在第 307 帧插入 X 先生停下看手机短信的动画，做推镜头至第 324 帧停住，如图 7-15 所示。

⑲ 在第 340 帧插入 X 先生吃惊的表情，延长至第 359 帧，如图 7-16 所示。

⑳ 在第 361 帧，插入 X 先生转身往回走的元件，如图 7-17 所示。

㉑ 插入新场景，在第 1 帧插入空白关键帧，拖入 Y 先生取完钱刚走出门的元件，如图 7-18 所示。

图 7-15　推镜头 X 先生停住看手机

图 7-16　吃惊的画面

图 7-17　往回走

图 7-18　Y 先生手拿钱走

㉒ 在第 23 帧插入空白关键帧，特写镜头，警察抓住 Y 先生的胳膊，如图 7-19 所示。

㉓ 在第 54 帧插入关键帧，做从特写到中景的拉镜头，显示出警察和 X 先生，如图 7-20 所示。

㉔Y 先生不可置信地说:“怎么可能这么快啊”，做口型的变化，并转化为元件。

㉕ 新建图层命名为“字幕”层，输入对白，如图 7-21 所示。

㉖ 在第 116 帧插入空白关键帧，切换镜头为 X 先生，说：“想不到吧？中国银行短信通知我，有人动了我的账户”，如图 7-22 和图 7-23 所示。

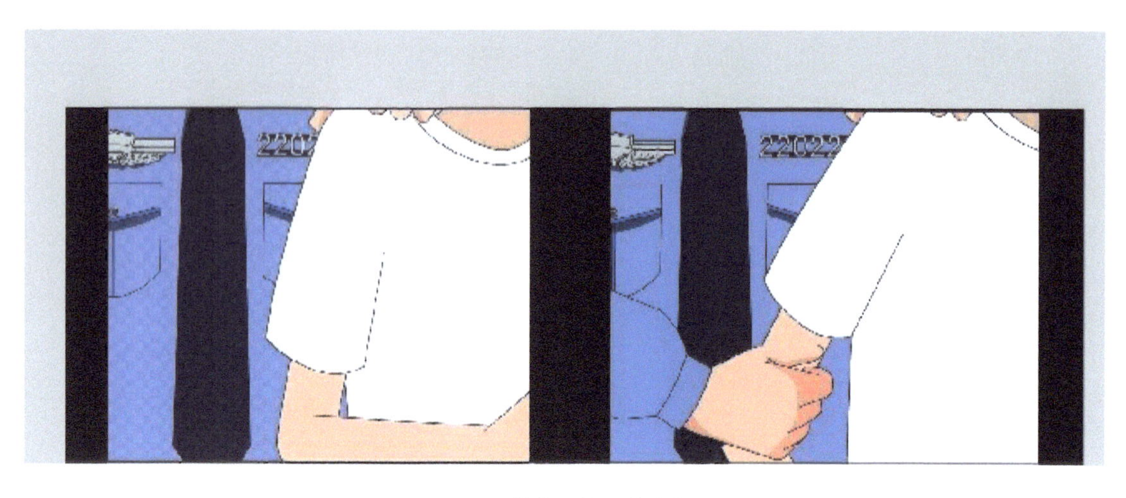

图 7-19 警察抓住 Y 先生镜头

图 7-20 中景镜头

图 7-22 X 先生对白的口型元件

图 7-21 Y 先生对白

图 7-23 X 先生对白镜头

㉗在第 208 帧插入关键帧，X 先生拿出手机给大家看他收到的信息。如图 7-24 所示。

㉘在第 238 帧插入关键帧，推镜头特写手机短信，第 238 帧画面变形放大至手机特写镜头，在第 208 帧与第 238 帧之间做传统补间动画，如图 7-24 所示。

㉙新建场景，在第 1 帧拖入背景元件，新建文字文本，转换为元件。

㉚新建图层，将文字文本元件拖入，在第 15 帧插入关键帧，在第 1 ～ 15 帧之间做传统补间动画，做由大到小的形变，如图 7-25 所示。

㉛ 在第 26 帧插入新文本元件，在第 35 帧插入关键帧，在第 26 ～ 35 帧之间做传统补间动画，做由右到左的位移动画，如图 7-26 所示。

㉜ 在第 54 帧插入新文本元件，在第 62 帧插入关键帧，在第 54 ～ 62 帧之间做传统补间动画，做由右到左的位移动画，如图 7-27 所示。

㉝ 在第 76 帧插入新文本元件，在第 85 帧插入关键帧，在第 76 ～ 85 帧之间做传统补间动画，做由右到左的位移动画，如图 7-28 所示。

㉞ 将画面上的所有素材不同时地进行淡出渐变，前边一帧上素材的 Alpha 值改为 100%，后边一帧上素材的 Alpha 值改为 0%，在首尾两帧之间做传统补间动画，最后的渐变效果如图 7-29 所示。

㉟ 插入空白关键帧，拖入中国银行的标志，中间隔 10 帧插入关键帧，前边一帧上素材的 Alpha 值改为 0%，后边一帧上素材的 Alpha 值改为 100%，在首尾两帧之间做传统补间动画，最后的渐入效果如图 7-30 所示。

㊱ 在最后一帧添加脚本“stop();”。

图 7-24　画面由远及近特写镜头

图 7-25　文字大小变换效果

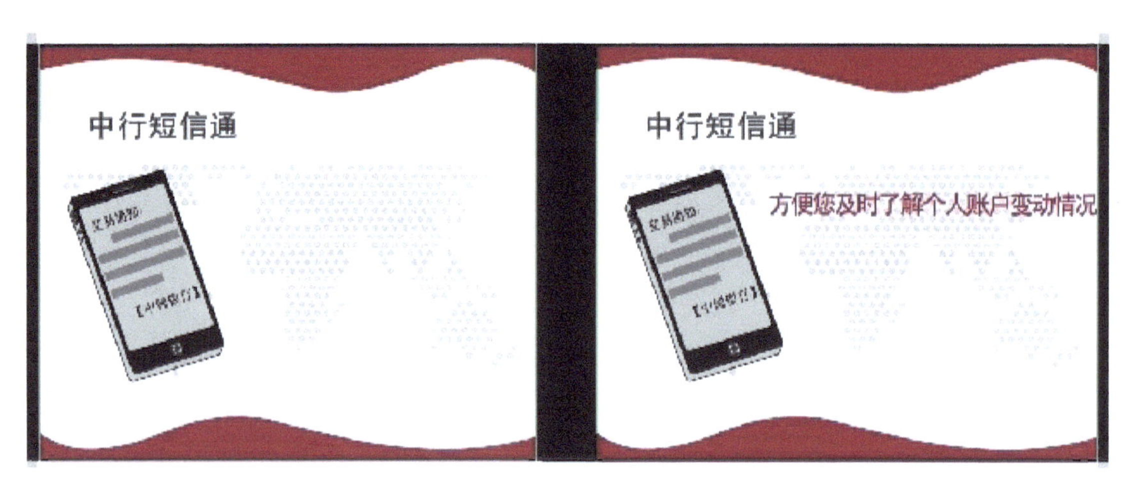

图 7-26　文字移动效果

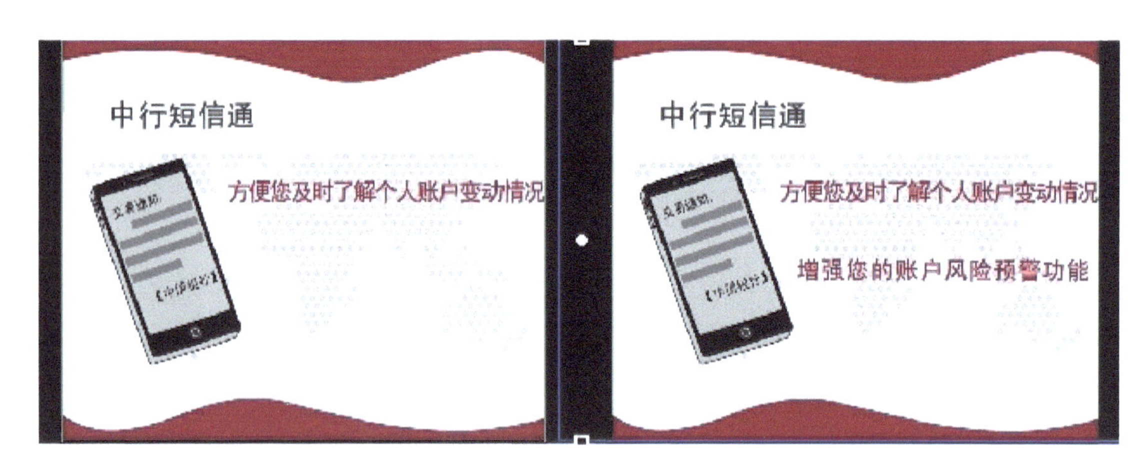

图 7-27　添加文字

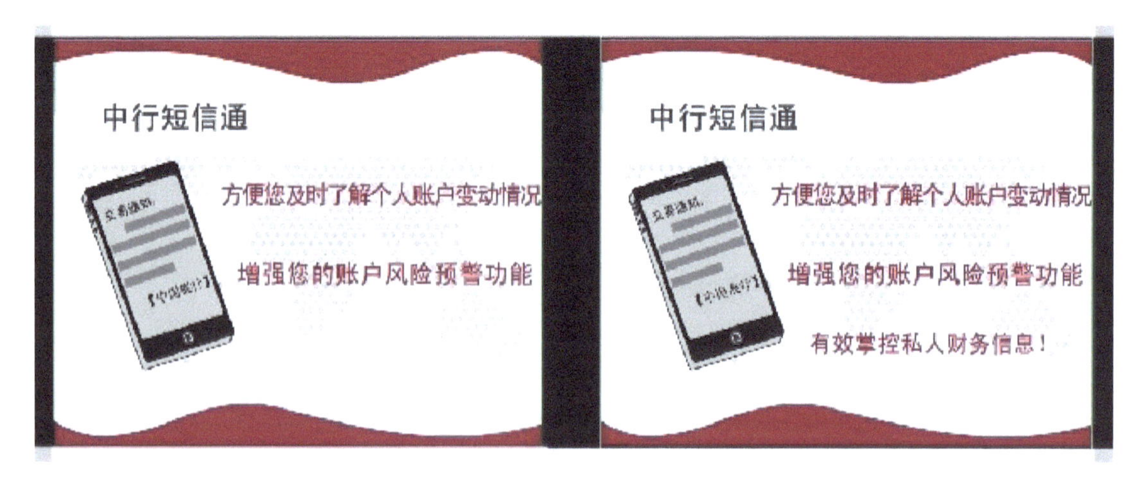

图 7-28　继续添加文字

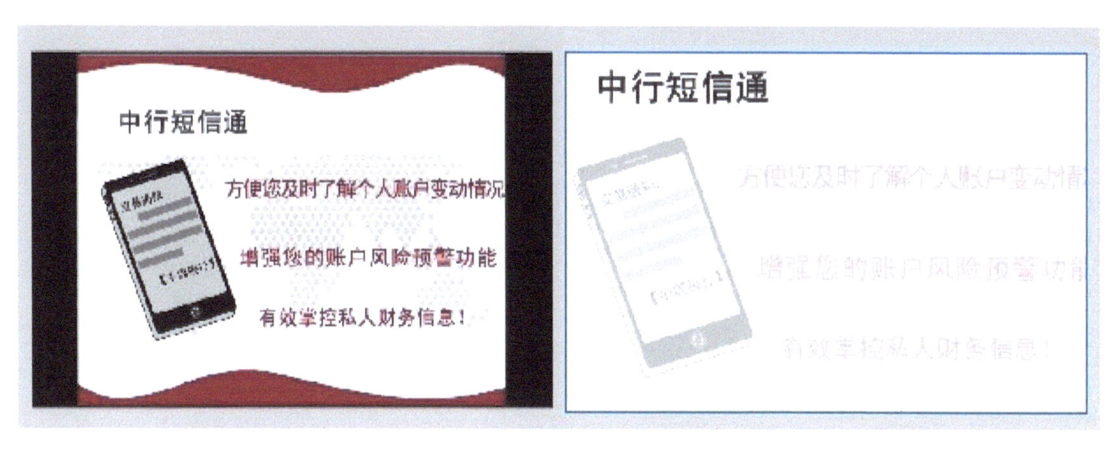

图 7-29　给文字添加过渡效果

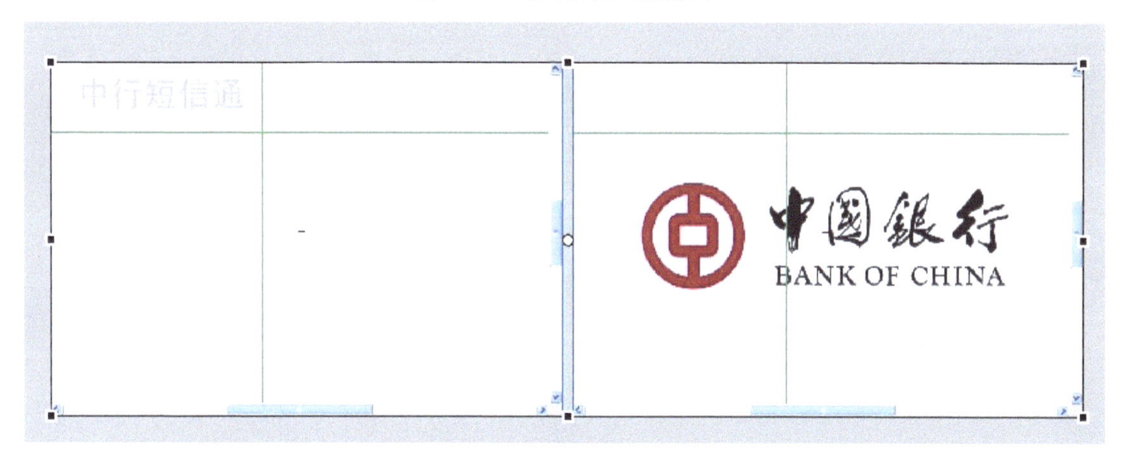

图 7-30　最后出现银行标志

任务六　优化及发布

动画制作完成了，这之中会有很多的声音、图像没有用到，要删除它们，以减小文件；还要选中每个元件的线条，进行优化。按Ctrl+Enter键，进行发布测试，就可以得到SWF文件。这时候就可以把文件发给朋友，发到网上和大家一起分享。

拓展练习

制作一个Flash 短片，要求主题鲜明，画面流畅，有配音及背景音乐，符合运动规律及连贯的镜头剪辑。

附录 Flash CS6 常用快捷键

V 选择工具
A 部分选取工具
Q 任意变形工具
F 渐变变形工具
W 3D 旋转工具
G 3D 平移工具
L 套索工具
P 钢笔工具
= 添加锚点工具
- 删除锚点工具
C 转换锚点工具
T 文字工具
N 直线工具
O 椭圆工具
R 矩形工具
Y 铅笔工具
B 笔刷工具、喷涂刷工具
U Deco 工具
X 骨骼工具
Z 绑定工具
S 墨水瓶工具
K 颜料桶工具
I 滴管工具
E 橡皮擦
H 手形工具
M 缩放工具
Ctrl+N 新建一个影片
Ctrl+O 打开一个影片
Ctrl+Shift+O 以图库打开影片
Ctrl+W 关闭影片文件
Ctrl+S 保存影片文件
Ctrl+Shift+S 影片文件另存为
Ctrl+R 导入到舞台
Ctrl+Alt+Shift+S 导出影片
Ctrl+Shift+F12 文件发布设定
Shift+F12 文件发布
F12 预览
Ctrl+P 文件打印
Ctrl+Q 退出
Ctrl+Z 撤销上一步
Ctrl+Y 重做上一步
Ctrl+X 剪切
Ctrl+C 复制
Ctrl+V 粘贴
Ctrl+Shift+V 粘贴在同一位置
Delete 清除
Ctrl+D 直接复制
Ctrl+A 选择所有
Ctrl+Shift+A 取消所有选择
Ctrl+Alt+C 复制帧
Ctrl+Alt+V 粘贴帧
Ctrl+E 元件与场景之间切换
Home 跳至最前面
Page Up 跳至上一个
Page Down 跳至下一个
End 跳至最后面
Ctrl+1 显示 100%
Ctrl+2 显示影格
Ctrl+3 显示全部
Ctrl+4 显示 400%
Ctrl+8 显示 800%
Ctrl+= 放大显示
Ctrl+- 缩小显示
Ctrl+Alt+Shift+O 显示外框
Ctrl+Alt+Shift+F 快速显示
Ctrl+Alt+Shift+A 消除锯齿
Ctrl+Alt+Shift+T 消除文字锯齿
Ctrl+Alt+T 显示时间轴
Ctrl+Shift+W 显示工作区域
Ctrl+Alt+Shift+R 显示标尺
Ctrl+Alt+Shift+G 辅助线
Ctrl+’ 显示网格线
Ctrl+Alt+G 编辑网格
Ctrl+Alt+H 添加形状提示点
F8 转换为元件
Ctrl+F8 新建元件
F5 插入帧
Shift+F5 删除帧
F6 插入关键帧
F7 插入空白关键帧
Shift+F6 清除关键帧
Ctrl+I 打开信息面板
Ctrl+F 查找和替换
Ctrl+J 修改影片属性

Ctrl+T 打开变形面板
Ctrl+Shift+T 设置文本属性
Ctrl+Alt+S 旋转和缩放
Ctrl+Shift+Z 取消变形
Ctrl+Shift+Up 排列顺序移至最前
Ctrl+Up 排列顺序置前
Ctrl+Down 排列顺序置后
Ctrl+Shift+Down 排列顺序移至最后
Ctrl+Alt+L 锁定
Ctrl+Alt+Shift+L 全部解除锁定
Ctrl+Alt+Shift+C 优化形状
Ctrl+K 对齐面板
Ctrl+G 结合群组
Ctrl+Shift+G 解散群组
Ctrl+B 打散组件
Enter 影片播放
Ctrl+Alt+R 倒带
> 前一帧
< 后一帧
Ctrl+Enter 测试影片
Ctrl+Alt+Enter 测试场景
Ctrl+Alt+F 启动简单帧动作
Ctrl+Alt+B 启动按钮
Ctrl+Alt+M 静音
Ctrl+Alt+N 开新窗口
Ctrl+L 打开库面板

参考文献

[1] 张琨，毕靖，成晓静 .Flash CS4 中文版从入门到精通 [M]. 北京：电子工业出版社，2009.
[2] 孙晶艳，朴仁淑 . 二维动画制作项目实战 [M]. 北京：北京理工大学出版社，2009.
[3] 胡浩江 .Flash 8.0 动画设计基础 [M]. 北京：北京师范大学出版社，2007.